KB250928

Man, The Unknown

인간이란 무엇인가

노벨상 과학자가 평생 붙잡은 질문

Alexis Carrel

알렉시스 카렐

page2

이 책은 나이 들면서 더욱 젊어질 기회를 얻게 되는, 역설적인 운명을 지니고 있다. 출간 이후 시간이 흐르면서 이 책의 중요성은 오히려 계속 커져왔다. 개념이란 본래 상대적인 가치를 지닌다. 그 가치는 우리의 정신 상태에 따라 커지기도 하고 작아지기도 한다. 우리의 정신적 태도는 유럽과 아시아, 아메리카 대륙을 뒤흔든 사건들의 압박 속에서 점진적으로 변화해 왔다.

우리는 이제 위기의 의미를 이해하기 시작하고 있다. 위기란 단지 경제적 혼란이 주기적으로 반복되는 상태만을 뜻하지 않는다. 번영도, 전쟁도 현대 문명사회가 안고 있는 수많은 문제를 해결해 주지 못한다. 다가오는 폭풍을 감지하는 양떼처럼, 문명화된 인간 역시 어떤 위험의 존재를 희미하게 느끼고 있다. 그리고 불안감에 사로잡혀 우리 고통의 근원을 밝히려는 생각으로 빠져든다.

이 책은 단순한 사실에서 출발한다. 무생물에 관한 과학은 고도로 발달했지만, 생명을 이해하는 지식은 부족하다는 사실이다. 역학과 화학, 물리학은 생리학과 심리학, 사회학보다 훨씬 더 빠르게 발달했다. 인간은 자기 자신을 이해하기도 전에 물질세계를 거의 완전히 통달해 버렸다. 그 결과 현대 문명사회는 인간의 육체와 영혼을 발달시키는 법칙을 충분히 고려하지 않은 채, 복잡한 관념론과 우연한 과학적 발견에 따라 무작위로 구축되었다. 우리는 하나의 지병적인 오해, 즉 인간이 자연법칙에서 자유로울 수 있다는 오해의 희생자가 되었다. 그리고 자연이 그러한 오해를 결코 용서하지 않는다는 점을 잊어버렸다.

개인뿐 아니라 사회 역시 지속성을 갖추기 위해서는 생명의 법칙에 따라야 한다. 중력의 법칙을 이해하지 못한다면 우리는 집조차 지을 수 없다. 영국의 과학자 프랜시스 베이컨*Francis Bacon*은 "자연을 지배하려면 먼저 자연에 복종해야 한다"라고 말한 바 있다. 인간을 발달시키는 데 필요한 필수적인 조건들, 즉 인간의 욕구, 신체 기관과 정신의 특성, 인간과 환경의 관계는 과학의 관찰 연구 대상이 될 수 있다. 과학이 다루는 범위는 지적 현상과 생리적 현상뿐 아니라 정신적 현상까지도 확장된다.

과학적인 방법을 적용한다면 우리는 인간을 전반적으로 이해할 수 있다. 그러나 인간 과학은 모든 다른 과학과 다르다. 인간은 통합성과 다양성을 동시에 지니기 때문에 분석적 관찰 연구뿐 아니라 통합적 관찰 연구도 요구된다. 오직 이러한 과학만이 현대 문명사회를 기술적으로 구축할 토대를 마련할 수 있다. 철학적·사회적 원칙은 인간을 이해하는 지식을 확실하게 갖추고 있는 사람에게 우선권을 주어야 한다. 역사상 처음으로, 과학은 붕괴 직전에 놓인 현대 문명사회에 스스로를 재구축하고 지속적으로 발전할 수 있는 가능성을 제시하고 있다.

†

불안정한 현대 문명사회를 새롭게 구축해야 할 필요성은 해마다 더욱 분명해지고 있다. 신문과 잡지, 영화, 라디오에서 끊임없이 쏟아지는 소식들은 물질적 발전과 사회적 혼란 사이의 간극이 점점 더 벌어지고 있음을 보여준다. 일부 학문 분야에서의 눈부신 성공은 다른 분야에서 드러나는 과학의 무능을 가려버린다.

예를 들어, 뉴욕 세계 박람회에서 선보인 경이로운 과학 기술은 편안함을 창조하고 생활 방식을 단순화하며 통신 속도를 비약적으로 높였다. 새로운 물질을 대량으로 활용하게 했고, 위험한 질병을 치료하는 화학 제품을 마법처럼 합성해 냈다. 그러나 이러한 과학 기술은 경제적 안정이나 행복, 도덕성, 평화를 보장하지는 못한다. 우리는 과학이 선사한 호화로운 선물들을 현명하게 활용할 만큼 성

인간이란 무엇인가

숙하지 못한 상태에서, 뇌우처럼 쏟아지는 그것들을 갑자기 받아들였다.

과학이 준 선물들은 전쟁을 전례가 없는 재앙으로 만들 수도 있다. 수백만 명의 사람들을 죽음으로 내몰고, 수세기에 걸쳐 축적된 유럽의 귀중한 문화적 유산을 파괴하며, 궁극적으로는 인류 자체를 퇴화시킬 위험을 안고 있기 때문이다. 현대 생활 방식은 전쟁보다 미묘하지만 훨씬 더 치명적인 또 다른 위험, 즉 인류의 발달에 필수적인 요소들을 서서히 소멸시키는 위험을 낳았다.

출생률은 독일과 러시아를 제외한 거의 모든 국가에서 감소하고 있다. 프랑스의 인구수는 이미 줄어들었고, 영국과 스칸디나비아 역시 머지않아 같은 길을 걷게 될 것이다. 미국에서는 소득 상위 3분의 1의 출산률이 하위 3분의 1보다 훨씬 낮다. 인류가 오늘날처럼 이렇게 끔찍한 위험에 처했던 적은 없었다. 죽음을 낳는 전쟁을 피하더라도, 우리는 가장 강력하고 지적인 집단이 불임으로 인해 쇠퇴하는 상황에 직면하게 될 것이다.

의학과 생리학이 이룬 성과만큼 감탄과 존경을 받을 만한 업적은 드물다. 문명국가들은 이제 콜레라, 발진 티푸스 등 급속히 확산하는 치명적인 전염병과 유행병으로부터 상당 부분 보호받고 있다. 위생과 영양에 대한 이해가 깊어지면서 도시 주민들은 더 깨끗한 환경과 더 나은 건강 상태, 더 긴 수명을 누리게 되었다. 그러나 위생학과 의학은 교육에도 불구하고 인류의 지적·도덕적 특성을 함께 발전시키는 데에는 실패했다.

현대의 성인은 신경 쇠약과 정신적 불안정, 도덕성의 결핍을 드러 낸다. 이러한 징후를 보이는 이들 중 상당수의 심리적 성숙도는 열 두 살 수준에 머물러 있으며, 사회 구성원으로서 적절한 역할을 수 행하지 못하고 정신적으로 고립되어 있다. 게다가 범죄는 증가한다. 미국 연방수사국(FBI) 국장 존 에드거 후버*John Edgar Hoover*의 조사 결과 에 따르면, 미국의 범죄자는 수백만 명에 달한다. 현대 문명사회 속 에서 살아가는 우리의 기질은, 이처럼 만연한 정신 질환과 범죄 행 위에 영향을 받을 수밖에 없다.

그와 동시에 정상적인 개인들은 현대 문명사회에 적응하지 못하 는 사람들이 가중시키는 막대한 부담에 점점 짓눌리고 있다. 대다수 사람들은 소수의 사람들만이 실제로 작업을 수행하는 사회 환경에 서 살아간다. 정부가 막대한 비용을 쏟아붓고 있음에도 경제적 위기 는 끝나지 않는다. 세계적으로 가장 부유한 국가들에서조차 수백만 명의 사람들이 빈곤 속에서 살아간다.

해결해야 할 문제는 점점 더 복잡해지는데, 인간의 지능은 그에 상응해 발전하지 못했다는 점은 분명하다. 과거와 마찬가지로 오늘 날에도 문명화된 인류는 자신의 개인적 삶과 집단적 삶 모두를 제대 로 이끌어갈 능력이 없다는 점을 여실히 보여준다.

　　　　　　　　인간이란 무엇인가

✝

　사실 과학과 기술이 구축한 현대 문명사회는 모든 고대 문명사회와 같은 실수를 저지르고 있다. 나아가 생활 자체가 불가능해지는 생활 조건을 만들어냈다. 영국의 작가이자 신학 교수인 딘 잉게*Dean Inge*는 "문명은 거의 예외 없이 치명적인 질병이다"라며 현대 문명사회를 비판했다. 유럽과 미국에서 실제로 발생하고 있는 중대한 사건들의 의미를, 보통 사람들은 아직 제대로 이해하지 못하고 있다. 그러나 생각하려는 의지를 지닌 소수의 사람들에게는 그 실상이 이미 분명하게 드러나 있다.

　현대 문명사회는 위험한 상황에 처해 있다. 그리고 이는 인류와 국가, 개인을 동시에 위협한다. 우리들 각자는 유럽 전쟁이 발생시킨 사회적 붕괴로 인해 심각한 타격을 입을 것이다. 이미 사람들은 혼란스러운 생활 방식과 사회 제도, 전반적으로 약화된 도덕관념, 경제적 불안정, 결함 있는 사람들과 범죄자들이 공동체에 전가한 부담 속에서 고통을 호소하고 있다. 이 위기의 근원은 현대 문명사회의 구조 자체에 있다.

　이 위기는 인간을 근본적으로 위협하는 위기다. 인간은 자신의 지능이 만들어낸 변화무쌍한 세상을 제대로 관리할 수 없다. 따라서 현대 생활의 법칙에 따라 세계를 새롭게 재구축하는 방법 외에는 다른 대안이 없다. 인간은 자신의 유기적 활동과 정신적 활동의 본질적인 특성을 스스로 발달시키고, 생활 습관을 재형성하며, 주변 환경에 적응해야 한다. 그렇지 않으면 현대 문명사회는 고대 그리스나 로마 제국처럼 아무것도 남지 않은 공허 속으로 사라질 것이다. 이러한 현대 문명사회를 새롭게 재구축할 수 있는 근본적인 방법은 오직 육체와 영혼을 함께 이해하는 지식에서만 발견될 수 있다.

어떤 문명도 철학적, 사회적 이념에만 기반해서는 세워질 수 없다. 과학적 토대 위에 재구성되지 않는 한, 민주주의 이념 또한 파시즘이나 마르크스주의 이념보다 더 오래 존속할 가능성이 없다. 그 어떤 이념 체계도 인간을 완전한 실체로 받아들이지 않기 때문이다. 사실 지금까지 모든 정치적·경제적 원칙은 인간 과학을 무시해 왔다. 하지만 과학의 위력은 분명하다. 과학은 이미 물질세계를 정복했다. 인간의 의지가 충분히 강하다면, 과학은 인간이 자기 자신과 현대 생활 방식을 완전히 이해하고 통제할 수 있는 능력을 인간에게 부여할 것이다.

과학의 영역은 관찰 가능하고 측정 가능한 완전체들로 구성된다. 시공간적 연속체, 이를테면 바다와 구름, 원자, 항성뿐만 아니라 인간 역시 그 안에 포함된다. 인간이 정신 활동을 수행하기 때문에, 과학은 인간을 통해 시간과 공간의 영역을 넘어 뻗어나가는 정신 세계에까지 도달한다. 관찰 연구와 경험 연구는 실체를 이해하고 파악하는 유일한 수단이다. 비록 불완전할지라도 관찰 연구와 경험 연구는 참된 개념을 만들어낸다. 미국 물리학자 퍼시 윌리엄스 브리지먼*Percy*

　　　　　인간이란 무엇인가

*Williams Bridgman*이 규정한 바와 같이, 이러한 개념들은 실증적 개념이며, 정밀한 관찰과 측정에서 직접 도출된다.

이러한 개념들은 무생물뿐 아니라 인간에 대한 연구에도 적용될 수 있으며, 이를 위해서는 우리가 개발할 수 있는 모든 과학 기술이 동원되어야 한다. 이렇게 볼 때, 인간은 통합성과 다양성을 갖춘 완전체로 드러난다. 즉, 인간은 자신을 둘러싸고 있는 물리·화학적 환경과 심리적 환경에 절대적으로 의존하며, 물질적 활동과 정신적 활동을 동시에 수행하는 완전체인 것이다. 이렇듯 구체적이고 명확한 방식으로 고려된 인간은 정치적 이념과 사회적 이념에 따라 싱싱으로 만들어낸 추상적인 인간과 전혀 다르다. 현대 문명사회를 구축해야 한다는 생각은 바로 이 구체적이고 명확한 인간에 대한 연구에서 비롯된다. 개인이 지닌 모든 생리적·지적·정신적 잠재력을 최고 수준으로 발달시키는 방법보다 인간을 더 성공적으로 발전시키는 방법은 없다. 오직 인간을 완전한 실체로 이해하는 지식만이 현대 문명사회 속에서 인간을 구할 수 있다. 따라서 우리는 철학적 개념 체계를 버리고, 과학적인 개념에 전적으로 의존해야 한다.

✝

모든 문명사회는 태어나 성장하고 쇠퇴하여 결국 먼지 속으로 사라진다. 우리가 속한 현대 문명사회는 과학적 자원을 마음대로 활용할 수 있다는 점에서 이러한 일반적 운명을 벗어날 가능성을 지닌다. 하지만 과학은 오로지 지적인 능력만을 다루며, 지성은 결코 인간을 행동으로 이끌지 않는다. 오직 두려움과 열정, 자기희생, 증오, 사랑만이 우리 마음의 산물에 생명을 불어넣을 수 있다. 예를 들어, 독일과 이탈리아의 젊은이들은 비록 거짓된 이상일지라도, 지향하는 이상을 추구하기 위해 자신을 희생해야 한다는 신념에 이끌린다. 민주주의 또한 인간에게 열정을 불러일으킬 수 있을 것이다. 어쩌면 유럽과 미국에는 젊고 가난하며 세상에 알려지지 않은 뛰어난 사람들이 여전히 존재할 수도 있다. 하지만 열정과 신념이 인간을 완전한 실체로 이해하는 지식과 결합되지 않는다면, 아무런 결실도 맺지 못할 것이다.

러시아 혁명가들은 현대 문명사회를 재구축하려는 의지와 열정을 갖췄다. 하지만 구체적이고 명확한 인간에 대한 과학적인 개념이 아니라, 오직 추상적인 인간에게만 적용되는 독일 혁명가 카를 마르크스*Karl Marx*의 불완전한 원칙에 의존했기 때문에 실패했다. 현대 문명사회를 재구축하려면 깊은 의지와 열정뿐만 아니라 인간을 완전한 실체로 이해하는 지식이 반드시 필요하다.

완전한 실체로서의 인간은 수많은 측면을 지닌다. 이러한 측면들은 생리학이나 심리학, 사회학, 교육학, 의학 등 다양한 특수 과학 분야에 걸쳐 있다. 각 분야에는 전문가가 존재하지만 인간 전체를 통합적으로 이해하는 전문가는 존재하지 않는다. 특수 과학은 심지어 인간에 관한 가장 단순한 문제조차 해결하지 못한다. 예를 들어, 주

     인간이란 무엇인가

택, 교육, 건강 문제는 건축가나 교사, 의사 어느 한 분야의 지식만으로는 충분히 다룰 수 없다. 이 문제들은 인간이 수행하는 모든 활동과 관련되어 있으며, 특수 과학의 경계를 넘어선다.

지금 우리에게 필요한 것은 그리스 철학자 아리스토텔레스*Aristotle*와 같은 보편적인 지식을 갖춘 인간이다. 그러나 아리스토텔레스조차 모든 과학을 혼자서 포괄할 수는 없을 것이다. 따라서 우리는 아리스토텔레스 한 사람에 기대는 대신, 그와 같은 보편적인 지식을 갖춘 인간들로 이루어진 집단에 의지해야 한다. 다시 말해 각기 다른 전문 분야에 속한 사람들이 사신의 지식과 사유를 겹합해 종합적인 집단 사고를 형성할 수 있는 소규모 집단이 필요하다.

집단 사고를 가능하게 하는 이러한 정신, 다시 말해서 촉수를 뻗어 만물에 펼치는 보편성을 지닌 정신은 분명 존재할 수 있다. 그러나 기술적으로 집단 사고를 형성하는 과학적 조사 연구는 다양한 지능과 냉철한 판단력이 요구되며, 이를 능숙하게 수행할 수 있는 개인은 극히 드물다. 그럼에도 인간에 관한 문제는 오직 집단 사고를 통해서만 해결할 수 있다. 오늘날 인간에게는 불안정하고 머뭇거리는 발걸음을 분명하게 이끌어 줄, 생각이 지속적으로 축적된 하나의 '불멸의 뇌'가 필요하다.

기존의 과학 연구 기관들은 늘 단편적인 부분에 머물렀다. 과학자와 과학 기술에 기반한 현대 문명사회를 구축하기 위해서는 집단 사고와 통합적인 전문 자료를 바탕으로 새로운 지식을 생산하는 종합적인 센터가 필요하다. 이러한 방식으로 비로소 개인과 현대 문명사회는 확고한 실증적 개념과 생존력을 부여받게 될 것이다.

†

요컨대, 지난 수년간 발생했던 사건들은 서양 문명 전체를 위협하는 위험 요인을 더욱 명확하게 입증해 주었다. 하지만 많은 사람들은 경제적 위기와 출생률 감소, 개인의 도덕적·신경적·정신적 쇠퇴가 지닌 중대성을 아직 충분히 이해하지 못하고 있다. 또한 유럽 전쟁이 인류에게 얼마나 끔찍한 재앙으로 다가올지, 그리고 인간을 얼마나 긴급하게 재창조해야 하는지도 제대로 숙고하지 못한다.

그럼에도 불구하고, 민주주의 국가는 인간을 재창조하도록 이끌어나갈 주도권이 지도자가 아니라 대중에게 있어야 한다. 이 책의 개념들은 신도시를 세우는 데 기여하기 위해, 바닷물이 해안의 모래밭으로 스며들듯 전 세계 모든 인구 속으로 침투해야 한다. 인간을 재창조하려는 목표는 오직 전 인류가 과제 해결을 위해 노력해야만 달성될 수 있다.

"다시 발전하기 위해서
인간은 반드시 스스로를 재창조해야 한다.
그러나 고통 없이는 스스로를 재창조할 수 없다.
인간은 대리석인 동시에 조각가이기 때문이다.

　　　　　　　　인간이란 무엇인가

진정한 자신의 모습을 드러내기 위해서는,

망치로 자신을 세차게 내리쳐 부숴야만 한다."

알렉시스 카렐

Alexis Carrel

차례

1장

인간, 그 미지의 존재

Man, The Unknown

인간은 자신을 이해하기 위해
막대한 노력을 기울여 왔다.
하지만 지금껏 특정한 측면만을 파악했을 뿐,
인간을 전체적으로 이해하지는 못했다.

인간이란 무엇인가

무생물에 대한 과학과 생명체에 대한 과학 사이에는 독특한 차이점
이 존재한다. 천문학과 역학, 물리학은 수학적 언어로 간결하고 명
쾌하게 표현할 수 있는 개념에 기초한다. 이 학문들은 고대 그리스
건축물처럼 조화로운 우주를 구축한다. 천문학과 역학, 물리학은 추
정과 가설을 세우고 짜임새 있는 구성을 훌륭하게 엮는다. 나아가
일반적 사고의 범위를 넘어 기호 방정식만으로만 구성된, 말로 표현
할 수 없는 추상적 개념까지 탐구를 확장한다.

그러나 생명과학은 그렇지 않다. 생명 현상을 연구하는 사람들은
끊임없이 형태와 위치가 변하는 나무들로 가득한 마법의 숲, 혹은
빠져나올 수 없는 정글 속에서 길을 잃은 듯한 상태에 놓여 있다. 그
들은 언어로는 설명할 수 있지만 대수 방정식으로는 정의할 수 없는

사실들에 짓눌린다. 원자든 항성이든, 암석이든 구름이든, 강철이든 물이든, 물질계에서 접하는 것들부터 무게나 공간 차원과 같은 속성은 추상적 개념으로 표현된다. 이러한 추상적 개념은 구체적인 사실이 아니며 과학적으로 추론하는 것이다. 대상의 관찰은 과학의 하위 형식인 서술적 단계에 머문다.

기술적 과학은 현상을 분류한다. 그러나 변하는 양들 사이의 불변하는 관계, 즉 자연법칙은 과학이 더욱 추상화될 때 비로소 드러난다. 물리학과 화학이 놀라운 속도로 발전하며 위대한 성과를 거둘 수 있었던 이유는 이 학문들이 추상적 개념과 정량적 개념으로 표현되기 때문이다. 물리학과 화학은 사물의 궁극적인 본질을 밝혀내지는 못하지만, 미래 사건을 예측하고 미래 사건의 발생을 마음대로 결정할 수 있는 능력을 우리에게 제공한다. 물질 속성과 구조의 비밀을 학습하면서 우리는 우리 자신을 제외하고 지구 표면에 존재하는 거의 모든 것을 숙달하게 되었다.

반면 생명과학, 특히 인간 개체에 대한 과학은 아직 이러한 수준의 발전을 이루지 못했다. 이는 여전히 서술적인 단계에 머물러 있다. 인간은 분리할 수 없는 극도로 복잡한 특성들의 집합체다. 인간을 단순하게 나타낼 수 있는 표현 방식은 존재하지 않는다. 인간을 전체적으로, 부분적으로, 그리고 외부 세계와의 관계 속에서 동시에 파악할 수 있는 방법은 없다. 따라서 인간을 분석하기 위해서 우리는 필연적으로 다양한 기술과 여러 분야를 활용해야 한다.

물론 이러한 모든 과학은 공통 대상을 두고 각기 다른 개념을 정

 인간이란 무엇인가

립한다. 각 학문은 고유한 방식으로 인간을 추상화한다. 이 추상적 개념들은 서로 합쳐진 후에도 여전히 구체적인 사실보다 선명하지는 않지만, 결코 무시할 수 없는 중요한 잔여물을 남긴다. 해부학, 화학, 생리학, 심리학, 교육학, 역사학, 사회학, 정치경제학은 어느 하나도 인간을 전체적으로 다루지 못한다. 전문가들이 이미 알고 있듯이, 이 학문들이 다루는 인간은 실제의 구체적인 인간과는 거리가 멀다. 인간은 각 과학이 제시하는 형식 속에서 제각기 다르게 구성된 하나의 도식에 불과하다.

그러나 동시에 인간은 해부학자가 해부하는 시체이기도 하고, 위대한 교사와 심리학자가 관찰하는 정신생활의 주체이기도 하며, 자기 성찰을 통해 내면 깊숙한 감정을 드러내는 인격체이기도 하다. 인간은 신체의 조직과 체액을 구성하는 화학 물질을 포함하고 있으며, 생리학자들이 연구하는 놀라운 영양액과 세포 공동체를 지니고 있다. 인간은 시간의 흐름 속에서 위생학자와 교육자들이 최대로 발달시키려고 노력하는 조직과 의식의 복합체다. 또한 기계들이 계속 작동할 수 있도록 끊임없이 생산품을 소비해야만 하는 호모 이코노미쿠스‡이다.

하지만 인간은 동시에 시인이자 영웅이며 성인군자이기도 하다. 인간은 과학 기술로 분석하기에 굉장히 복잡한데다 각자의 성향과 추측, 열망을 지닌 존재다. 우리가 정립한 인간의 개념은 형이상학

‡ Homo Economicus. '경제적 인간'을 뜻한다.

적 요소로 가득 차 있다. 이는 부정확한 수많은 데이터에 근거를 두고 있으며, 그중에서 우리를 만족시키는 데이터를 선택하여 인간의 개념을 정립하려는 유혹에 빠지기 쉽다. 그 결과 인간에 대한 개념은 우리의 감정과 신념에 따라 달라진다. 물질주의자와 정신주의자는 염화나트륨 결정에 대해서는 동일한 정의를 내리지만, 인간에 관해서는 서로 다른 정의를 제시한다. 기계론적 생리학자와 생기론적 생리학자는 유기체를 동일한 관점에서 바라보지 않는다. 미국 생물학자이자 생리학자 자크 러브*Jacques Loeb*가 연구한 생물체와 독일 동물학자 한스 드리슈*Hans Driesch*가 연구한 생물체는 본질적으로 다른 존재처럼 보인다.

사실 인간은 자신을 이해하기 위해 막대한 노력을 기울여 왔다. 우리는 과학자와 철학자, 시인, 그리고 위대한 신비주의자들이 관찰과 사유를 통해 축적한 유산을 소유하고 있지만, 지금껏 우리의 특정한 측면만을 파악했을 뿐 인간을 전체적으로 이해하지 못했다. 우리는 인간이 서로 구별되는 여러 부분들로 구성되어 있다고 인식하는데, 심지어는 이러한 부분들마저 스스로 만들어낸 개념에 불과하다. 우리 각자는 알 수 없는 현실 속으로 줄지어 걸어 들어가는 수많은 영혼의 집합체와도 같다.

이러한 무지는 심각한 문제를 낳는다. 인간을 연구하는 이들이 제기한 질문 가운데 상당수는 여전히 해답을 찾지 못하고 있다. 인간 내면세계의 광대한 영역은 아직 거의 알려져 있지 않다. 화학 물

 인간이란 무엇인가

질을 이루는 분자들은 어떻게 결합해 복잡한 세포 기관을 형성하는 가? 수정란 핵에 포함된 유전자는 수정란에서 비롯한 독특한 특징을 어떻게 결정할까? 세포는 어떤 방식으로 스스로 조직과 장기라는 공동체를 구성하는가? 개미나 벌처럼, 세포 또한 공동체 생활 속에서 수행해야 할 역할에 대한 일종의 사전 지식을 지니고 있으며, 숨겨진 메커니즘을 작동시켜 단순한 생물체와 복잡한 생물체 모두를 성장시킨다.

지속적으로 흐르는 심리적 시간과 생리적 시간의 본질은 무엇인가? 우리는 인간이 조직과 장기, 유동체, 의식의 복합체라고 인지하지만, 의식과 대뇌 사이의 관련성은 여전히 신비로운 수수께끼로 남아 있다. 신경 세포 생리학에 관한 우리의 지식은 거의 전무하다. 의지력은 유기체를 어디까지 조절할 수 있는가? 정신은 장기의 상태에 따라 어떤 영향을 받는가? 유전적으로 물려받은 신체적·정신적 특성은 생활 방식, 식품에 함유된 화학 물질, 기후, 생리적 조건, 도덕적 규율에 따라 어떤 방식으로 변화하는가?

우리는 골격과 근육, 장기, 정신적 활동과 영적 활동 사이에 어떤 관련성이 존재하는지 거의 알지 못한다. 신경적 균형을 유발하고 피로와 질병에 저항하게 만드는 요인에도 무지하다. 도덕성과 용기를 어떻게 향상시킬 수 있는지도 알지 못한다. 지적 활동과 도덕적 활동, 신비적 활동 중 무엇이 상대적으로 더 중요한가? 미적 감각과 종교심은 어떤 의미를 지니는가?

분명 특정한 생리적·정신적 요인이 행복과 불행, 성공과 실패를 좌우한다. 하지만 우리는 그 요인이 무엇인지 알지 못한다. 어떤 개인에게도 행복을 보장하는 특수한 재능을 인위적으로 부여할 수 없다. 아직 우리는 어떤 환경이 문명사회를 최고로 발달시키려는 인간에게 가장 유리한지 알지 못한다. 생리적 형성과 영적 형성 과정에서 몸부림치는 투쟁과 노력, 고통을 억제하는 것은 가능한가? 현대 문명사회에서 우리는 인간의 퇴화를 막을 수 있을까?

이밖에도 수많은 질문들이 우리가 중요하게 여기는 주제에 끊임없이 의문을 제기한다. 그러나 이 질문들은 여전히 해답 없는 상태로 남아 있다. 인간을 연구하는 모든 과학의 성과는 아직 충분하지 않으며, 우리 자신을 이해하는 지식은 여전히 가장 기초적인 단계에 머물러 제대로 발달하지 못하고 있다는 사실은 분명하다.

우리가 자신에 대해 모르는 이유

우리의 무지는 우리 조상들의 생활 방식, 우리 본성의 복잡성, 그리고 우리 마음의 구조 등 여러 요인에 동시에 기인할 수 있다. 무엇보다도 인간은 살아남아야 했다. 생존을 위해서는 반드시 외부 세계를

  인간이란 무엇인가

정복해야 했다. 식량과 피난처를 확보하고, 야생 동물이나 다른 인간들과 맞서 싸우는 일은 피할 수 없는 의무였다. 오랜 세월 동안 우리 조상들은 자신을 연구할 여유도, 그럴 의향도 없었다. 그 대신 무기와 도구를 제조하고, 불을 발견하고, 소와 말을 길들이고, 바퀴를 발명하고, 작물을 재배하는 등 다른 방식으로 지능을 활용했다.

육체와 정신의 구조에 관심을 갖기 훨씬 이전부터 인간은 태양과 달, 별과 조수, 계절의 변화를 깊이 연구했다. 천문학은 생리학이 거의 알려지지 않았던 시대에 이미 훨씬 앞서 발전해 있었다. 이탈리아의 천문학자 갈릴레오 갈릴레이*Galileo Galilei*는 지구를 세계의 중심에서 태양의 초라한 위성으로 전락시켰지만, 갈릴레이와 동시대에 살았던 사람들은 뇌나 간, 갑상샘의 구조와 기능에 관한 가장 기본적인 개념조차 확립하지 못했다. 인간 유기체는 생명의 자연적 조건에 따라 만족스럽게 작동했기 때문에 특별한 관심의 대상이 되지 않았고, 과학은 인간의 호기심에 이끌리는 방향, 즉 외부 세계를 향해 전진해 나갔다.

때때로 지구에 존재했던 수십억 명의 인간 가운데 소수는 진귀하고 놀라운 힘, 미지의 세계를 꿰뚫어 보는 직관력, 새로운 세계를 창조하는 상상력, 그리고 겉으로 드러나지 않은 현상들 사이의 관계를 발견하는 능력을 지니고 있었다. 이러한 사람들은 물리적 우주를 탐험했다. 물리적 우주는 단순한 구성으로 이뤄져 있었기에 과학자들의 탐구 앞에 빠르게 굴복하며 특정 법칙들의 비밀을 드러냈다.

이 법칙들에 대한 이해 덕분에 인간은 물질계를 자신에게 이득이 되도록 활용할 수 있었다. 과학적 발견을 실용화하는 일은 발견을 촉진한 사람들에게 이익을 가져다주었다. 그들은 대중을 기쁘게 하고, 편안함을 증대시켰다. 대부분의 사람은 육체의 구조나 의식의 구조와 관련된 복잡한 문제를 이해하는 데 약간의 도움을 주는 발견보다는, 인간의 노력을 줄이고 노동의 부담을 낮추며 통신의 속도를 높이고 삶의 고통을 완화하는 발명에 훨씬 더 큰 관심을 기울였다.

인간의 관심과 의지를 끊임없이 빨아들이는 물질계를 정복하는 동안, 유기계와 정신계는 거의 완전히 망각 상태에 빠지게 되었다. 주변 환경을 이해하는 지식은 생존에 필수적이었지만, 자신의 본성을 이해하는 지식은 즉각적으로는 훨씬 덜 유용해 보였다. 그러나 질병, 고통, 죽음, 그리고 눈에 보이는 우주를 초월하는 숨겨진 힘에 대한 다소 모호한 열망은 인간의 관심을 자신의 몸과 마음의 내면세계로 조금씩 이끌었다.

초기의 의학은 경험적 치료에 따라 환자를 치료하는 실질적인 문제 해결 자체에 만족했다. 우리는 질병을 예방하거나 치료하는 가장 효과적인 방법은 건강한 육체와 병든 육체를 완전히 이해하는 것, 즉 해부학, 생물화학, 생리학, 병리학이라는 과학을 구축하는 데 있다는 사실을 비교적 최근에서야 겨우 깨달았다.

그럼에도 존재의 신비, 도덕적 고통, 미지의 세계에 대한 갈망, 형이상학적 현상은 우리 조상들에게 육체적 고통이나 질병보다 더 중요한 것처럼 보였다. 정신생활과 철학에 대한 연구는 의학 연구보다

인간이란 무엇인가

더 많은 사람을 끌어들였다. 신비 법칙은 생리학 법칙보다 먼저 알려졌다. 그러나 그러한 법칙들 역시 인간이 외부 세계의 정복에서 잠시 벗어나 다른 대상에 관심을 잠시 돌릴 만큼의 여유를 가졌을 때에야 비로소 밝혀질 수 있었다.

우리 자신을 이해하는 지식의 발전 속도가 더딘 데에는 또 다른 이유가 있다. 인간의 정신은 단순한 사실을 생각할 때 기쁨을 느끼도록 구성되어 있다. 우리는 생물체나 인간의 구조처럼 복잡한 문제에 직면하면 본능적인 거부감을 느낀다. 프랑스 철학자 앙리 베르그송*Henri Bergson*이 저술했듯이, 지성은 삶을 이해하는 데 있어 본질적인 한계를 지니고 있다.

그와 반대로, 우리는 우주에서 우리 의식 깊은 곳에 존재하는 기하학적 형태를 발견하는 것을 좋아한다. 기념물의 정확한 비례와 기계의 정밀함은 우리 정신의 근본적인 특성을 나타낸다. 기하학은 자연 그 자체에 존재하는 것이 아니라, 우리 자신에게서 비롯된다. 자연의 방식은 인간의 방식만큼 정밀하지 않다. 우리는 사고의 명확성과 정확성을 우주에서 그대로 발견하지 못한다.

그래서 우리는 현상의 복잡성 속에서 수학적으로 일정한 관계를 맺는 단순한 체계를 끌어내려 한다. 이러한 경향은 물리학과 화학이 놀라운 발전을 이룬 원동력이 되었다. 이 대성공은 생물체의 물리·화학적 연구에 보답했다. 프랑스 생리학자 클로드 베르나르*Claude Bernard*가 오래전에 생각했듯, 화학 법칙과 물리학 법칙은 생물계와 무생물계 모두에 동일하게 적용된다. 이 점은 현대 생리학이 혈액의 알칼리도와 해수의 알칼리도 항상성이 동일한 법칙으로 설명되고, 근육 수축에 사용되는 에너지가 당의 발효를 통해 공급된다는 사실을 밝혀낸 이유를 설명해 준다.

인간의 물리·화학적 측면은 지구상에 존재하는 다른 개체의 물리·화학적 측면과 마찬가지로 비교적 쉽게 연구할 수 있다. 이러한 과제는 일반 생리학이 성공적으로 수행해 왔다.

그러나 진정한 의미의 생리 현상, 즉 생물 조직 그 자체에서 비롯되는 생리 현상의 연구는 훨씬 더 큰 장애물에 부딪힌다. 분석 대상이 극도로 작아 물리학과 화학의 일반적인 기술을 적용하기가 어렵기 때문이다.

성세포의 핵과 염색체, 그리고 염색체를 구성하는 유전자의 화학적 구조를 우리는 어떤 방법으로 밝혀낼 수 있을까? 매우 작은 그 화학 물질들은 개인과 인류의 미래를 담고 있다는 점에서 지극히 중요하다. 신경 조직과 같은 특정 조직은 극도로 취약하여 살아 있는 상태로 연구하기가 거의 불가능하다. 우리는 뇌의 신비와 뇌세포들 사이의 조화로운 연관성을 완전히 파악할 수 있는 기술을 아직 갖추지 못했다. 단순한 수학 공식의 아름다움을 사랑하는 인간의 정신은 개인을 구성하는 무수한 세포와 감정, 의식을 떠올릴 때 혼란에 빠진다. 그 결과 우리는 물리학, 화학, 역학 분야나 철학적, 종교적 영역에서 유용성이 입증된 개념들을 이러한 복잡한 구성 요소에 적

 인간이란 무엇인가

용하려 한다. 그러나 인간은 단순한 물리·화학적 시스템이나 순수한 정신적 실체로 환원될 수 없기 때문에, 이러한 시도는 만족스러운 성과를 거두지 못한다. 물론 인간 과학은 모든 다른 과학의 개념을 활용해야 한다. 그러나 동시에 인간 과학은 그 자체로 독자적으로 발전해야 한다. 인간 과학은 분자, 원자, 전자 과학만큼이나 근본적으로 중요하기 때문이다.

요컨대 물리학과 천문학, 화학, 역학에 대한 지식은 빠르게 발전해 온 반면, 인간을 이해하는 지식의 발선이 너딘 이유는 우리 조상들의 여유 부족, 연구 대상의 복잡성, 그리고 인간 정신의 구조에 있다. 이 장애물들은 제거할 수도 없다. 오직 헌신적이고도 고통스러운 노력을 통해서만 극복할 수 있을 것이다. 우리 자신을 이해하는 지식은 물리학이 지닌 우아한 단순성과 추상성, 그리고 아름다움을 결코 온전히 갖지 못할 것이다. 인간 과학의 발전을 지연시켜 온 요인들은 쉽게 사라지지 않는다. 우리는 인간 과학이 모든 과학 가운데 가장 이해하기 어려운 분야라는 사실을 분명히 인식해야 한다.

과학이 바꾼 인간의 생활 환경

수천 년 동안 우리 조상들의 육체와 영혼에 강한 영향을 미친 환경은 이제 전혀 다른 것으로 대체되었다. 이 조용한 혁명은 우리가 거의 의식하지 못한 상태에서 일어났다. 우리는 그 혁명의 중요성을 제대로 인식하지 못했다. 그럼에도 불구하고 이 조용한 혁명은 인류 역사상 가장 극적인 사건 중 하나에 속한다. 가장 극적인 사건들 속에서 변화하는 주변 환경은 모든 생물체를 필연적으로 심각하게 교란한다. 그러므로 우리는 과학이 조상들의 생활 방식, 나아가 우리 자신에게 강요하고 있는 변화의 정도를 확인해야 한다.

산업 혁명이 도래한 이후, 인구의 대부분은 제한된 지역에 거주하도록 강요받아 왔다. 노동자들은 대도시의 교외나 마을에 모여 살게 되었다. 그들은 공장에 고용되어 정해진 시간 동안 비교적 쉽고 단조로우며, 보수가 높은 일을 수행한다. 도시는 또한 사무직 근로자와 상점·은행 종사자, 행정 기관 직원, 의사, 변호사, 교사, 그리고 직간접적으로 상업과 산업에 종사하며 생계를 유지하는 수많은 사람들의 거처이기도 하다.

공장과 사무실은 규모가 크고 채광이 좋으며 깨끗하다. 실내 온도는 일정하게 유지된다. 현대의 난방 장치는 겨울철에 온도를 높이고, 냉방 장치는 여름철에 온도를 낮춘다. 대도시에 들어선 고층 건물들은 거리를 어둑한 협곡처럼 바꾸어 놓았다. 그러나 건물 내부로 스며드는 태양빛은 전구로 대체되었다. 사무실과 작업장은 휘발유 연기로 오염된 거리의 공기 대신, 지붕에 설치된 환풍기를 통해 상층 대기에서 끌어온 맑고 깨끗한 공기를 받아들인다. 현대 도시에 거주하는 사람들은 거친 날씨에 영향을 받지 않도록 보호받는다. 그러나 우리 조상들처럼 자신이 일하는 작업장이나 상점, 사무실 가까이에 살 수는 없다.

부유한 사람들은 주요 도로변에 우뚝 솟은 거대한 고층 건물에 거주한다. 사업계의 거물들은 고층 건물 꼭대기에 나무와 잔디, 꽃으로 둘러싸인 쾌적한 집을 소유하고 있다. 이들은 마치 산 정상에 사는 것처럼 소음과 먼지, 각종 방해 요소로부터 차단된 환경에서 산다. 사업계의 왕들은 요새화된 성벽과 해자 뒤에 거주하던 봉건 영주들보다도 보통 사람들과 더 철저히 분리되어 살아간다. 덜 부유한 사람들, 심지어 재산이 별로 많지 않은 이들조차도 프랑스 국왕 루이 14세*Louis XIV*나 독일 프로이센의 프리드리히 대왕*Frederick the Great*이 누렸던 환경보다 훨씬 더 편안한 아파트에서 생활한다.

대다수의 보통 사람들은 도심에서 멀리 떨어진 지역에 거주하고 있다. 매일 저녁, 급행열차는 넓게 펼쳐진 푸른 잔디밭과 나무들 사이를 지나, 넓은 도로를 따라 아름답고 안락한 주택들이 늘어선 교외로 수많은 사람을 실어나른다. 노동자와 가장 소박한 고용주들조차 과거에 살았던 부유층보다 더 잘 갖춰진 주거 환경에서 살아간다. 자동으로 실내 온도를 조절하는 난방 장치와 욕실, 냉장고, 전자레인지, 청소와 음식 준비를 돕는 가정용 기계, 자동차를 보관하는 차고는 도시와 교외는 물론 농촌에 이르기까지, 과거에는 극소수 특권층에서만 발견되었던 안락한 거주지를 모든 사람에게 상당 부분 제공한다.

거주 환경의 변화와 함께 생활 방식 또한 달라졌다. 이러한 변화는 주로 통신 속도의 비약적인 향상에서 비롯되었다. 현대의 기차와 증기선, 비행기, 자동차, 전신, 전화, 라디오는 전 세계 국가와 사람들 간의 관계를 근본적으로 바꾸어놓았다. 각 개인은 이전보다 훨씬 더 많은 일을 수행하고, 훨씬 더 많은 행사에 참여한다. 매일 접촉하는 사람의 수도 과거에 비해 현저히 늘었다. 조용하고 한가로운 순간은 이제 특별한 것이 되었다.

가족과 교구민으로 이루어진 소규모 공동체는 해체되었고, 친밀함은 사라졌다. 소규모 공동체의 삶은 무리의 삶으로 대체되었다. 고독은 형벌이거나 드문 사치품으로 여겨진다. 사람들은 영화관, 연극 공연장, 운동 경기장, 클럽 회관, 각종 모임 장소, 대학교, 공장, 백화점, 호텔을 드나들면서 공동생활에 익숙해졌다.

전화기와 라디오, 레코드 음반을 재생하는 축음기는 모든 가정은 물론 가장 외딴 마을까지 즐거움뿐 아니라 저속함도 끊임없이 전달

　　　　　　　　　　　인간이란 무엇인가

한다. 각 개인은 직접적으로든 간접적으로든 항상 타인과 소통하며, 자신의 마을이나 도시, 지구 반대편의 다른 세상에서 발생하는 크고 작은 사건들을 지속적으로 접한다. 이제 사람들은 프랑스 시골 깊숙한 곳에 있는 집에서도 영국 의회 웨스트민스터 궁전의 시계탑에서 울리는 빅벤의 종소리를 들을 수 있다. 버몬트주에 사는 농부 역시 원한다면 베를린이나 런던, 파리에서 웅변가들이 외치는 목소리를 들을 수도 있다.

도시뿐 아니라 시골, 개인 주택, 공장, 작업상, 도로, 들판, 농장, 기계 현장 등 모든 곳에서 인간이 들이는 노력의 강도는 감소했다. 오늘날에는 반드시 걸어다닐 필요가 없다. 엘리베이터가 계단을 대신했고, 아주 짧은 거리조차도 사람들은 버스나 자동차, 전차를 타고 다닌다. 울퉁불퉁한 땅 위를 걷고 달리기, 등산하기, 손으로 땅을 경작하기, 도끼로 숲을 개간하기, 비나 태양, 바람, 추위, 더위에 노출된 채 일하기와 같은 자연스러운 신체 활동은 거의 위험이 없는, 엄격히 규정된 스포츠나 근력이 필요 없는 기계로 대체되었다. 곳곳에는 테니스 코트와 골프장, 인공 스케이트장, 온수 수영장, 그리고 운동선수들이 매서운 날씨로부터 보호받으면서 훈련하고 경기를 치르는 경기장이 마련되어 있다. 이러한 방식 덕분에 사람들은 보다 원시적인 생활 방식에서 비롯되는 피로와 고통에 시달리지 않고도 근육을 발달시킬 수 있다.

우리 조상들의 식단은 주로 거친 밀가루와 고기, 알코올 음료로 이루어져 있었지만, 오늘날에는 훨씬 더 섬세하고 다양한 식품으로 대체되었다. 소고기와 양고기는 더 이상 주요 식재료가 아니다. 현대 식단의 주요 요소는 우유와 크림, 버터, 곡물 껍질을 제거하여 정제한 시리얼, 온대와 열대 지방 과일, 통조림 채소, 샐러드, 파이와 사탕, 푸딩에 들어 있는 다량의 설탕 등이 해당된다. 알코올만은 여전히 현대 식단에서 중요한 자리를 유지하고 있다. 어린이 식단은 특히 극적인 변화를 겪었고, 인공적인 식품이 풍부해졌다. 성인 식단 역시 이와 크게 다르지 않다. 사무실과 공장에서의 규칙적인 노동 시간은 규칙적인 식사 시간의 정착으로 이어졌다. 경제적 풍요가 일반화되고 종교적 정신과 의례적 단식을 중시하던 종교 관습이 쇠퇴하게 된 몇 년 전까지만 해도, 인간은 식사 시간을 엄수하며 끊임없이 음식을 섭취한 적이 없었다.

교육이 급속도로 확산된 이유 역시 전후 시대에 경제적 풍요가 일반화되었기 때문이다. 학교와 전문학교, 대학교가 곳곳에 세워졌고, 수많은 학생이 곧바로 몰려들었다. 젊은이들은 현대 세계에서 과학이 수행하는 역할을 이해했다. 프랜시스 베이컨이 "아는 것이 힘이다"라고 말했듯, 모든 교육 기관은 어린이와 젊은이의 지적 발달에 전념했다. 동시에 이들은 학생의 신체적 조건에도 매우 많은 관심을 기울였다. 이러한 교육 기관이 주로 정신력과 체력을 강화하는 데 주력하고 있다는 사실은 분명하다. 과학은 교육과정에서 가장 중요

 인간이란 무엇인가

한 위치를 차지할 정도로 유용성을 명백하게 입증했다. 수많은 젊은 이들이 과학 분야에 뛰어들었고, 과학 기관과 대학, 기업들은 과학자들이 각자의 전문 지식을 활용할 수 있도록 수많은 실험실을 구축했다.

현대인의 생활 방식은 프랑스 화학자이자 세균학자 루이 파스퇴르*Louis Pasteur*가 발견한 원리와 의학, 위생의 영향 아래 형성되었다. 파스퇴르가 공표한 원칙은 인류에게 가장 중요한 사건 중 하나였다. 이 원칙을 적용하게 되면서, 문명 세계를 주기적으로 휩쓸던 지명직인 전염병과 각 지역 고유의 풍토병은 신속히 진압되었다.

청결의 필요성이 입증되었고, 유아 사망률은 즉각적으로 감소했다. 평균 수명은 놀라울 정도로 증가했다. 모든 사람이 훨씬 더 오래 사는 것은 아니지만, 더 많은 사람이 오래도록 장수하게 되었다. 위생은 인구를 크게 증가시켰다. 동시에 의학은 질병의 본질에 대한 이해를 심화시키고 수술 기법을 신중하게 적용함으로써, 과거의 거친 생활 조건을 견디지 못했을 허약한 사람들, 심신에 결함이 있는 이들, 미생물 감염에 취약한 사람들에게 미치는 유익한 영향을 확대했다. 이는 문명을 고도로 발전시켜 인적 자본을 비약적으로 증가시켰고, 각 개인에게 고통과 질병을 극복할 수 있는 훨씬 더 안전한 예방 수단을 제공했다.

우리가 몰두하는 지적·도덕적 환경은 과학을 기준으로 동일하게 형성되었다. 현대인의 정신에 스며든 세계와 우리 조상들이 살았던 세계 사이에는 깊은 차이가 존재한다. 도덕적 가치는 우리에게 부와 안락을 가져다주는 지적 승리가 이루어지기 이전에 자연스럽게 물러났다. 이성은 종교적 신념을 완전히 대체했다. 자연법칙과 물질세계, 인간을 이해하도록 지식을 제공하는 능력은 무엇보다도 중요해졌다. 은행과 대학교, 실험실, 의과대학, 병원은 고대 그리스 신전이나 고딕 양식의 대성당, 교황 궁전만큼이나 아름답게 지어졌다. 최근의 경제 위기[‡]가 발생하기 전까지, 은행장이나 철도 공단 사장은 젊은이들에게 이상적인 인물이었다. 위대한 대학 총장은 과학을 수호한다는 이유로 여전히 대중에게 존경을 받으며 높은 지위를 차지하고 있다.

과학은 부와 안락, 건강의 근원이다. 하지만 현대인이 살고 있는 지적 환경은 급속도로 변화하고 있다. 금융계의 거물과 교수, 과학자, 경제 전문가들은 일반 대중들에게 미치는 영향력을 점차 상실하고 있다. 오늘날 사람들은 신문과 잡지를 읽고, 정치인과 경영인, 전문 지식이 있는 체하는 협잡꾼이나 선동가들의 연설을 들으며 스스로 충분히 교육받았다고 여긴다. 이들의 주장은 점점 정교해지는 상업·정치·사회 선전으로 가득 차 있다.

동시에 사람들은 과학과 철학을 이해하기 쉽게 설명하는 기사와 책을 읽는다. 물리학과 천문학의 위대한 발견을 통해 우리의 우주는

---

‡ 이 책은 대공황 직후인 1935년에 출간되었다.

경탄할 만한 장엄한 모습을 드러냈다. 각 개인은 원한다면 독일의 이론 물리학자 알베르트 아인슈타인*Albert Einstein*의 이론을 듣거나, 영국의 천문학자 아서 에딩턴*Arthur Eddington*과 영국 물리학자이자 천문학자 제임스 진스*James Jeans*의 책을 읽고, 미국 천문학자 할로 섀플리*Harlow Shapley*와 미국 물리학자 로버트 밀리컨*Robert Millikan*의 글을 접할 수 있다.

사람들은 영화배우나 야구 선수만큼이나 우주에 관심이 많다. 사람들은 공간이 휘어져 있고, 세계가 보이지 않는 미지의 힘으로 구성되어 있으며, 인간은 그저 광대한 우수 속에서 길을 잃은 민지 일갱이 표면에 드러난 극히 작은 입자에 불과하다는 사실을 알고 있다. 우주는 완전히 역학적인 존재다. 우주는 물리학과 천문학의 법칙에 따라 미지의 기층에서 생겨났기 때문에 그럴 수밖에 없다. 이러한 표현은 현대인을 둘러싼 모든 환경과 마찬가지로, 무생물에 대한 과학이 놀라운 발전을 이루고 있다는 점을 나타낸다.

과학의 발전은 행복을 가져왔을까

과학을 적용하는 과정에서 인간의 습관을 억압하는 심오한 변화들이 최근 들어 나타나고 있다. 사실 우리는 아직도 산업 혁명의 한가운데에 있다. 그러므로 자연적 존재 방식을 인위적 존재 방식으로 대체해 완전히 변화시킨 환경이 문명화된 인간에게 어떻게 작용했는지를 정확히 파악하기는 어렵다. 그러나 그러한 환경이 문명화된 인간에게 영향을 미쳤다는 사실만큼은 의심의 여지가 없다. 모든 생물체는 본질적으로 자신을 둘러싼 환경에 밀접하게 의존하며, 변화하는 환경에 맞추어 스스로 적응하기 때문이다. 따라서 우리는 현대 문명이 우리에게 강제하는 생활 방식과 관습, 식습관, 교육, 지적 습관과 도덕적 습관에 어떤 영향을 미쳤는지를 살펴보아야 한다. 우리는 이러한 현대 문명의 발전으로 과연 혜택을 누려 왔는가? 이 중대한 질문에 대한 답은 과학적 발견을 가장 먼저 적용해 이득을 얻은 국가들의 현실을 면밀히 조사한 후에야 얻을 수 있다.

인간이 현대 문명을 기꺼이 받아들였다는 사실은 분명하다. 사람들은 시골을 떠나 도시와 공장으로 몰려들었고, 그토록 갈망하던 새로운 시대의 생활 방식과 행동 방식, 사고방식을 채택했다. 오래된 습관은 더 많은 노력과 수고를 요구했기 때문에 인간은 주저 없이 그것을 버렸다. 농장보다 공장이나 사무실에서 수행하는 일은 훨씬 덜 피로하다. 심지어 시골에서도 신기술은 인간이 겪어야 했던 가혹한 육체적 피로를 크게 덜어주었다.

현대식 주택은 누구나 더 편안한 생활을 누릴 수 있도록 돕는다. 편안하고 따뜻하며 밝은 조명 시설이 갖춰진 주택은 거주자에게 안

 인간이란 무엇인가

락함과 만족감을 준다. 최신식 내부 설비는 과거 여성들에게 요구되었던 가사 노동을 크게 줄였다. 인간은 근육의 힘을 요구하는 일이 줄어든 생활에 자연스럽게 스며들었고, 거대한 군중 속에서 생활하면서도 타인과 함께 산다는 감각 없이 도시의 수많은 오락을 혼자서 즐길 수 있는 특권을 흔쾌히 받아들였다. 또한 전적으로 지식 위주의 교육을 받으며, 청교도 규율과 종교적 원칙에 부과된 도덕적 속박에서 벗어났다는 사실을 인식하게 되었다.

실제로 현대 생활은 인간을 자유롭게 만든다. 구치소나 교도소에 수감되지 않는 한, 현대적 생활 방식은 인간이 가능한 모든 수단을 동원해 부를 획득하도록 조장한다. 이러한 현대적 생활 방식은 전 세계 모든 국가로 확산되었다. 그 결과 인간은 모든 미신에서 해방되었다. 현대 생활은 인간이 성적 욕구를 해소하는 과정에서 쉽게 흥분과 만족에 도달하도록 돕고, 불편하고 힘든 제약과 규율, 조직적 활동을 폐지한다.

사람들, 특히 하층 계급에 속하는 사람들은 물질적 측면에서 과거보다 더 큰 행복을 느낀다. 그러나 그들 가운데 일부는 오락과 세속적 쾌락에 빠져 삶을 올바르게 인식하지 못한다. 이들은 때로 규율에 의해 억제되지 않은 과도한 식생활과 음주, 성생활을 지속하다가 건강에 심각한 문제가 생긴다. 더 나아가 취업과 생계를 걱정하고, 재산을 잃을지도 모른다는 두려움에 시달린다. 이러한 사람들은 우리 각자의 내면 깊숙이 존재하는 안전 욕구를 충족하지 못하며, 사회보장제도를 활용하면서도 미래에 대한 불안을 떨쳐내지 못한다.

사고력을 지닌 사람들은 불만을 품게 된다.

그럼에도 불구하고 건강이 전반적으로 개선되고 있다는 점은 분명하다. 사망률이 감소했을 뿐 아니라, 개인의 체격은 더 크고 풍채가 좋아졌으며 체력 또한 강해졌다. 오늘날 아이들은 자신의 부모 세대보다 훨씬 더 키가 크다. 건강에 유익한 식품을 풍부하게 섭취하고 운동을 실천하면서 신체 크기와 근력이 함께 향상되었다. 국제 경기에서 가장 뛰어난 활약을 펼친 운동선수들 가운데 미국 출신이 많은 것도 우연은 아니다. 미국의 대학 운동선수단에는 인간의 훌륭한 표본이라 할 만한 이들이 많이 존재한다. 오늘날의 교육 여건은 뼈와 근육의 완전한 발달을 가능하게 한다. 미국은 고대인의 가장 경이로운 신체적 사례를 재현하는 데 성공했다.

그러나 모든 스포츠에 능숙하고 현대 생활의 온갖 혜택을 누리는 이들의 수명이 조상들의 수명보다 더 길다고는 할 수 없다. 오히려 조상들보다 훨씬 더 짧을 수도 있다. 이들은 피로와 걱정을 견뎌 내는 저항력이 감소한 것처럼 보인다. 자연스러운 신체 활동과 고통스러운 시련, 혹독한 기후에 익숙한 사람들은 조상들과 마찬가지로 현대의 운동선수들보다 훨씬 오래 지속적으로 힘든 노력을 감내할 수 있는 능력을 지니고 있는 듯하다. 우리는 현대 교육의 산물이 풍부한 수면과 건강한 식단, 규칙적인 생활 습관을 요구한다는 사실을 알고 있다.

   인간이란 무엇인가

현대인의 신경계는 매우 섬세하다. 현대인들은 대도시의 생활 방식과 사무실에 묶인 업무, 사업상의 걱정거리, 심지어 일상에서 겪는 사소한 어려움과 고통조차 견뎌내지 못하고 쉽게 무너진다. 어쩌면 위생과 의학, 현대 교육이 이룩한 성과는 우리가 믿어온 것만큼 인간에게 이롭지 않을지도 모른다.

또한 우리는 유아기와 청소년기의 사망률이 크게 감소한 결과에 따르는 부작용은 없는지 자문해야 한다. 건강한 사람들뿐만 아니라 허약한 사람들까지 생존하게 되었다. 자연 선택은 더 이상 본래의 역할을 수행하지 못한다. 의학으로 철저히 보호받는 인간이 미래에 어떤 존재가 될지는 누구도 알 수 없다. 그러나 우리는 지금 당장 해결을 요구하는 훨씬 더 심각한 문제들에 직면해 있다.

유아 설사증과 폐결핵, 디프테리아, 장티푸스 같은 질병은 사라지고 있는 반면, 그 자리를 퇴행성 질환이 대신하고 있다. 이러한 질환은 신경계와 정신에 치명적인 영향을 미친다. 일부 국가에서는 정신병원에 수용된 정신 이상자의 수가 다른 모든 병원에 입원한 환자 수를 초과한다. 정신 이상증뿐 아니라 신경 쇠약과 지적 장애 역시 더욱 빈번해지는 듯하다. 신경 쇠약과 지적 장애는 개인적 고통과 가정 붕괴의 주요한 요인으로 작용한다. 정신이 황폐화되는 것은 지금까지 위생학자와 의사들이 대응에 전념해 온 전염병보다 문명사회에 더 위험하다.

미국은 어린이와 청년 교육에 막대한 비용을 투입했지만, 지적 엘리트 계층이 증가하는 것처럼 보이지는 않는다. 일반 대중은 최소한 표면적으로는 더 나은 교육을 받았고, 더 세련되어 보인다. 독서에 대한 가치관도 더 긍정적으로 변화했다. 사람들은 전보다 훨씬 더 많은 책을 접하고 구매한다. 과학과 문학, 예술에 관심을 갖는 이들도 늘어났다. 그러나 그들 대부분은 주로 낮은 수준의 문학이나 모방한 과학·문학 작품에 끌린다. 학교에서 제공하는 훌륭한 위생 환경과 세심한 보살핌은 아이들의 지적·도덕적 수준을 높이지 못했다. 아이들의 신체적 발달과 정신적 발달 사이에는 일정한 반비례 관계가 존재할지도 모른다.

결국 우리는 오늘날 인간의 더 큰 신장이 발전의 징표인지, 아니면 아니면 퇴화의 징후인조차 정확히 알지 못한다. 강제성을 배제하고 흥미 있는 과목만 공부하게 하며, 지적 노력과 자발적 주의를 요구하지 않는 학교에서 아이들이 더 행복해 보인다는 점은 분명하다. 그러나 그러한 교육이 어떤 결과를 낳을지는 여전히 의문이다.

현대 문명사회에서 개인은 주로 삶의 실질적 측면에만 집중하는 활동과 광범위한 무지, 순간적인 상황 판단에 따른 민첩한 행동력, 그리고 우연한 환경에 의해 형성된 정신적 결함으로 특징지어진다. 지능 자체는 성격이 약화될 때 그 가치를 발휘하지 못하는 듯하다. 아마도 이러한 이유로, 한때 프랑스인이 지녔던 특유의 재능은 프랑스에서 실패를 겪었을 것이다. 미국은 학교의 수가 증가했는데도 여전히 지적 수준은 낮은 편이다.

 인간이란 무엇인가

현대 문명은 상상력과 지능, 용기를 겸비한 인간을 길러내지 못하는 듯하다. 실제로 모든 나라에서 공적 책임을 맡은 이들의 지적 능력과 도덕적 자질은 점점 저하되고 있다.

금융 기관과 산업 기관, 상업 기관은 거대한 규모로 성장했다. 이들 기관은 자신들이 속한 국가뿐 아니라 전 세계와 인접 국가들의 상황에도 영향을 미친다. 모든 국가에서 경제적·사회적 상태는 극도로 빠르게 변화하고 있으며, 거의 모든 곳에서는 기존의 정부 형태가 재검토되고 있다. 위대한 민주 국가들조차 즉각적인 해답을 요구하는, 존재 자체와 직결된 매우 어려운 문제들에 직면해 있다. 우리는 현대 문명이 인간에게 유익할 것이라는 희망을 품었지만, 그 문명이 위험한 길을 헤쳐나갈 만큼의 지능과 대담성을 지닌 인물을 길러내는 데 실패했다는 사실을 깨닫게 된다. 인간의 정신은 금융·산업·상업 기관이 성장한 속도를 따라가지 못했다. 그 주된 이유는 공적 책임을 지는 정치 지도자들의 지적인 능력과 도덕적인 자질이 부족하고, 그들이 현대 국가를 위험에 빠뜨릴 정도로 무지하기 때문이다.

마지막으로 우리는 새로운 생활 방식이 인간의 미래에 어떤 영향을 미칠지 살펴봐야 한다. 산업 문명으로 변화해 온 조상들의 생활 습관에 대한 여성들의 반응은 즉각적으로 단호하게 나타났다. 출산율은 급격히 떨어졌다. 이는 과학적 발견을 가장 먼저 적용해 발전

의 혜택을 누린 사회 계층과 국가들의 상태가 직접적으로든 간접적
으로든 가장 심각하게 변화했음을 보여준다. 자발적 불임은 세계사
에서 전례 없는 현상이 아니다. 과거 문명사회에서도 특정 시기에
이미 관찰되었다. 자발적 불임은 고전적인 증상이며, 우리는 이 중
대한 문제를 인식해야 한다.

이처럼 과학 기술에 따른 환경 변화가 인간에게 깊은 영향을 미쳤
다는 사실은 분명하다. 이러한 환경적 변화의 결과는 예상과는 다른
특징을 드러낸다. 우리 눈앞의 결과는 습관과 생활 방식, 식단, 교육
등의 발전에 대해 합리적으로 기대하고 희망했던 결과와 현저히 다
르다. 이러한 역설적인 결과는 어떻게 해서 나타나게 된 것일까?

현대 문명은 인간에게 적합하지 않다

이 질문에는 비교적 간단한 해답이 있다. 현대 문명은 우리에게 적
합하지 않기 때문에 우리를 곤란한 처지에 빠뜨린다. 현대 문명은
인간의 실제 본성을 이해하지 못한 상태에서 확립되었다. 그것은 인
간의 욕구와 환상, 이론과 갈망, 그리고 과학적 발견의 변덕에서 비

　　　　　　　　　인간이란 무엇인가

롯되었다. 현대 문명은 분명 우리의 노력으로 구축되었지만, 우리의 규모와 형태에 맞게 설계되지는 않았다.

분명히 과학은 어떤 계획에 따라 전개되지 않는다. 과학은 무작위로 발전한다. 과학의 발전은 특별한 재능을 지닌 인간의 탄생, 인간 정신의 형태, 인간이 호기심을 느끼는 대상과 같은 우연적 조건에 따라 좌우된다. 과학은 인간의 상태를 개선하려는 욕망에 맞춰 작동하지 않는다. 산업 문명을 일으킨 과학적 발견은 과학자들의 직관력과 더불어, 다소 우연적인 그들의 경력 환경에 의해 이루어졌다. 만약 이탈리아 철학자 갈릴레오 갈릴레이와 영국 물리학자 아이작 뉴턴*Isaac Newton*, 프랑스 화학자 앙투안 라부아지에*Antoine Lavoisier*가 자신들의 지적 능력을 육체와 의식 연구에 적용했다면, 우리 세계는 아마도 오늘날과 다른 모습으로 전개되었을 것이다.

과학자들은 자신들이 어디로 향하고 있는지 알지 못한다. 그들은 우연한 기회와 정교한 추론, 그리고 통찰력에 이끌린다. 각 과학자들은 저마다의 법칙이 지배하는 독립적인 세계를 향해 나아간다. 때로는 다른 사람들에게는 분명하지 않은 모호한 상황이, 자신에게만은 명백하게 드러나기도 한다. 대체로 과학적 발견은 그 결과를 예견하지 못한 채 이루어졌다. 그러나 이러한 결과들은 세상을 혁명적으로 변화시켰고, 오늘날의 우리 문명을 만들어냈다.

우리는 과학이 낳은 귀중한 산물 가운데 일부만을 선택해 왔다.

그리고 그 선택은 인류의 더 큰 이익을 고려한 것이 아니다. 단지 우리의 자연스러운 성향을 따랐을 뿐이다. 최대의 편리함과 최소의 노력, 속도와 변화, 편안함에서 느끼는 즐거움, 그리고 자기 자신으로부터 벗어나는 욕구는 새로운 발명을 성공으로 이끄는 결정적인 요인이 된다. 그러나 고속 교통수단과 전신, 전화, 현대적인 사업 방식, 문서를 작성하고 생산물을 산출하는 기계, 과거의 모든 가사 노동을 대신 수행하는 기계가 만들어낸 생활 리듬의 엄청난 가속도를 우리가 과연 어떻게 견뎌낼 것인지 스스로 질문한 사람은 지금까지 아무도 없었다.

비행기와 자동차, 영화관, 전화기, 라디오, 텔레비전이 보편적으로 사용되는 경향은, 과거 우리 조상들이 밤에 술을 마시게 되었던 경향만큼이나 자연스러운 현상이다. 주택에 설치된 난방 시설과 전기 조명, 엘리베이터, 식품에 포함된 화학적 첨가물은 그러한 혁신들이 조건에 부합하고 편리하다는 이유로 그대로 받아들여졌다. 그러나 이러한 요소들이 인간에게 어떠한 영향을 미칠 수 있는지에 대해서는 어떤 방식으로도 충분히 설명되지 않았다.

산업 생활을 추구하는 제도 속에서 공장이 노동자의 생리적 상태와 정신적 상태에 미치는 영향은 완전히 무시되었다. 현대 산업은 개인 또는 개인이 속한 집단이 가능한 한 많은 돈을 벌 수 있도록 비용을 최소화하고 생산을 최대화하는 개념에 기반을 두고 있다. 현대 산업은 기계를 조작하는 인간의 실제 본성을 이해하지 못한 채, 공

　　　　　　인간이란 무엇인가

장이 강요하는 인위적인 존재 방식이 개인과 그 자손에게 미치는 영향을 도외시한 채 발전해 왔다.

대도시 역시 인간을 고려하지 않은 채 건설되었다. 고층 건물의 형태와 규모는 토지의 제곱피트당 최대 수입을 획득하고, 세입자인 사무실과 아파트 거주자에게 일정한 만족감을 제공하는 필요조건에 따라 완전히 달라진다. 이러한 필요조건은 과도하게 많은 인구가 밀집된 거대한 건축물을 양산했다. 문명화된 인간은 이러한 생활 방식을 선호한다. 그들은 자신의 주거지에서 편안함과 지극히 평범한 수준의 호화로움을 누리지만, 동시에 자신들이 인간다운 삶을 영위할 필요성을 박탈당하고 있다는 사실은 인식하지 못한다. 현대 도시는 괴물처럼 거대한 건축물과 휘발유 연기, 석탄 먼지, 유독 가스로 가득한 어둡고 좁은 거리, 택시와 트럭, 손수레가 만들어내는 시끄러운 소음, 끊임없이 붐비는 수많은 군중으로 이루어져 있다. 분명히 현대 도시는 거주자의 이익을 위해 설계되지 않았다.

현대인의 생활은 상업적 광고로부터 막대한 영향을 받는다. 이러한 광고는 소비자가 아니라 광고주의 이익만을 보증한다. 예를 들어 사람들은 갈색 빵보다 흰색 빵이 더 건강에 유익하다고 믿게 되었다. 그 결과 밀가루는 점점 더 철저하게 정제되었고, 가장 유용한 성분을 상실했다. 이러한 처리 방식은 밀가루를 더 오래 보관할 수 있게 했고 빵의 대량 생산을 용이하게 만들었다. 제분업자와 제빵업자는 더 많은 이윤을 얻었다.

반면 소비자들은 질이 낮은 열등한 제품을 품질이 높은 우수한 제품으로 믿고 섭취했다. 빵이 주식인 국가들에서는 결국 인구 퇴화 현상까지 나타났다. 상업 광고에는 어마어마한 비용이 투입된다. 결과적으로 쓸모없거나 건강에 해롭기까지 한 수많은 영양 보조 식품과 의약품이 문명화된 인간에게 필수품으로 자리 잡게 되었다. 이와 같은 방식으로 개인의 탐욕은 현대 사회에서 상품을 판매하려는 광고주가 요구하는 일반적 수요를 만들어내는 데 매우 민첩하고 주도적인 역할을 수행한다.

그러나 현대인의 생활 방식을 겨냥한 상업 광고가 항상 이기적인 동기에서 비롯되는 것은 아니다. 상업 광고는 개인이나 집단의 재정적 이익이 아니라, 종종 공공의 이익을 목표로 삼기도 한다. 하지만 인간에 대해 옳지 않거나 불완전한 개념을 지닌 사람들이 이를 주도할 경우 현대인에게 해로운 결과를 초래할 수도 있다.

예를 들어, 의사들은 특정 식품의 섭취를 권장함으로써 어린아이들의 성장을 촉진해야 할까? 이러한 처방은 의사들이 처방의 대상이 되는 인간을 완전히 이해하지 못한 상태에서 형성된 불완전한 지식에 근거한다. 키가 크고 몸집도 큰 아이가 키가 작고 몸집이 작은 아이보다 반드시 더 건강하다고 말할 수 있을까? 지능, 각성 수준, 대담성, 질병에 대한 저항력은 체중과 같은 요소에 의해 결정되지 않는다.

학교가 제공하는 교육은 주로 기억력과 근력 강화 훈련, 특정한

　　　　　　　　　　인간이란 무엇인가

사회적 행동 양식, 스포츠 훈련으로 구성되어 있다. 그런데 이러한 훈련들이 무엇보다도 정신적 균형과 신경 안정성, 건전한 판단, 대담성, 도덕적 용기, 인내심이 필요한 현대인에게 과연 적합할까? 위생학자들은 인간이 신경 질환과 정신 질환으로 인해 정신이 약화될 수 있음에도 불구하고, 마치 인간이 전적으로 전염병에만 취약한 존재인 것처럼 행동한다.

의사와 교사, 위생학자들은 대부분 인간에게 유익하고자 자신들의 노력을 아낌없이 쏟아붓지만, 추구하는 목표에 도달하지는 못한다. 이는 그들이 현실의 일부만을 포함하는 제한된 시식 세계를 다루고 있기 때문이다. 자신의 욕망, 꿈, 혹은 교리를 구체적인 인간 존재 대신 내세우는 모든 사람들도 마찬가지다.

이러한 이론가들은 인간을 위해 문명을 설계했다고 믿지만, 실제로는 불완전한 인간상이나 터무니없이 괴물 같은 인간상에만 적합한 문명을 구축할 뿐이다. 공허한 이론이나 무의미한 논의를 일삼는 공론가들이 마음속으로 구성한 정부 체계는 가치가 없다. 독일 혁명가 카를 마르크스와 러시아 혁명가 블라디미르 레닌*Vladimir Lenin*이 마음속에 그렸던 비전은 오직 추상적인 인간에게만 적용된다. 인간 법칙은 아직 충분히 밝혀지지 않았다는 사실을 분명히 인식해야 한다.

따라서 과학과 기술이 인간을 위해 만들어낸 환경은 인간에게 적합하지 않은 것으로 보인다. 인간의 실제 본성을 진정으로 고려하지 않은 채 무작위적으로 구성되었기 때문이다.

'인간 과학'의 필연성

요약하자면, 무생물에 관한 과학은 엄청난 발전을 이루었지만, 생명체에 관한 과학은 여전히 기초적인 단계에 머물러 있다. 생물학의 발전 속도가 더딘 이유는 인간 존재 조건의 복잡성과 생명 현상의 난해함, 역학적 구조와 수학적 추상 개념을 선호하는 인간 지능의 성향 때문이다. 인간이 적용해 온 과학적 발견은 눈에 보이는 물질세계뿐 아니라 눈에 보이지 않는 정신세계까지 변화시켰다. 이러한 변화는 인간에게 심오한 영향을 미친다. 그러나 안타깝게도 이러한 변화는 인간의 본성을 충분히 고려하지 않은 채 발생했다.

우리 자신을 제대로 이해하지 못하는 무지는 역학, 물리학, 화학 분야에 조상 대대로 이어온 생활 방식을 무작위로 변화시킬 수 있는 힘을 부여했다.

인간은 모든 것을 판단하는 기준이 되어야 한다. 그러나 역설적으로 인간은 자신이 창출한 세계에 익숙하지 못한 존재가 되었다. 인간은 자신의 본성을 실질적으로 이해할 수 있는 지식을 갖추지 못했기 때문에, 자신이 창출한 세계를 체계적으로 정리하고 조율할 능력을 상실했다. 이로 인해 생명과학보다 물질과학이 압도적으로 발달한 현상은 지금까지 인류가 겪어 온 가장 고통스러운 대재앙 중 하나가 되었다.

우리의 지능과 발명이 만들어낸 환경은 우리의 신체나 형태에 적합하게 조정되지 않았다. 우리는 불행하다. 우리는 도덕적으로 후퇴했고 정신적으로 퇴화하고 있다. 산업 혁명이 최고로 발달한 집단과 국가들은 엄밀히 말하면 퇴보하고 있는 집단과 국가들이다. 이러한 집단과 국가들은 가장 신속하게 문명 이전의 미개한 상내로 돌아간다. 하지만 스스로 이러한 사실을 깨닫지 못한다. 이 집단과 국가들은 과학이 만들어낸 적대적인 환경으로부터 아무런 보호 장치도 없이 살아가고 있다.

사실 그 이전의 문명들과 마찬가지로, 현대 문명 또한 불분명한 이유로 생활 자체를 불가능하게 만드는 특정한 존재 조건을 만들어 왔다. 현대 도시에 거주하는 사람들이 느끼는 두려움과 고통은 정치 제도, 경제 제도, 사회 제도에서 비롯되지만, 무엇보다도 현대인 자신의 나약함에서 기인한다. 우리는 물질과학의 비약적인 발전과 대비되는 생명과학의 퇴보로 인해 희생당한 피해자이다.

이러한 악폐를 해결할 수 있는 유일한 방법은 우리 자신을 이해하는 데 필요한 심오한 지식을 훨씬 더 많이 갖추는 것이다. 그러한 지식은 변화하는 환경이 우리의 의식과 육체에 어떤 방식으로 영향을 미치는지 이해하도록 도와줄 것이다. 따라서 우리는 우리를 둘러싼 환경에 스스로 적응하는 방법과 동시에 환경을 변화시키는 방법을 연구해야 한다. 이러한 과학은 우리의 실제 본성과 잠재력, 그리고 그 잠재력을 실현하는 경로를 밝혀줄 것이며, 우리의 생리적 쇠약과 도덕적 질병, 지적 장애의 원인을 설명해 줄 것이다.

우리에게는 유기적·정신적 활동의 거스를 수 없는 규칙을 배우고, 허용된 것과 금지된 것을 구별하며, 우리의 환경과 자아를 우리 마음대로 바꿀 자유가 없음을 깨달을 수 있는 다른 수단이 없다. 현대 문명에 의해 존재의 자연적 조건들이 파괴된 지금, '인간에 관한 과학'은 모든 과학 중 가장 필수적인 것이 되었다.

   인간이란 무엇인가

2장

†

인간 과학

Man, The Unknown

우리의 마음은 모든 외부 사물을 훑어보고
우리 내면 깊숙이 파고든다.
마치 너구리가 영리한 작은 발로
좁은 세상의 아주 작은 부분까지 탐색하듯,
본능적이고 거부할 수 없는 본능을 통해서.

분할된 인간과 잃어버린 전체

우리 자신을 제대로 이해하지 못하는 우리의 무지는 독특한 성질을 지니고 있다. 이 무지는 필요한 정보를 얻기 어렵기 때문도 아니고, 정보가 부정확하거나 부족하기 때문에 생겨난 것도 아니다. 오히려 그 반대다. 여러 시대를 거치며 축적된 인간 자체에 관한 정보가 혼란스러울 정도로 과도하게 많기 때문에 발생한다. 여기에 더해, 인간의 육체와 의식을 연구하려는 과학자들이 인간을 거의 무한에 가깝게 부분적으로 분할함으로써 이 무지는 더욱 심화된다. 그 결과, 이러한 지식의 대부분은 실제로 활용되지 못하며, 사실상 활용될 수도 없다.

이 무익한 지식은 의학, 위생, 교육, 사회학, 정치경제학의 기초가 되는 고전적 추상 개념과 도식의 빈약함에서 드러난다. 그러나 인간이 스스로 지식을 축적하려는 노력의 산물인 방대한 정의와 관찰, 원칙, 욕망, 꿈 속에는 여전히 활기차고 풍요로운 현실이 깊이 묻혀 있다. 우리는 과거 세대가 남긴 긍정적인 경험적 성과뿐 아니라, 과학자와 철학자들이 구축한 이론 체계와 가설, 더 나아가 과학의 기술과 정신을 실제로 구현한 수많은 관찰 연구까지 함께 받아들인다. 우리는 이렇게 다양한 요소들 중에서 현명한 선택을 해야 한다.

인간에 관한 수많은 개념 중 어떤 것들은 우리 마음이 만들어낸 단순한 논리적 가공물에 불과하다. 외부 세계에서 그러한 개념이 적용되는 존재를 찾기란 불가능하다. 반면, 다른 개념들은 순수하게 경험을 통해 얻은 결과물이다. 미국 물리학자 퍼시 윌리엄스 브리지먼은 이러한 경험적 결과를 '실증적 개념*operational concept*'이라고 불렀다. 실증적 개념이란 그 개념을 획득하는 데 수반되는 구체적인 실행 과정 또는 그러한 과정들의 집합과 동일하다.

실제로 모든 지식은 특정 기술, 즉 물리적 혹은 정신적 특정한 실행 과정을 요구한다. 예를 들어 어떤 물체의 길이가 1미터라고 말할 때, 이는 그 물체의 길이가 1미터짜리 나무 막대나 금속 막대의 길이와 같으며 궁극적으로는 프랑스 파리의 국제 도량형국에 보관된 국제 미터 원기의 길이와 동일하다는 뜻이다. 우리가 관찰할 수 있는 것만이 우리가 실제로 인식할 수 있는 유일한 대상이라는 점은 매우 명백하다. 앞선 예에서 보듯, '길이'라는 개념은 그것을 측정한 거리와 동의어이다. 브리지먼에 따르면, 실험실 밖에 존재한다고 가

   인간이란 무엇인가

정되는 대상들을 다루는 개념은 아무런 의미도 중요성도 갖지 못한다. 따라서 우리가 답할 수 있는 구체적인 실행 과정을 발견하지 못하는 질문은 애초에 의미가 없는 질문이다.

모든 개념의 정확성은 그 개념을 규정하는 구체적인 실행 과정의 정확성에 달려 있다. 인간을 의식과 신체적 요소로 이루어진 존재로 정의한다면, 그러한 정의는 아무런 의미도 갖지 못한다. 의식과 신체적 요소 사이의 관계가 아직 실험실 안으로 도입된 적이 없기 때문이다. 그러나 인간을 물리·화학적 활동, 생리학적 활동, 심리학적 활동을 드러내는 유기적 생물체로 간주할 때, 인간에 관한 실증적 정의는 비로소 의미를 획득한다.

물리학에서와 마찬가지로 생물학에서도, 과학의 토대로 남아야 할 개념들은 특정한 관찰 방법과 연결되어 있다. 예컨대 대뇌 피질의 신경 세포, 원뿔 모양의 신경 세포체, 세포체에서 나뭇가지처럼 뻗어나온 여러 개의 짧은 돌기인 가지 돌기, 그리고 길게 뻗어나온 축삭 돌기에 대해 현재 규정된 개념은 스페인의 신경과학자 라몬 이 카할*Ramon y Cajal*이 고안한 실증적 과학 기술에서 비롯된 것이다.

이러한 개념들은 실증적 개념에 속한다. 이와 같은 개념은 더 새롭고 더 정교한 기술이 발견될 때에만 변화될 수 있다. 그러나 대뇌 피질의 신경 세포가 정신적 과정에 자리 잡고 있다고 주장하는 것은 명백히 무의미하다. 신체 내부에서 정신적 과정이 존재하는 대뇌 피질의 신경 세포를 직접 관찰할 가능성이 없기 때문이다. 실증적 개넘만이 우리가 구축할 수 있는 유일하게 견고한 토대다. 우리는 우리 자신을 이해하기 위한 방대한 지식 가운데서, 정신뿐 아니라 본성 속에 실재하는 존재물에 해당하는 자료만을 선택해야 한다.

우리는 인간과 관련된 개념들 가운데 일부는 명확히 인간에게만 특유한 것이고, 다른 일부 개념들은 모든 생물체에 공통되며, 또 다른 일부 개념들은 화학과 물리학, 역학의 영역에 속한다는 사실을 인식한다. 생물 조직에는 그 계층만큼이나 다양한 개념 체계가 존재한다. 나무와 돌, 구름뿐 아니라 인간의 조직에서도 발견되는 전자 구조, 원자 구조, 분자 구조의 수준에서는 시공간적 연속체, 에너지, 힘, 질량, 엔트로피의 개념이 사용된다. 여기에 삼투압, 전하, 이온, 모세관 현상, 투과성, 확산의 개념도 포함된다.

교질 입자와 분산, 흡착, 응집의 개념은 분자보다 규모가 더 큰 물질적 집합체 수준에서 나타난다. 분자와 분자 결합을 통해 조직 세포가 형성되고, 이러한 세포들이 서로 연관되어 장기와 유기적 생물체를 이룰 때에는 염색체, 유전자, 유전, 적응, 생리적 시간, 반사 작용, 본능과 같은 개념이 추가된다. 이들은 생리학적 개념에 해당한다. 이러한 생리학적 개념은 물리·화학적 개념과 나란히 존재하지만, 물리·화학적 개념으로 환원될 수는 없다.

조직체의 최고 수준에서는 전자와 원자, 분자, 세포, 조직뿐 아니라 장기와 체액, 의식으로 구성된 완전체와 마주하게 된다. 이 단계에서는 물리·화학적 개념과 생리학적 개념만으로는 더 이상 충분하

인간이란 무엇인가

지 않다. 우리는 여기에 도덕관념, 미적 감각, 사회적 감정과 같은 인간 특유의 심리학적 개념을 결합해야 한다. 노력을 최소화하고 생산량을 최대화한다는 원칙, 혹은 기쁨과 즐거움을 극대화하거나 자유와 평등을 추구하는 원칙들이 열역학 법칙과 적응 법칙을 대체해야 한다.

모든 개념 체계는 오직 그것이 속한 과학 영역 안에서만 정당하게 사용될 수 있다. 물리학, 화학, 생리학, 심리학의 개념은 신체 조직의 여러 계층에 적용될 수 있나. 그러나 한 가지 계층에서만 직합한 개념이 다른 계층의 개념들과 무분별하게 뒤섞여서는 안 된다. 예를 들어 분자 영역에서 필수적인 자유 에너지 손실 법칙인 열역학 제2법칙은, 노력을 최소화하고 즐거움을 최대화하는 원칙이 작동하는 심리학 영역에서는 쓸모가 없다. 모세관 현상이나 삼투압의 개념으로는 의식과 관련된 문제를 설명할 수 없다. 세포 생리학이나 양자역학의 관점에서 심리학적 현상을 설명하려는 시도는 말장난에 지나지 않는다.

그럼에도 불구하고 19세기의 기계론적 생리학자들, 그리고 오늘날까지 남아 있는 그들의 제자들은 인간을 물리·화학으로 완전히 환원하려는 시도를 통해 이러한 오류를 반복해 왔다. 견고한 실험 연구 결과를 부당하게 일반화하려는 이러한 오류는 과도한 전문화에서 비롯된다. 개념은 본래의 목적이나 범위를 벗어나 오용되어서는 안 되며, 과학적 분류의 단계 안에서 제자리를 지켜야 한다. 우리 자신을 이해하는 지식이 혼란스러워지는 이유는, 명확한 사실 속에 과학적 체계와 철학적 체계, 종교적 체계의 잔여물이 여전히 남아 있기 때문이다. 언제나 인간은 원칙과 신념, 환상으로 물든 거울을 통해 자신을 바라봐 왔다. 이렇게 부정확하고 왜곡된 관점은 폐기되어야 한다.

이미 오래전에 프랑스 생리학자 클로드 베르나르는 자신의 저서에서 고통스럽고 고된 지적 노동의 사슬을 끊기 위해서는 철학적·과학적 체계를 버려야 한다고 언급했다. 하지만 그러한 자유는 아직 실현되지 않았다. 특히 생물학자, 교육자, 경제학자, 사회학자들은 극도로 복잡한 문제에 직면했을 때 이론을 정립하고 이를 곧 신조로 바꾸려는 유혹에 자주 굴복해 왔다. 그렇게 형성된 과학적 이론은 종교적 교리만큼이나 엄격하고 정형화된 공식으로 굳어졌다.

지식의 모든 분야에서 우리는 이러한 실수를 상기시키는 골치 아픈 상황에 맞닥뜨린다. 생기론자와 기계론자 사이의 헛된 논쟁은 그러한 오류가 낳은 가장 대표적인 사례이다. 생기론자들은 유기적 생물체가 물리·화학적 요인만으로는 설명할 수 없는, 부분들이 통합된 기계로 보았다. 그들에 따르면, 생물체의 고유성을 만들어내는 과정은 독립적인 정신적 원리, 즉 '엔텔레키*entelechy*'의 지배를 받는다. 이는 기계를 설계하는 엔지니어의 생각과 유사한 개념이다. 이 자율적인 요인은 에너지의 한 형태도 아니며, 에너지를 생성하지도 않는다. 그저 유기적 생물체를 관리하고 처리하는 능력에만 관련될 뿐이다. 엔텔레키는 실증적 개념이 아니라 전적으로 정신적인 구성물이다. 간단히 말해서, 생기론자들은 신체를 엔텔레키라는 엔지니어가 조종하는 기계로 여겼다. 그들은 이 엔지니어가 관찰자의 지성 그 이상도 이하도 아님을 깨닫지 못했다.

반면 기계론자들은 모든 생리적·심리적 활동이 물리학, 화학, 역학 법칙으로 설명될 수 있다고 믿었다. 그 결과 그들은 하나의 기계를 구축했고, 생기론자와 마찬가지로 스스로 그 기계의 엔지니어가 되었다. 이 과정에서, 영국 생물학자 조지프 헨리 우저*Joseph Henry Woodger*가 지적한 바와 같이 그들은 상상 그 엔지니어의 존재를 망각했다. 이러한 개념 역시 실증적 개념이 아니다.

결국 기계론과 생기론은 다른 모든 체계와 마찬가지로 거부되어야 함이 명백하다. 동시에 우리는 수많은 환상과 실수, 부정확한 관찰로부터 벗어나야 한다. 무능한 과학자들이 잘못 수행한 연구, 일간 신문에서 극찬받는 과학자나 전문가인 척하는 협잡꾼들이 불성실하게 꾸며낸 허위 발견으로부터도 자유로워져야 한다. 더 나아가 쓸모없는 조사 연구와 중요하지 않은 사안을 집요하게 파고든 무의미한 논문들, 그리고 생물학적 연구가 교사나 성직자, 은행원처럼 전문성을 갖추게 된 이후로 축적된 혼란스럽게 얽히고설킨 연구들에서도 자유로워져야 한다.

이러한 제거 과정이 완료되면, 인간과 관련된 모든 과학 분야의 끈질긴 노력과 축적된 경험은 우리 자신을 이해하는 지식의 확고한 기반으로 남게 될 것이다. 인류 역사에서 나타난 모든 인간 활동을 한눈에 읽어낼 수 있게 되는 것이다. 명확하게 관찰되고 사실로 확증된 인간 활동 옆에는, 명확하지도 않고 확실하지도 않은 것들이 다수 존재한다. 그럼에도 불구하고 이러한 부분들은 배제되어서는 안 된다.

물론 실증적 개념은 과학을 견고하게 구축할 수 있는 유일한 기반을 제공한다. 하지만 창의적인 상상력만이 미래 세계를 담은 추측과 꿈을 불러일으킬 수 있다. 우리는 보편타당한 관점에서 과학적 비평이 무의미하다는 문제를 끊임없이 제기해야 한다. 우리 정신이 알 수 없고 불가능한 미지의 영역을 향해 나아가지 못하도록 스스로를 억제하려 해도, 그러한 시도는 결국 헛된 노력이 될 것이다. 호기심은 규칙을 따르지 않는 맹목적인 충동에 이끌리는, 우리의 본성 그 자체이기 때문이다.

우리의 마음은 모든 외부 사물을 훑어보고 우리 내면 깊숙이 파고든다. 마치 너구리가 영리한 작은 발로 좁은 세상의 아주 작은 부분까지 탐색하듯, 본능적이고 거부할 수 없는 본능을 통해서. 호기심은 우리로 하여금 우주를 발견하도록 강요한다. 그리고 미지의 나라를 향해 달리는 기차 안으로 우리를 거칠게 끌어당긴다. 그 과정에서 한때는 넘을 수 없을 것 같던 산들조차 바람에 휘날리는 연기처럼 사라져 버린다.

 인간이란 무엇인가

보이지 않는다고 존재하지 않는 것은 아니다

인간을 철저하게 검토하는 조사 연구는 필수적으로 수행되어야 한다. 고전적 이론이 빈약해 보이는 이유는 우리가 방대한 지식을 축적했음에도 불구하고 우리 존재 전체를 심층적으로 파악하려는 노력을 기울이지 않았기 때문이다. 따라서 우리는 인간이 처한 삶의 특정한 조건에 따라, 역사 속 특정한 시기에 드러난 인간의 한 측면만을 고찰하는 데 그쳐서는 안 된다. 누가 봐도 명백한 인간 활동뿐 아니라 잠재적으로 명백해질 가능성이 남아 있는 모든 인간 활동 속에서 인간을 완전히 이해해야 한다.

이러한 지식은 오직 유기적 능력과 정신적 능력을 지닌 인간에게서 나타나는 모든 징후를 과거와 현재를 아울러 세심하게 관찰할 때에만 획득될 수 있다. 더 나아가 인간의 구조와, 인간이 환경과 맺는 육체적·화학적·정신적 관계를 종합적으로 분석하고 고찰해야만 비로소 얻을 수 있다. 우리는 프랑스 철학자 르네 데카르트_René Descartes_가 자신의 철학서 『방법서설』에서 진리를 탐구하는 사람들에게 제시한 현명한 조언을 따라야 한다. 즉, 연구 대상을 가능한 한 많은 부분으로 나누고, 각 부분을 완전하게 조사하여 목록으로 정리해야 한다. 그러나 동시에 이러한 분할 방식은 우리가 만들어낸 하나의 방법론적 수단일 뿐이며, 인간 자체는 여전히 분할될 수 없는 존재로 남아 있다는 사실을 분명히 인식해야 한다.

어떤 영역도 특권을 부여받을 수는 없다. 인간 내면세계의 깊은 심연에 잠겨 있는 것들까지도 모두 의미를 지닌다. 우리는 감정과 상상력, 혹은 과학적·철학적 사고 방식이 지시하는 명령에 따라 우리를 기쁘게 하는 대상들만을 선택할 수는 없다. 어렵고 불분명한 주제라고 해서, 이해하기 힘들고 애매하다는 이유만으로 소홀하게 다뤄져서는 안 된다. 질적인 측면은 양적인 측면만큼이나 확실하고 명백하다. 수학적 언어로 표현할 수 있는 관계가 수학적 언어로 표현할 수 없는 관계보다 더 명확한 실재성을 지니는 것은 아니다.

대수 방정식으로 설명할 수 없는 발견을 한 영국 생물학자 찰스 다윈*Charles Darwin*과 프랑스 생리학자 클로드 베르나르, 프랑스 화학자이자 세균학자 루이 파스퇴르는 아이작 뉴턴*Isaac Newton*과 알베르트 아인슈타인만큼이나 위대한 과학자였다. 실재성은 반드시 단순하고 명확하며 이해하기 쉬운 형태로만 존재하는 것은 아니다. 심지어 우리는 실재성을 언제나 이해할 수 있다고 확신할 수도 없다. 더구나 실재성은 무한히 다양한 양상을 나타낸다.

의식의 상태, 상완골[‡], 그리고 상처는 모두 실제로 존재하는 것들

[‡] 어깨에서 팔꿈치까지 이어지는 긴 뼈

이다. 현상은 연구에 적용할 수 있는 과학적 기술이나 관찰자의 재능, 혹은 연구 시설의 수준에 따라 중요성이 결정되지 않는다. 현상은 관찰자나 관찰 방법이 아니라, 관찰 대상인 인간의 기능적 작용에 따라 표현되어야 한다. 어린아이를 잃은 어머니의 비통한 슬픔, '어두운 밤' 속으로 정신없이 빠져드는 영혼의 고뇌, 암 환자가 겪는 극심한 고통은 수치로 측정할 수 없지만 분명한 실재성을 지닌다.

우리는 수행해야 할 연구 목록을 요약적으로 정리하고, 가능한 모든 수단을 활용하여 측정할 수 없는 현상을 세밀하게 관찰하는 연구에 만족해야 한다.

일부 연구 분야는 다른 연구 분야를 희생시키면서 과도한 중요성을 부여받는 경우가 흔하다. 우리는 인간의 물리·화학적 측면과 해부학적 측면, 생리학적 측면, 형이상학적 측면, 지적 측면, 도덕적 측면, 예술적 측면, 종교적 측면, 경제적 측면, 사회적 측면을 모두 고려해야 할 의무가 있다. 모든 전문가는 자신이 속한 분야에 형성된 익숙한 편견 때문에, 자신이 인간을 전반적으로 이해하고 있다고 착각한다. 그러나 실제로는 인간의 극히 일부분만을 이해할 뿐이다. 단편적인 측면이 전체를 대표하는 것처럼 간주된다. 이러한 단편들은 잠시의 유행에 따라 무작위로 선택되는데, 이는 결국 개인이나 사회, 생리적 욕구나 정신적 활동, 근육 발달이나 지적 능력, 아름다움이나 유용성 가운데 어느 하나에 더 큰 중요성을 부여하게 된다. 그 결과 인간은 매우 다채로운 모습으로 나타나며, 우리는 그중 우리를 기쁘게 하는 한 가지 모습만 제멋대로 선택하고 나머지는 잊어 버린다.

또 다른 실수는 현실의 일부를 연구 목록에서 삭제해 버리는 데 있다. 이러한 현상에는 여러 가지 이유가 있다. 우리는 쉽게 분리하고 간단하게 접근할 수 있는 체계를 연구하는 것을 선호하며, 그에 비해 복잡한 체계는 소홀히 다룬다. 인간의 정신은 거의 완벽하고 정확한 해결책을 추구하고, 그 결과로 얻는 지적인 안도감을 특히 좋아한다. 우리는 조사 연구의 본질적 중요성보다도, 과학 기술적으로 명확한 재능이나 시설의 유무에 따라 연구 대상을 선택하는 경향이 있다. 그 결과 현대 생리학자들은 주로 살아 있는 동물에서 관찰되는 물리·화학적 현상에 관심을 기울이고, 생리적·기능적으로 변화가 일어나는 과정에는 상대적으로 무관심하다.

이미 잘 알려져 있고 접근하기 쉬운 과학 기술을 활용하는 연구 분야에 전문화된 의사들 또한 마찬가지다. 그들은 퇴행성 질환이나 신경증, 정신 질환처럼 창의적인 사고와 새로운 방법의 개발이 요구되는 분야보다는 기존 기술로 다룰 수 있는 영역을 선호한다. 그러나 예컨대 장기 세포에 존재하는 특정 섬모보다 생물 조직 전반에 작용하는 법칙을 일부라도 발견하는 것이 훨씬 더 중요하다는 사실은 누구나 인식할 수 있다. 의심할 여지없이, 질병 치료 과정에서 부차적인 중요성만을 지니는 물리·화학적 현상에 일시적으로 몰두하기보다, 암과 폐결핵, 동맥경화증, 매독, 신경 질환과 정신 질환으로

      인간이란 무엇인가

인해 발생하는 무수한 불행에서 인류를 해방시키는 일이 훨씬 더 가치 있다. 그럼에도 불구하고 과학 기술상의 난점 때문에, 신중히 다뤄야 할 중요한 문제들은 연구 대상에서 배제된다.

중요한 사실들이 완전히 무시되는 경우도 있다. 인간의 정신은 현대의 과학적 신념이나 철학적 체계에 부합하지 않는 것들을 본능적으로 거부하는 경향이 있다. 결국 과학자 역시 인간에 불과하며, 자신이 속한 환경과 시대가 만들어낸 편견에서 자유롭지 않다. 그래서 현재의 이론으로 설명할 수 없는 사실은 존재하지 않는다고 쉽게 믿어 버린다. 생리학이 물리·화학과 동일시되던 시기, 즉 미국 생물학자 자크 러브와 영국 생리학자 윌리엄 베일리스*William Bayliss*의 시대에는 정신 기능에 관한 연구가 거의 이루어지지 않았다. 심리학이나 정신 건강에 관심을 갖는 사람은 아무도 없었다. 분명히 관찰되는 특이한 현상들조차 무시된다. 이러한 이유로, 인간을 더 깊이 이해하는 데 기여할 수 있는 연구 목록은 여전히 불완전한 상태로 남아 있다. 따라서 우리는 초기의 방법으로 돌아가 모든 측면에서 우리 자신을 단순하게 관찰하고, 아무것도 배제하지 않으며, 관찰한 바를 있는 그대로 담담하게 기술해야 한다.

겉보기에는 과학적 방법이 모든 인간 활동을 분석하는 데 적용될 수 없을 것처럼 보인다. 관찰자인 우리가 인간의 성격에 따라 확장되는 모든 영역을 완전히 이해할 수 없다는 사실은 분명하다. 현대 과학 기술은 크기나 무게가 없는 것들을 포착하지 못하고, 오직 시공간 안에 놓인 대상만을 제대로 다룰 수 있다. 현대 과학 기술로는 자만심과 증오, 사랑과 아름다움, 과학자의 꿈과 희망, 시인의 영감, 신을 향한 영혼의 고결함을 측정할 수 없다.

그러나 과학은 심리적 상태가 만들어내는 생리학적 측면과 구체적 결과는 비교적 쉽게 기록할 수 있다. 정신적·영적 활동이 우리 삶에서 중요한 역할을 할 때, 이는 특정한 행동이나 행위 혹은 타인을 대하는 특정한 태도로 표출되기 때문이다. 이러한 방식으로만 도덕적·심미적·신비적 기능을 과학적으로 탐구할 수 있다. 또한 우리는 거의 알려지지 않은 지역을 여행한 사람들이 전하는 증언을 선택적으로 받아들인다. 하지만 그들이 겪은 경험을 언어로 표현하는 방식은 대체로 당혹스럽다. 지성의 영역 밖에서는 그 무엇도 명확하게 정의할 수 없다. 물론 어떤 사물이 모호하다고 해서 그것이 존재하지 않는다는 의미는 아니다.

짙은 안개 속에서 항해할 때는 바위가 보이지 않는다. 그렇다고 해서 바위가 존재하지 않는 것은 아니다. 때로 그 바위는 짙은 안개 속에서 위협적인 형체로 드러났다 다시 사라진다. 이러한 현상은 예술가나 신비주의자들이 빠져드는 덧없는 환상과 비교될 수 있다. 그럼에도 현대 과학 기술로는 파악할 수 없는 새로운 것들은 여전히 분명한 특색을 지니고 모습을 드러낸다. 과학은 이러한 간접적인 방식을 통해, 원칙적으로 접근이 금지된 영적 세계를 인식하게 된다. 인간 전체는 과학 기술의 관할권 내에 존재한다.

인간에 대한 진정한 연구의 필요성

인간에 관한 연구 자료를 비판적으로 검토한다면 수많은 정보를 얻을 수 있다. 이를 토대로 우리는 인간 활동에 관한 연구 목록을 비교적 완전하게 작성할 수 있을 것이다. 이러한 연구 목록은 주요 내용을 간결하게 추려낸 고전적인 이론보다 더욱 풍부한 핵심을 담아낸 새로운 이론을 구축하도록 이끌 것이다.

하지만 이러한 방식만으로는 우리의 지식이 눈에 띄게 발전하지는 않을 것이다. 우리는 그보다 더 나아가 인간 과학을 실질적으로 발전시켜야 한다. 알려진 모든 과학 기술의 도움을 받는다면 인간의 내면세계를 매우 철저하게 조사할 수 있고, 또한 각 부분이 전체의 기능으로 간주되어야 한다는 사실 역시 인식하게 된다. 이러한 과학을 개발하기 위해서는 앞으로 기계적 발명은 물론, 고전적인 위생과 의학, 그리고 현재 우리 앞에 존재하는 단순한 물질적인 측면에도 관심을 돌려야 한다.

모든 사람은 부와 안락함을 증대시키는 데 관심이 있다. 하지만 각 개인의 구조적 질과 기능적 질, 정신적 질을 개선해야 한다는 점을 이해하는 사람은 거의 없다. 지적 건강과 정서적 건강, 도덕적 규율, 정신적 발달은 신체의 건강과 전염병 예방만큼이나 반드시 필요하다.

기계적 발명의 수를 늘리는 것만으로는 더 이상 아무런 이득도 얻을 수 없다. 어쩌면 물리학과 천문학, 화학에서 이루어진 발견들을 그다지 중시하지 않는 편이 나을지도 모른다. 사실 순수 과학 그 자체가 우리에게 직접적인 해를 끼치는 일은 없다. 그러나 순수 과학의 매력적인 아름다움이 우리 정신을 지배하고 무생물의 영역 안에 우리의 사고를 가두어버릴 때, 순수 과학은 위험해진다.

이제 인간은 자기 자신과, 자신의 도덕적·지적 결함을 초래한 원인에 관심을 돌려야 한다. 만약 우리가 우리의 나약함 때문에 이 문명을 우리에게 가장 유익한 방향으로 이끌지 못한다면, 편안함과 호화로움, 아름다움과 기술, 문명의 복잡성을 증대시키는 것이 무슨 의미가 있겠는가? 위대한 인간을 구성하는 가장 숭고한 기본 요소를 위축시키고, 소멸하는 삶의 방식을 정교화하는 일에는 실질적인 가치가 없다. 더 빠른 증기선이나 더 안락한 자동차, 값이 더 저렴한 라디오, 혹은 멀리 떨어진 성운의 구조를 탐구하기 위한 망원경을 개발하기보다 우리 자신에게 더 많은 관심을 기울이는 편이 낫다. 항공기가 우리를 몇 시간 만에 유럽이나 중국으로 이동시킨다 한들, 그것이 과연 어떤 실질적인 발전을 의미하는가? 인간이 쓸모없는 것들을 점점 더 많이 소비할 수 있도록 생산량을 끊임없이 증가시켜야 하는 이유가 있는가? 역학과 물리학, 화학이 우리에게 지능과 도

 인간이란 무엇인가

덕적 규율, 건강, 신경의 균형, 안전과 평화를 가져다줄 수 없다는 사실은 의심할 여지가 없다.

우리의 호기심은 지금까지 걸어온 길에서 벗어나 다른 방향으로 나아가야 한다. 육체적·생리적인 것을 떠나 정신적·영적인 것을 추구해야 한다. 지금까지 인간에 대한 과학은 자신들의 연구를 특정 주제를 다루는 일부 측면에만 국한시켰다. 그 결과, 데카르트적 이원론에서 성공적으로 벗어나지 못했다. 그들은 여전히 기계론에 사로잡혀 있다. 생리학, 위생학, 의학뿐 아니라 교육학, 정치경제학, 사회경제학 연구에서도 과학자들은 인간의 유기적, 체액적, 지적 측면에만 몰두해 왔다. 그들은 인간의 정서적 형태와 도덕적 형태, 정신 생활과 성격, 심미적 욕구와 종교적 욕구, 유기적 활동과 심리적 활동의 공통된 기반, 개인의 정신적 환경과 영적 환경의 밀접한 관계에는 거의 관심을 기울이지 않았다.

이제 급진적인 변화가 절대적으로 필요하다. 이러한 변화는 우리의 육체나 정신과 관련된 특정 지식을 축적하는 데 전념하는 전문가들의 연구와, 인간 기능 전반에서 전문가들이 발견한 성과를 통합할 수 있는 과학자들의 연구를 동시에 요구한다. 새로운 과학은 분석 연구와 통합 연구를 이중적으로 수행하는 것을 목표로 삼아 매우 정교하면서도 동시에 단순한 방식으로 발전해야 한다. 또한 우리가 취하는 모든 행동의 근거가 되는 인간 개체의 개념을 이해함으로써 즉각적인 진보를 이루어야 한다.

전문화를 넘어선 통합적 인간 과학의 모색

인간은 부분적으로 분리될 수 없는 존재다. 만약 인간의 장기가 서로 분리되어 각각 독립적으로 존재한다면 인간이라는 존재 자체가 성립하지 않을 것이다. 그러나 인간에게는 다양한 측면이 존재한다. 인간이 드러내는 이러한 측면들은 서로 다른 종류의 감각 기관들이 통합되어 나타나는 징후에 해당한다. 인간은 온도계나 전압계, 사진 건판, 셀레늄 광전지에 따라 각기 다른 방식으로 기록되는 하나의 전등에 비유될 수 있다. 인간은 단편적인 관찰만으로 파악할 수 없다. 다만 우리의 예민한 감각과 정밀한 과학 기구를 활용할 때에만 인간을 완전히 이해할 수 있다.

조사 연구 결과에 따르면 인간 활동은 육체적 활동, 화학적 활동, 생리학적 활동, 심리학적 활동으로 구분되어 나타난다. 인간의 다양한 측면을 검토하는 분석 연구는 필연적으로 여러 과학 기술의 도움을 받아야 한다. 인간은 오직 다양한 과학 기술이 동시에 적용될 때에만 그 모습이 분명하게 드러나기 때문에, 필연적으로 다중적인 모습을 띠게 된다.

　　　　　　　　인간이란 무엇인가

인간 과학은 다른 모든 과학을 활용한다. 이러한 점은 인간 과학의 발달 속도가 더디고 이해하기 어려운 이유 중 하나다. 예를 들어 심리적 요인이 민감한 개인에게 미치는 영향을 연구하기 위해서는 의학과 생리학, 물리학, 화학의 연구 방법을 동시에 적용해야 한다. 누군가 나쁜 소식을 접한다고 가정해 보자. 이러한 심리적 사건은 도덕적 고통과 정신적 동요, 혈액 순환 장애, 피부 병변, 혈액의 물리·화학적 변이 등으로 동시에 발현될 수 있다.

인간을 연구할 때는 가장 간단한 실험이라 할지라도 여러 과학의 연구 방법과 개념을 적용해야 한다. 육류든 야채든 특성 식품이 개인이 속한 집단에 미치는 영향을 연구하려면, 먼저 특정 식품의 화학적 구성 성분을 파악해야 한다. 이어서 조사 대상 개인의 생리적 상태와 심리적 상태, 조상의 특징도 이해해야 한다. 그런 다음 체중과 신장, 골격 형태, 근력, 질병에 대한 민감성, 혈액의 물리적·화학적·해부학적 특징, 신경 균형도, 지능, 용기, 생식력, 수명 등이 실험 과정에서 어떻게 변화하는지를 정확히 기록해야 한다.

분명히 말해서, 인간과 개인의 문제를 연구하는 데 필수적인 모든 과학 기술을 전부 습득할 수 있는 과학자는 존재하지 않는다. 따라서 우리 자신을 이해하는 지식을 발전시키기 위해서는 다양한 전문가들이 각자의 영역에서 연구 목적을 달성하도록 요구할 수밖에 없다. 각 전문가는 육체나 의식, 환경과의 관계 가운데 특정한 한 부분에 국한되어 있다. 이러한 전문가에는 해부학자, 생리학자, 화학자,

심리학자, 의사, 위생학자, 교육자, 성직자, 사회학자, 경제학자 등이 있다. 각 전문 분야는 점점 더 작은 연구 단위로 분화된다. 생리학과 비타민, 직업병, 코 질환, 아동 교육과 성인 교육, 공장 위생과 교도소 위생, 개인의 생리학적 범주 전반, 가정 경제, 농촌 경제에 이르기까지 모든 영역에 전문가가 존재한다.

이러한 분류 체계는 특정 과학의 발전을 가능하게 한다. 전문화는 필수적이며, 과학자들은 하나의 분야에서 집중적으로 지식을 축적해야 한다. 그러나 자신이 추구하는 분야만을 적극적으로 연구하는 전문가가 인간을 전반적으로 이해하는 것은 불가능하다. 사실상 범위가 방대한 각 과학 분야는 각자의 연구 상태를 유지해야 한다.

예를 들어, 프랑스의 세균학자 알베르 칼메트_Albert Calmette_는 프랑스 사회에서 결핵이 확산되는 것을 막고자 했다. 그는 결핵 퇴치를 위해 파스퇴르식 예방 접종에 기초한 백신을 개발하고, 이를 결핵 예방 접종에 사용할 것을 권고했다. 그러나 만약 그가 세균학뿐만 아니라 위생과 의학 전반에 대한 보다 폭넓은 지식을 갖추고 있었다면 주거 환경과 식생활, 노동 조건, 생활 방식 전반에 대해서도 구체적인 조치를 취하도록 조언했을 것이다. 이와 유사한 사례는 미국 초등교육 제도에서도 발견된다. 미국 교육학자 존 듀이_John Dewey_는 미국 어린이 교육을 향상시키겠다고 선언했다. 하지만 그가 적용한 방법들은 이론적으로는 간결하고 정교했으나, 구체적인 개별 아동의 현실에 적용하기에는 어려운 측면이 있었다.

전문화된 의사들은 훨씬 더 심각한 해를 끼친다. 의학은 병든 인간을 작은 부분으로 분해했고, 각 부분마다 해당 전문의가 배치되었다. 전문의가 경력 초창기부터 신체의 극히 일부에만 국한될 경우, 신체 전체를 이해하는 지식은 물론 자신이 다루는 부분조차 온전히 이해하지 못하는 상황에 이르기 쉽다.

이러한 현상은 교육자와 성직자, 경제학자, 사회학자에게도 동일하게 나타난다. 이들은 특정 영역에 완전히 고착되기 전에는 비교적 인간을 일반적으로 이해하는 능력을 지니고 있었으나, 한 분야에서 명성이 커질수록 오히려 더 위험한 상태에 빠진다. 위대한 발견이나 유용한 발명으로 성공한 과학자들 역시 자신의 전문 지식이 다른 모든 분야로 확장될 수 있다고 착각하는 경우가 많다. 예를 들어 미국 발명가 토머스 에디슨*Thomas Edison*은 철학과 종교에 관한 자신의 견해를 주저 없이 대중에게 전했고, 대중은 그가 이 영역에서도 영향력을 행사할 것이라고 기대했다. 이처럼 위대한 인물들은 자신이 완전히 이해하지 못하는 분야까지 설명하려 들며, 그 결과 어떤 영역에서는 인간의 발달을 촉진하고 다른 영역에서는 이를 저해하는 모순된 결과를 낳았다. 일간 신문 역시 고도로 전문화되었지만 우리 시대의 중대한 문제를 폭넓게 이해하지 못하는 제조업자, 은행가, 변호사, 교수, 의사들의 사회학적·경제학적·과학적 견해를 불확실하게 전달한다.

그럼에도 현대 문명은 전문가를 필요로 한다. 전문가 없이는 과학의 발전도 불가능하다. 그러나 전문가가 축적한 연구 결과를 인간에게 적용하기 위해서는, 산발적으로 분석된 자료들을 이해 가능한 종합 시스템으로 통합해야 한다.

그러한 종합 시스템은 단순히 전문가들의 원탁회의에서 만들어질 수 없다. 필요한 것은 그저 전문가들이 한데 모인 집단이 아니라, 전문가 한 사람이 이룩한 통합적 사고의 성과다. 예술 작품은 결코 예술가 위원회에서 창작된 적이 없으며, 위대한 발견 또한 학자 위원회에서 탄생하지 않았다.

인간을 이해하는 지식을 발달시키는 종합 시스템은 오직 개별 인간의 두뇌 속에서 정교하게 구축되어야 한다. 전문가들이 축적한 방대한 정보를 통합하고 인간을 전반적으로 고려하는 연구를 수행하는 과학자는 오늘날 거의 존재하지 않는다. 과학자는 많지만, 진정한 과학자는 극히 드물다. 이러한 독특한 상황은 고도의 연구 능력을 지닌 사람이 부족해서 발생하는 것이 아니다. 사실, 종합적인 연구와 발견은 탁월한 정신력과 체력이 필요하다. 폭넓고 강인한 사고방식을 지닌 사람은 편협하고 정밀한 사고방식을 지닌 사람보다 훨씬 드물다. 훌륭한 화학자나 물리학자, 생리학자, 심리학자, 사회학자가 되는 일은 상대적으로 수월하지만, 여러 과학 분야의 지식을 동시에 습득하고 활용할 수 있는 전문가는 극소수에 불과하다. 그러나 그러한 인물들은 분명 존재해 왔다.

과학 기관과 대학이 과도한 전문화를 강요하던 시기에도, 일부 인물들은 복잡한 분야를 전체적·부분적으로 파악할 수 있었다. 반면 극히 좁은 분야에서 사소한 세부사항을 장기간 연구하는 과학자들은 언제나 가장 큰 보상을 받아왔다. 실제로 중요하지 않은 독창적 연구가 과학을 전반적으로 이해하는 통합적 지식보다 훨씬 더 높은 가치를 인정받는 경우도 많다. 대학 총장과 지도 교수들은 통합적 정신이 분석적 정신만큼이나 필수적이라는 사실을 충분히 인식하지 못하고 있다. 이러한 우월한 지능을 인식하고 장려한다면, 전문가들은 위험한 상태에서 벗어나 전체 조직 속에서 부분의 중요성을 정확히 평가할 수 있을 것이다.

과학은 전성기보다 초기에 더욱 뛰어난 인재를 필요로 한다. 위대한 의사가 되려면 위대한 화학자가 되는 것보다 훨씬 뛰어난 상상력과 판단력, 지능을 갖춰야 한다. 인간을 이해하는 지식은 오직 뛰어난 지능을 지닌 지적 엘리트를 끌어들일 때에만 발전할 수 있다. 생물학 연구에 헌신하고자 하는 젊은이들 역시 뛰어난 지능을 갖춰야 한다. 과학자의 수가 증가하면서 연구 영역이 지나치게 세분화되는 현상은 지능의 저하를 초래하는 것처럼 보인다. 개인을 구성하는 집단의 수가 일정 한계를 넘어 증가할 경우, 그 집단의 질이 저하된다는 사실은 의심할 여지가 없다. 미국 연방 대법원이 1명의 탁월한 대법원장과 8명의 대법관, 총 9명으로 구성되어 있다는 점은 이를 잘 보여준다. 만약 연방 대법원이 900명의 법학자로 구성되어 있다면, 대중은 그 권위를 신뢰하지 않을 것이다.

　과학자의 지능을 향상시키는 가장 좋은 방법은 과학자의 수를 줄이는 것이다. 인간을 이해하는 지식은 정교한 조사 방법과 창의적 상상력을 지닌 소수의 과학자 집단에서 발전할 수 있다. 그러나 과학적 조사 연구를 수행하는 과학자들은 종종 신세계를 개척하는 정복자에게 필요한 자질을 갖추고 있지 않기 때문에, 유럽과 미국 전역에서 매년 막대한 자금을 낭비하고 있다. 특히 뛰어난 소수의 과학자조차 지적 창의성을 억압하는 환경 속에서 살아가고 있다. 실험실이나 기관, 조직은 과학자의 성공에 필수적인 조건을 제공하지 못한다.

　현대 생활은 일반적으로 정신적인 삶과 대립된다. 과학자들은 물질적 욕구와 습관이 전혀 다른 집단에 속한 구성원으로 살아가야 하며, 그 과정에서 자신의 능력을 소모하고 복잡하고 정밀한 사고를 요구하는 환경을 조성하는 데 시간을 허비한다. 오늘날 과학자들 가운데 누구도, 과거에는 대도시에서도 무상으로 누릴 수 있었던 고립과 고요를 향유할 만큼의 여유를 갖지 못한다. 급격히 팽창하는 도시 환경 속에서 명상이 가능한 고립된 공간을 창출하려는 시도는 아직 실현되지 않았다. 그러나 그러한 혁신은 분명히 필요하다.

　인간 과학의 발전은 다른 과학보다 훨씬 더 큰 지적 노력을 요구하며, 혼란스럽고 분산된 정신 상태를 넘어서는 종합 체계를 필요로 한다. 따라서 인간 과학을 성공적으로 발전시키려면, 과학자가 인간에 대해 정립한 개념뿐 아니라 과학적 조사 연구가 이루어지는 환경 조건 자체를 재검토하고 수정해야 한다.

비교 실험이 불가능한 인간 과학

인간은 과학적 조사 연구에 적합한 연구 대상이 아니다. 과학자들은 동일한 특성을 지닌 사람들을 쉽게 찾아낼 수 없으며, 연구 대상자를 충분히 유사한 대소군과 비교하여 실험 연구 결과를 입증하는 것은 거의 불가능하다. 예를 들어, 두 가지 교육 방법을 비교하고자 한다고 가정해 보자. 이를 위해 가능한 한 유사한 두 그룹의 어린이들을 선정했다. 그런데 이들이 비록 연령과 신장이 비슷하다 하더라도 각기 다른 사회 계층에 속해 있거나, 서로 다른 식품을 섭취하거나, 혹은 다른 심리적 환경에서 생활한다면 실험 결과는 더 이상 비교의 대상이 될 수 없다.

마찬가지로 특정 요인이 생활 방식이 동일한 두 가정에 속한 어린이들에게 미치는 영향을 파악하려는 실험 연구 역시 거의 의미를 지니지 못한다. 인간은 완전하게 균질한 존재가 아니며, 같은 부모에게서 태어난 자녀들 사이에서도 특징적으로 현저한 차이가 나타나기 때문이다. 만약 서로 다른 실험 조건에 따른 행동을 비교하는 대상이 하나의 난자와 하나의 정자가 결합한 하나의 수정란에서 기원한 일란성 쌍둥이일 경우, 실험 연구 결과는 결정적인 설득력을 지

니게 된다. 그러나 일반적으로 우리는 제한적인 정확성에 만족해야
만 한다. 이러한 불가피한 조건은 인간 과학의 발전 속도를 지연시
키는 주요 요인 중 하나다.

물리학과 화학, 생리학을 연구하는 과학자들은 언제나 비교적 단
순한 체계를 분리해 내고, 그 체계에 갖춰진 정확한 조건을 규명하
려 한다. 그러나 인간과 환경의 관계를 파악하며 인간을 전체적으로
연구해야 할 경우, 연구 대상자인 인간을 그러한 방식으로 한정하는
일은 불가능하다. 이때 관찰자는 복잡하게 얽힌 사실들 속에서도 자
신의 관찰 기준을 잃지 않기 위해 견고한 판단력을 갖춰야 한다. 만
약 관찰자가 이러한 판단력을 갖추기 힘들다면, 회고적 조사 연구는
사실상 수행될 수 없다. 회고적 조사 연구는 풍부한 경험과 고도로
숙련된 정신을 필요로 한다. 물론 우리는 역사라는 추측에 기반한
분야는 가능한 한 거의 활용하지 말아야 한다.

그럼에도 불구하고, 과거에는 인간 내면에 잠재된 놀라운 가능성
이 발현된 사건들이 분명히 존재했다. 그러한 탁월한 잠재력이 처음
으로 발현된 기원을 이해하는 지식은 대단히 중요하다. 고대 그리스
아테네의 정치가이자 웅변가, 장군으로서 고대 그리스 역사상 가장
유명하고 영향력 있는 인물 가운데 하나인 페리클레스_Pericles_의 시대
에는 어떤 요인들이 그토록 많은 뛰어난 재능을 동시에 출현시켰을
까? 이와 유사한 현상은 르네상스 시대에도 발생했다. 르네상스 시
대 사람들 사이에서 지능과 과학적 상상력, 미적 직관력뿐 아니라

　　　　　　　인간이란 무엇인가

체력과 대담성, 모험 정신이 언제, 어떤 계기로 확산되었을까? 왜 르네상스 시대의 사람들은 그처럼 강력한 생리적 활동성과 정신적 활동성을 지니게 되었을까? 위대한 신화적 인물들이 모습을 드러내기 직전의 시대를 살았던 사람들의 생활 방식과 식생활, 교육, 지적·도덕적·심미적·종교적 환경에 관한 정확한 정보가 얼마나 중요한지 우리는 쉽게 이해할 수 있다.

인간을 대상으로 실험 연구를 수행하기가 어려운 또 다른 이유는 관찰자와 관찰 대상자가 유사한 환경 속에서, 그리고 같은 시간 흐름 안에서 함께 변화하며 살아간다는 사실에 있다. 그 결과 특정한 식생활이나 지적·도덕적 훈련, 정치적·사회적 변화가 인간에게 미치는 영향은 매우 느리게 드러난다. 교육 방법의 가치는 그저 30년이나 40년이 지난 후에야 추정할 수 있다. 한 세대가 지나가기 전에는 특정한 생활 방식이 인간 집단의 생리적·정신적 활동에 미치는 영향을 명확히 확인할 수 없다.

식생활과 신체 문화, 위생, 교육, 도덕률, 사회 경제를 새로운 시스템으로 고안한 사람들은 대개 자신들이 발명한 새로운 시스템이 성공을 거두었다고 지나치게 이른 시기에 선언한다. 이탈리아의 의사이자 교육학자인 마리아 몬테소리*Maria Montessori*가 고안한 몬테소리 교육법‡이나 미국 교육학자 존 듀이가 강조한 교육 신조의 결과는

‡ 아동의 지능과 독립성을 추구하는 교육법

지금에 이르러서야 비로소 분석이 가능해졌다. 심리학자들이 수년 간 학교에서 시행해 온 지능 검사의 중요성을 정확히 평가하기 위해 서조차 25년이라는 시간이 필요하다. 특정 요인이 인간에게 미치는 영향을 확인하는 유일한 방법은, 수많은 사람이 굴곡진 삶을 마치고 세상을 떠날 때까지 이미 시작한 계획을 끈기 있게 지속하고 완수하는 것이다. 그렇게 획득한 지식조차도 결국에는 대략적인 추정에 머무를 수밖에 없다.

관찰자인 우리는 인간 집단의 일부이기 때문에 인간의 발달 속도를 실제보다 더디게 느낀다. 우리 각자는 정확한 관찰을 수행하기 어렵고, 무엇보다도 우리의 삶은 지나치게 짧다. 많은 실험 연구는 적어도 한 세기 이상 지속되어야 한다. 한 과학자가 시작한 관찰과 실험이 그의 죽음으로 중단되지 않도록 하는 기관이 설립되어야 한다. 그러한 기관은 과학계에 아직 존재하지 않는다. 그러나 다른 영역에서는 이미 유사한 사례가 존재한다. 프랑스 솔렘*Solesmes* 마을에 위치한 솔렘 베네딕토 수도원에서는 수도자들이 3대에 걸쳐 그레고리오 성가‡를 재구성하기 위해 헌신적인 노력을 기울였다. 이와 유사한 방식은 인간 생물학의 특정한 문제를 조사 연구하는 데에도 적용되어야 한다. 수도회처럼, 필요에 따라 실험 연구가 중단되지 않고 반영구적으로 지속될 수 있는 기관이 개별 관찰자의 짧은 생애가

‡ 가톨릭교회의 전통적인 단선율 전례 성가

　　　　　　　　인간이란 무엇인가

지닌 한계를 보완해야 한다.

시급히 필요한 특정 연구 자료는 수명이 짧은 동물들의 도움으로 얻을 수 있다. 이를 위해 몸집이 크고 꼬리가 긴 쥐와 몸집이 작고 꼬리가 짧은 쥐가 주로 실험에 사용되어 왔다. 수천 마리에 이르는 이 동물 집단은 각기 식생활의 차이가 성장 속도와 체격, 질병, 수명 등에 미치는 영향을 분석하는 데 활용되었다. 그러나 실험용 쥐와 생쥐는 인간과의 유사성이 매우 제한적이라는 점에서 명백한 한계를 지닌다.

체질이 매우 다른 어린이들에게 이러한 동물 실험 결과를 그대로 적용하는 것은 위험하다. 더욱이 식생활과 생활 방식의 영향으로 뼈와 조직, 체액에 나타나는 해부학적·기능적 변화와 함께 드러나는 정신 상태는 인간과 유사성이 낮은 동물을 대상으로 한 실험으로는 정확히 규명할 수 없다. 반면 원숭이나 개와 같이 지능이 더 발달한 동물을 관찰할 경우, 한층 더 상세하고 중요한 정보를 획득할 수 있을 것이다.

원숭이는 대뇌가 발달해 있지만 실험 연구 대상자로는 적합하지 않다. 혈통을 체계적으로 관리하기 어렵고, 충분한 개체 수를 번식시키는 것도 쉽지 않으며, 사육 자체가 매우 까다롭다. 이에 비해 지능이 높은 개는 상대적으로 손쉽게 확보할 수 있다. 개는 조상의 특성을 추적하기 용이하고 번식 속도도 빠르며, 태어난 지 1년 이내에 성숙한다. 또한 평균 수명이 15년 정도 되어 장기적 관찰에도 적합하다. 특히 민감하고 총명하며 민첩하고 주의력이 뛰어난 독일 셰퍼드와 같은 견종은 심리적 관찰 연구를 수행하기에 적절하다. 본래의 종과 교배해 순수 혈통을 충분한 수로 번식시킬 수 있는 동물들의 도움을 받는다면, 환경이 개인에게 미치는 영향과 관련된 복잡하고 중요한 문제를 명백하게 밝혀낼 수 있을 것이다.

예를 들어, 신장이 증가하고 있는 현상이 미국인들에게 이익인지 불이익인지를 검토해야 한다. 또한 현대 생활 방식과 식생활이 어린이들의 신경계와 지능, 경각심, 대담성에 어떤 영향을 미치는지도 면밀히 파악해야 한다. 수백 마리의 개를 대상으로 20년에 걸쳐 수행된 대규모 실험 연구는 수백만 명의 인간에게 중요한 문제들에 관하여 비교적 정확한 정보를 제공할 것이다. 또한 인간을 대상으로 한 관찰 연구보다 인구 변화 속에서 생활 방식과 식생활을 어떤 방향으로 변화시켜야 하는지를 더 신속하게 보여줄 것이다. 이러한 실험은 현재 영양학자들을 만족시키는 듯 보이는 불완전하고 단편적인 실험 연구를 효과적으로 보완할 것이다. 그러나 지능이 가장 높은 동물을 대상으로 실행한 관찰 연구라 하더라도 인간을 대상으로 한 연구를 완전히 대체할 수는 없다. 결정적으로 인간에 대한 지식을 발전시키기 위해서는, 여러 세대에 걸쳐 지속적인 실험 연구를 수행할 수 있는 환경 조건을 전제로 장기적 연구에 착수해야 한다.

불완전한 지식에서 실질적인 인간학으로

우리 자신을 더 깊이 이해하기 위한 지식은, 인간과 관련된 방대한 정보 속에서 몇 가지 명확한 사실을 선별하거나 인간 활동에 관한 목록을 완벽하게 작성하는 것만으로는 결코 얻을 수 없다. 마찬가지로 새로운 관찰 연구 자료와 실험 연구 자료를 빠짐없이 수집하고, 이를 토대로 진정한 인간 과학을 충분히 구축한다고 해서 저절로 갖춰지는 것도 아니다. 무엇보다도 우리는 그러한 지식을 실제로 활용할 수 있는 종합적 시스템을 개발해야 한다. 이러한 지식을 추구하는 목적은 단순히 우리의 호기심을 만족시키기 위함이 아니라, 우리 자신과 우리가 처한 환경을 재건하기 위함이다. 그리고 이 목적은 본질적으로 실용적이다.

방대한 양의 새로운 데이터를 습득하더라도, 그 데이터가 전문가들의 머릿속이나 책 속에 흩어져 있는 것으로만 남는다면 아무런 소용이 없다. 사전은 그것을 소유한 사람에게 문학적 교양이나 철학적 사유 능력을 자동으로 부여하지 못한다. 우리의 부분적이고 단편적인 견해는 지능과 기억력이 뛰어난 소수의 사람들 안에서 살아 있는 전체적 관점으로 재구성되어야 한다. 따라서 인간은 스스로 더 나은 지식을 획득하기 위해 끊임없이 노력할 때에야 비로소 생산적인 결실을 맺게 될 것이다.

인간 과학은 미래의 과제가 될 것이다. 지금 우리는 우선 과학적 비판이 진실로 입증한 인간의 특성들에 대한 분석적이고 종합적인 입문에 만족해야 한다. 다음 장에서 인간은 관찰자와 그의 연구 기법에 비친 모습처럼 우리에게도 순진하게 보일 것이다. 우리는 인간을 과학 기술에 의해 분해된 조각의 형태로 바라볼 것이다. 하지만 이러한 조각들은 다시 전체 속에 자리잡을 것이다.

이러한 지식은 불충분하지만, 확실한 것은 이 지식에는 형이상학적 요소가 포함되지 않는다는 점이다. 또한 관찰 연구의 선택과 순서를 지배하는 어떤 확고한 원칙도 없기 때문에 본질적으로 경험적이다. 우리는 어떠한 이론을 증명하거나 반증하려는 것이 아니다. 인간의 다양한 측면을 고찰하는 것은 마치 산을 오를 때 바위, 계곡물, 초원, 소나무를 살펴보고, 심지어 계곡 그림자 너머로 보이는 봉우리의 빛까지 관찰하는 것과 같다. 관찰은 자연스럽게 이루어지지만 과학적이며, 상당 부분 체계화된 지식 체계를 구성한다.

물론 이러한 지식은 천문학자와 물리학자가 지닌 정밀한 지식과는 거리가 멀다. 그럼에도 불구하고, 활용되는 과학 기술과 그것이 적용되는 대상의 본질을 파악할 수 있을 만큼 충분히 정확하다. 예를 들어, 우리는 인간이 기억력과 미적 감각을 갖추고 있다는 사실을 알고 있다. 또한 췌장은 인슐린을 분비한다는 점, 특정 정신 질환이 뇌병변, 즉 중추 신경 장애와 관련해 발생한다는 점 등에 대해서도 확신한다. 기억력과 인슐린의 작용은 일정 기준에 맞춰 대략적으로 평가할 수 있다. 그러나 미적 감각이나 도덕관념은 표준화된 단위로 측정할 수 없다. 또한 정신 질환과 뇌 사이의 관계는 아직 실험 연구를 정확하게 수행하는 데 큰 도움을 주지 못한다. 그럼에도 불구하고, 이러한 모든 연구 자료는 전반적으로 상당히 높은 신뢰도를 지닌다.

이러한 지식은 흔하고 불완전하다는 비판을 받기도 한다. 육체와 의식, 수명, 적응력, 개성에 관한 정보는 이미 해부학, 생리학, 심리학, 형이상학, 위생학, 의학, 교육학, 종교학, 사회학 분야의 전문가들에게 잘 알려져 있다는 점에서 진부하다. 또한 수많은 사실 가운데 일부만 선택될 수밖에 없다는 점에서 불완전하다. 이러한 선택적 지식은 필연적으로 임의성을 띤다. 결국 가장 중요해 보이는 사실들로 범위가 한정되며, 종합 시스템은 한눈에 즉시 이해할 수 있어야 하기에 나머지 사실들은 도외시된다. 인간의 지능은 언제나 제한된 수의 세부 사항만을 기억할 수 있기 때문이다.

더 나아가, 인간을 이해하는 우리의 지식은 유용하기 위해서 오히려 불완전해야 하는 것처럼 보이기도 한다. 초상화가 유사성을 띠는 이유는 대상의 모든 세부 사항을 담아냈기 때문이 아니라, 특징적인 요소를 선택적으로 유지했기 때문이다. 그림은 사진보다 개인의 특징을 더욱 강렬하고 개성적으로 표현한다. 이와 마찬가지로 우리는 분필로 칠판에 그린 해부학적 그림처럼, 우리 자신을 대략적으로 묘사한 밑그림을 추적하게 될 것이다. 이 밑그림은 세부사항을 의도적으로 억제하지만, 사실성을 유지한다. 또한 이론이나 꿈, 환상이 아니라 실질적으로 명확한 연구 자료에 기반을 둔다.

우리 자신을 대략적으로 그린 이러한 밑그림은 생기론과 기계론, 사실주의와 명목주의, 영혼과 육체, 정신과 물질이라는 이분법을 의도적으로 무시할 것이다. 그러나 관찰 가능한 모든 사실은 포함할 것이다. 심지어 인간에 대한 고전적 개념에 따라 배제되었던 설명 불가능한 사실, 관습적 사고로 구성된 체제에 편입되기를 완강히 거부하는 사실들, 나아가 알려지지 않은 미지의 영역으로 이어질 수도 있는 사실들조차도 포함할 것이다. 따라서 우리가 작성하는 연구 목록은 인간의 모든 현실적 활동과 잠재적 활동을 내포할 것이다.

이러한 방식으로 우리는 우리 자신을 거의 구체적이고 명확하게 이해할 수 있는, 더욱 기술적인 지식을 갖추게 될 것이다. 이 지식은 확정적이거나 절대적이라고 주장하지 않는다. 그것은 경험적이고, 근사적이며, 평범하고, 불완전하다. 그럼에도 불구하고, 모든 사람이 이해할 수 있는 과학적인 지식이라는 점에서 분명한 가치를 지닌다.

인간이란 무엇인가

3장

육체와 생리적 활동

Man, The Unknown

인간은 각자 자신의 육체와 영혼을

얼굴이라는 표면 위에

세밀하게 새겨 넣는다.

인간은 내부와 외부에 동시에 존재한다

우리는 우리가 존재한다는 것, 우리만의 활동성과 인격을 가지고 있다는 것을 자각한다. 또한 우리 모두가 서로 다른 개별적 존재임을 알고 있다. 우리는 자신의 의지가 자유롭다고 믿으며, 행복과 불행이라는 감정을 경험한다. 우리 각자가 지닌 이러한 직관은 우리 각자에게 궁극적인 현실을 구성한다.

우리의 의식 상태는 계곡을 흐르는 강물처럼 시간 속을 따라 미끄러지듯 흘러간다. 강물과 마찬가지로 인간 역시 가변성과 영속성을 동시에 지닌다. 인간은 다른 동물들에 비해 환경으로부터 훨씬 더 독립적으로 살아간다. 우리의 지능은 우리를 자유로운 존재로 만들어준다. 인간은 무엇보다도 도구와 무기, 기계를 발명해 왔다. 이러한 발명 덕분에 인간은 자신의 고유한 특성을 구체적으로 드러내고, 자신을 다른 모든 생물체와 구별할 수 있었다. 인간은 조각상과 신전, 극장, 대성당, 병원, 대학교, 실험실, 공장 등을 건립함으로써 내면의 성향을 객관적인 방식으로 표현해 왔다. 이와 같은 활동을 통해 인간은 미적 감각과 종교심, 도덕관념, 지능, 과학적 호기심이라는 근본적인 인간 활동의 흔적을 지구 표면에 분명하게 새겨왔다.

이러한 강력한 활동들이 집중되는 모습은 내부와 외부 양쪽에서 관찰될 수 있다. 내부에서 바라볼 때 인간 활동은 오직 관찰자인 우리 자신, 다시 말해 우리의 생각과 성향, 욕구, 기쁨과 슬픔으로 나타난다. 반면 외부에서 바라볼 때 인간 활동은 인간의 육체, 곧 우리 자신과 모든 동료 생명체의 육체로 드러난다. 이처럼 인간은 완전히 다른 두 가지 측면을 지닌 존재다. 이러한 이유로 인간은 오랫동안 육체와 영혼이라는 두 부분으로 이루어진 생명체로 간주되어 왔다.

그러나 육체 없는 영혼이나 영혼 없는 육체를 관찰한 사람은 지금까지 아무도 없다. 우리가 실제로 관찰할 수 있는 것은 육체의 외부 표면뿐이다. 우리는 자신의 기능적 활동을 막연하고 분명치 않은 행복감으로 인식할 뿐이다. 그러나 우리 육체의 모든 기관이 의식에 포착되는 것은 아니다. 육체는 우리에게 전적으로 감춰진 메커니즘에 따라 작동한다. 해부학적 방법과 생리학적 방법을 통해서만 우리는 육체의 구조를 드러낼 수 있다. 그 과정에서 겉으로 보기에는 단순해 보이는 육체의 구조 속에 실로 엄청나게 복잡한 특성들이 존재

　　　　　　　　인간이란 무엇인가

함이 분명하게 드러난다.

　인간은 외부적이고 공적인 측면과 내부적이고 사적인 측면에서 동시에 자기 자신을 관찰할 수 없다. 미로처럼 복잡하고 서로 분리할 수 없는 뇌와 신경 기능을 아무리 정밀하게 이해하더라도, 우리는 어디에서도 의식 그 자체를 직접적으로 마주하지 못한다. 영혼과 육체라는 구분은 우리가 고안한 관찰 연구 방법이 만들어낸 산물이다. 이러한 방법은 본래 나눌 수 없는 완전체에서 영혼과 육체를 인위적으로 분리해 낸다.

　이처럼 나눌 수 없는 전체는 조직과 체액, 그리고 의식으로 구성되어 있으며, 동시에 시간과 공간 속에서 범위를 확장한다. 인간은 자신의 이질적인 질량으로 3차원의 공간과 1차원의 시간을 가득 채운다. 그러나 인간은 이 4차원 안에만 완전히 갇혀 있는 존재가 아니다. 의식은 뇌 실질 내부에 위치하는 동시에 물리적 연속체의 외부에도 존재하기 때문이다.

　인간은 매우 복잡한 존재이므로, 인간이라는 완전체를 있는 그대로 정확히 파악하는 것은 불가능하다. 따라서 우리는 우리가 고안한 관찰 연구 방법에 따라 인간을 여러 작은 부분으로 나눌 수밖에 없다. 과학 기술적으로 발전시킨 관찰 연구 방법을 적용해 인간을 육체적 기질과 다양한 인간 활동으로 이루어진 존재로 묘사해야 하며, 인간 활동의 일시적 측면과 적응적 측면, 개인적 측면을 각각 분리해 고찰해야 한다. 동시에 우리는 인간을 육체와 의식, 혹은 둘의 조합으로 축소시키거나, 우리의 마음이 추상화한 부분들이 구체적으로 존재한다고 믿는 고전적인 오류를 범하지 않도록 경계해야 한다.

질병의 징후는 얼굴에 이미 드러나 있다

인간의 육체는 크기 척도로 봤을 때 원자와 항성 사이, 그 중간쯤에 위치한다. 비교 대상으로 무엇을 선택하느냐에 따라 인간의 육체는 크거나 작게 보인다. 인간 육체의 길이는 대략 조직 세포 20만 개, 일반 미생물 200만 개, 혹은 알부민 분자 20억 개를 한 줄로 배열한 길이에 해당한다. 인간은 전자나 원자, 분자, 미생물과 비교하면 매우 거대한 존재다. 그러나 산이나 지구와 비교하면 극히 작은 존재에 불과하다.

에베레스트산의 높이에 이르기 위해서는 4천 명 이상의 사람들이 위로 길게 줄지어 서 있어야 한다. 천구의 북극과 남극을 지나 관측자의 천정을 잇는 대원인 자오선의 길이는 대략 2천만 명의 사람들이 한 줄로 늘어선 길이에 해당한다. 잘 알려져 있듯이, 빛은 1초 동안 인간 육체 길이의 약 1억 5천만 배에 달하는 거리를 이동한다. 별과 별 사이의 거리인 성간 거리는 너무나도 멀기 때문에, 우주의 거리를 측정하는 천문학적 단위인 광년[‡]으로 표시해야 한다. 이러한 측정 체계 앞에서 인간의 신장은 상상할 수 없을 만큼 미미하게 축소된다.

이와 같은 이유로 영국 천문학자 아서 에딩턴과 제임스 진스는 자신들이 집필한 대중 천문학 도서에서 우주적 관점에서 볼 때 인간이 얼마나 무의미한 존재인지를 독자들에게 강렬하게 각인시키는 데 성공했다. 그러나 실제로 인간의 공간적 크기가 크든 작든 그것은 그다지 중요하지 않다. 인간의 구체적이고 고정된 크기는 단순한 물리적 척도로 표현될 수 없기 때문이다. 우리가 이 세계에 존재하는 의미는 인간의 크기에 의해 결정되지 않는다.

우리의 신장은 조직 세포의 성질, 화학적 교환과 신진대사, 유기적 조직체의 본질에 적합하도록 형성되어 있다. 만약 신경 자극이 모든 사람에게 동일한 속도로 전달된다면, 우리보다 체격이 훨씬 큰 인간은 외부 사물을 인식하는 속도가 현저히 느려질 것이며 근육의 반응성 또한 크게 저하될 것이다. 동시에 화학적 교환 속도 역시 극도로 둔화될 것이다. 몸집이 큰 동물의 신진대사가 몸집이 작은 동물보다 낮다는 사실은 잘 알려져 있다. 예를 들어 말은 쥐보다 신진대사 활동이 훨씬 적다. 인간의 신장이 과도하게 증가한다면 화학적

‡ 광년은 빛이 진공에서 1년 동안 이동한 거리로, 1광년은 약 9조 4600억 킬로미터에 해당한다.

교환의 강도는 감소하고, 사물을 인식하는 데 필요한 민첩성과 신속성을 상실하게 될 것이다. 다행히 인간의 신장은 비교적 좁은 범위 안에서만 변화하므로 이러한 문제는 실제로 발생하지 않는다.

인간의 신체 크기는 유전적 조건과 발달적 조건이 동시에 작용한 결과다. 같은 인종 안에서도 키가 큰 사람과 작은 사람을 모두 관찰할 수 있다. 이러한 골격 길이의 차이는 내분비샘의 상태와 공간 속에서 이루어지는 인간 활동 사이의 상관관계에서 비롯된다. 이 상관관계는 매우 중요하다. 적절한 식습관과 생활 방식을 통해 한 국가를 구성하는 사람들의 평균 신장을 높이거나 낮출 수 있으며, 이와 마찬가지로 신체 조직과 정신의 특성 또한 어느 정도 변화시킬 수 있는 가능성이 있기 때문이다.

그러나 인간의 육체에 더 많은 아름다움이나 근력을 부여하고자 신체 크기를 무분별하게 변화시키는 일은 경계해야 한다. 겉보기에는 사소해 보이는 신체 크기와 형태의 변화가 실제로는 생리적 활동과 정신적 활동 전반에 극단적인 변화를 초래할 수 있기 때문이다. 인간의 신장을 인위적으로 증가시키는 것은 인간에게 전혀 유익하지 않다. 경각심이나 인내심, 대담성은 육체의 크기에서 비롯되지 않는다. 천재적인 재능을 지닌 사람들 가운데 키가 큰 경우는 드물다. 프랑스의 군인이자 황제였던 나폴레옹 보나파르트*Napoléon Bonaparte*도 키가 작은 편이었다.

　　　　　　　　인간이란 무엇인가

　사람들은 저마다 분명한 개성과 자신을 표현하는 방식, 얼굴 생김새를 지니고 있다. 겉으로 드러나는 외형은 육체와 정신의 특질과 능력을 표현한다. 동일한 인종 안에서도 인간의 모습은 개인의 생활 방식에 따라 달라진다. 끊임없는 투쟁 속에서 살아가며 위험하고 험악한 환경에 노출되었고, 레오나르도 다 빈치*Leonardo da Vinci*나 미켈란젤로*Michelangelo Buonarroti*의 예술 작품, 갈릴레오 갈릴레이의 위대한 과학적 발견에 열광할 수 있었던 르네상스 시대의 인간은 증기 난방이 설치된 아파트와 냉방 장치가 갖춰진 사무실, 밀폐된 자동차 안에서 생활하고, 가벼운 오락 영화를 관람히며 라디오를 듣고 골프와 브리지를 즐기는 현대인과는 외모와 기질이 전혀 달랐다. 각 시대는 인간에게 그 시대만의 흔적을 새긴다.

　오늘날 우리는 자동차와 영화관, 스포츠 경기 문화가 만들어낸 새로운 인간 유형을 목격하고 있다. 인간의 외형은 생리적 습관은 물론 일상적인 사고방식에 의해서도 형성된다. 이러한 외형적 특성은 부분적으로 피부 아래 깊숙이 위치한, 척추와 관절, 뼈를 지탱하는 근육에서 비롯된다. 근육의 발달 정도는 수행되는 신체 활동의 유형에 따라 달라진다. 육체적 아름다움은 조화롭게 발달한 근육과 골격에서 나온다. 고대 그리스 아테네의 정치가이자 웅변가이며 장군이었던 페리클레스의 시대, 조각가 페이디아스*Phidias*와 그의 제자들이 조각으로 영원성을 부여한 아테네의 운동선수들은 육체적 아름다움의 정점에 도달해 있었다. 얼굴과 입, 볼, 눈꺼풀, 얼굴선의 형태는 피부 아래에 위치한 지방 조직과 습관적으로 움직이는 편평한 근육의 상태에 따라 결정된다. 그리고 이러한 근육의 상태는 인간의 정신 상태와 긴밀하게 연결되어 있다. 개인은 의식적으로 특정한 표정을 선택할 수 있지만, 그렇게 만들어진 인위적인 가면은 오래 지속될 수 없다.

우리가 인식하지 못하는 사이에도 얼굴은 의식 상태에 따라 끊임없이 형태를 만들어간다. 나이가 들수록 얼굴은 감정과 욕구, 육체적 갈망과 정신적 열망으로 점점 더 채워진다. 젊은 사람의 아름다운 얼굴은 인간의 자연스럽고 조화로운 구조에서 비롯되지만, 노년의 아름다운 얼굴은 극히 드물게, 그 사람의 영혼에서 비롯된다.

얼굴은 숨겨진 의식적 활동보다 훨씬 더 깊은 차원을 드러낸다. 얼굴을 통해 우리는 개인의 악덕과 미덕, 지혜와 어리석음, 감정뿐만 아니라 가장 철저히 감춰진 습관까지 읽어낼 수 있다. 더 나아가 육체의 구조와 장기 질환, 정신 질환에 대한 경향성 역시 얼굴에 반영된다.

뼈와 근육, 지방, 피부, 머리카락의 상태는 조직의 영양 상태에 따라 달라지며, 이러한 영양 상태는 혈장의 구성 성분, 즉 내분비샘과 소화기 계통의 기능에 의해 조절된다. 장기의 활동 상태는 육체적 외형으로 드러나며, 피부 표면은 내분비샘과 위, 소장과 대장, 신경계의 기능 상태를 반영한다. 이는 질병과 관련된 징후를 분명하게 보여준다.

　　　　　　　　인간이란 무엇인가

실제로 서로 다른 체질적·형태학적 유형, 즉 대뇌형, 소화기형, 근육형, 호흡기형 등 서로 다른 체질에 속한 사람들이 모두 같은 기질적 또는 정신적 질환에 걸리는 것은 아니다. 키가 큰 사람과 마른 사람, 그리고 체격이 좋은 사람과 작은 사람 사이에는 기능적인 차이가 매우 크다. 키가 큰 사람은 허약하든 운동선수처럼 운동 능력이 뛰어나든 결막염과 조발성 치매에 걸리기 쉽다. 키가 작고 다부진 체격의 사람은 당뇨병, 류머티즘, 통풍에 걸리기 쉽다. 고대 의사들은 질병의 진단과 예후에 있어 기질, 체질, 그리고 신체적 특징을 매우 중요히게 여겼는데, 이는 매우 타딩한 생각이있다. 인간은 각사 자신의 육체와 영혼을 얼굴이라는 표면 위에 세밀하게 새겨 넣는다.

밖으로는 피부, 안으로는 점막

육체의 외부 표면을 감싸고 있는 피부는 물과 기체가 투과되지 않도록 되어 있다. 또한 피부 표면에 존재하는 미생물은 유기적 생물체 내부로 침투하는 것을 효과적으로 차단한다. 피부는 피부샘에서 분비되는 물질의 도움을 받아 피부 표면에 서식하는 미생물을 파괴할 수 있다. 그러나 바이러스처럼 극도로 작고 치명적인 존재는 이러한 방어를 뚫고 침투할 수 있다.

피부의 외부 표면은 빛과 바람, 습도와 건조함, 열과 추위 등 끊임없이 변화하는 환경 조건에 노출되어 있다. 반면 피부의 내부 표면은 따뜻한 온기와 빛이 없는 상태에서 세포들이 마치 해양 동물처럼 살아가는 수생의 세계와 같다. 피부는 매우 얇지만 시시각각 변화하는 우주적 환경에 대응하여 유기적 유동체를 효과적으로 보호한다.

피부는 촉촉함과 유연성, 신축성과 탄력성, 그리고 내구성을 동시에 갖춘 조직이다. 이러한 내구성은 피부의 구조 방식, 즉 서서히 그리고 거의 무한하게 증식하는 여러 겹의 피부 세포층에서 비롯된다. 이 세포층은 마치 지붕을 덮은 슬레이트가 강한 바람에 의해 떨어져 나가고 끊임없이 다시 대체되는 것처럼, 서로 겹쳐진 상태에서 끊임없이 사멸과 재생을 반복한다. 그럼에도 피부는 땀샘과 피지샘 같은 작은 피부샘들이 땀과 지방질을 표면으로 분비하기 때문에 촉촉함과 유연성을 유지할 수 있다.

콧구멍과 입, 항문, 요도, 질 부위에서 피부는 육체의 내부 표면을 덮고 있는 부드럽고 점착성 있는 막인 점막과 연결된다. 콧구멍을 제외한 피부의 모든 구멍은 탄력성과 수축성이 강한 고리 모양의 근육인 팔약근에 의해 닫힌다. 이러한 이유로 피부는 닫힌 세계를 둘러싼, 거의 완벽하게 강화된 경계 영역이라 할 수 있다.

육체는 피부의 외부 표면을 통로로 삼아 우주에 존재하는 모든 것과 소통한다. 피부는 수많은 작은 수용 기관들이 밀집해 있는 장소

     인간이란 무엇인가

이기도 하다. 이 수용 기관들은 각기 고유한 구조에 따라 환경에서 발생하는 변화를 기록한다. 피부 표면 곳곳에 분포한 촉각 소체는 압력과 통증, 열과 추위에 민감하다. 혀의 점막에 위치한 촉각 소체는 특정한 음식의 질뿐 아니라 온도의 변화에도 반응한다.

공기의 진동은 외이를 지나 중이에 도달하며, 중이에 위치한 고막과 세 개의 작은 뼈(추골, 침골, 등골)를 따라 전달된 뒤, 내이에 위치한 극도로 복잡한 기관인 달팽이관의 난원창에 이른다. 코의 점막까지 확장된 후각 신경망은 냄새에 민감하다.

흥미로운 현상은 발생 초기 단계에서 나타난다. 뇌는 시신경과 망막의 일부를 육체의 표면 쪽으로 돌출시킨다. 아직 충분히 발달하지 않은 망막을 덮고 있던 피부의 일부는 놀라운 변화를 겪는다. 이 부분은 투명해지며 각막과 수정체를 형성하고, 다른 조직들과 결합하여 우리가 '눈'이라 부르는 경이로운 광학계를 만들어낸다. 그 결과 뇌는 붉은색에서 보라색에 이르는 가시광선, 즉 전자기파의 일부를 기록할 수 있게 된다.

무수한 신경 섬유는 이러한 모든 감각 기관에서 뻗어나와 척수와 뇌로 연결된다. 이로써 중추 신경계는 그물망처럼 외부 세계와 접촉하는 육체의 표면 전체에 퍼져 있다. 우리가 인식하는 우주의 모습은 감각 기관의 구조와 민감도에 따라 달라진다. 예를 들어 망막이 가시광선보다 파장이 긴 적외선을 감지할 수 있다면, 자연은 전혀 다른 얼굴을 드러낼 것이다.

물과 바위, 나무의 색은 온도에 따라 달라지므로 계절마다 다른 양상을 보일 것이다. 7월의 맑은 날, 풍경의 미세한 세부가 또렷이 드러나던 장면은 붉은 실안개 속에 잠길 것이다. 적외선은 눈에 보이는 대부분의 사물을 가릴 것이다. 겨울에는 대기가 더욱 투명해지고 사물의 윤곽은 선명해지겠지만, 인간과 관련된 모습은 크게 달라질 것이다. 인간의 윤곽은 흐릿해지고, 얼굴은 입과 콧구멍에서 방출되는 붉은 기운에 가려질 것이다. 격렬한 신체 활동 이후에는 피부에서 방출되는 열이 육체를 감싸기 때문에, 인간의 몸집은 실제보다 더 커 보일 것이다.

이와 같은 방식으로 망막이 자외선에 민감해지거나 피부가 적외선에 민감해진다면, 우리가 인식하는 우주는 전혀 다른 모습으로 재구성될 것이다. 모든 감각 기관의 민감도가 크게 증가하는 경우에도 마찬가지다. 우주 세계는 또 다른 양상을 띠게 된다.

우리는 피부 표면 아래에 존재하는 수많은 신경 말단 가운데 실제로 작용하지 않는 부분들을 인식하지 못한 채 지나친다. 그 결과 우주 방사선이 우리 몸을 그대로 통과하더라도 우리는 이를 감지하지 못한다. 뇌에 도달하는 모든 자극은 반드시 감각 기관을 거쳐야 하며, 다시 말해 우리 몸을 둘러싼 신경층에 어떤 방식으로든 영향을 미쳐야 한다.

결국 감각은 물리적 우주와 심리적 우주가 인간 유기체를 통과해 들어오는 출입구라 할 수 있다. 따라서 개인의 특질은 부분적으로

     인간이란 무엇인가

자신의 표면적 특성에 의해 결정된다. 뇌는 외부 세계로부터 끊임없이 전달되는 메시지의 영향을 받아 형성되기 때문이다. 이러한 이유로 우리 육체의 외부 표면을 감싸는 피부는 새로운 생활 습관에 따라 무분별하게 변화되어서는 안 된다. 예컨대 태양 광선에 지속적으로 노출되는 생활 방식이 전반적인 육체 발달에 어떤 영향을 미치는지는 아직 완전히 규명되지 않았다. 그 영향이 본질적으로 정확히 확인되기 전까지, 자연광이나 자외선에 과도하게 노출되어 피부를 지나치게 갈색으로 그을리는 생활 방식을 맹목적으로 받아들여서는 안 된다.

피부와 피부 부속물(털과 손발톱, 땀샘, 젖샘, 피지샘 등)은 우리의 장기와 혈액을 보호하는 역할을 수행하며, 특정한 요소만이 내부 세계로 들어오도록 허용한다. 세심하게 관찰해 보면, 피부와 피부 부속물은 중추 신경계로 이어지는 문에 해당하며, 이 문은 항상 열려 있다. 그러므로 피부와 피부 부속물은 인간에게 필수적이고도 결정적인 부분으로 간주되어야 한다.

우리 육체의 내부 경계 영역은 입과 코에서 시작되어 항문에서 끝난다. 이 구멍들을 통해 외부 세계는 호흡기 계통과 소화기 계통으로 유입된다. 피부는 물과 기체의 통과를 차단하지만, 폐 점막과 장 점막은 물과 기체가 통과하도록 돕는다. 이 점막들은 우리 육체가 주변 환경과 지속적으로 상호작용하도록 하는 화학적 통로 역할을 한다. 육체의 내부 표면은 피부의 내부 표면보다 훨씬 넓은 범위를 차지한다. 폐포를 덮고 있는 편평한 상피 세포로 구성된 이 내부 표면의 총면적은 약 500제곱미터에 이른다.

이 얇은 점막을 통해 공기 중의 산소는 혈액으로 들어가고, 정맥혈에 포함된 이산화탄소는 외부로 배출된다. 그러나 이러한 점막은 유독 가스와 박테리아에 매우 취약하며, 특히 폐렴구균의 침투에 쉽게 영향을 받는다. 대기는 폐포에 도달하기 전, 촉촉한 상태를 유지하며 먼지와 미생물이 비교적 차단되는 코와 인두, 후두, 기관, 기관지를 통과한다.

그러나 석탄에서 발생한 미세먼지와 휘발유 연기, 인간 사회에서 퍼져 나온 박테리아로 오염된 현대 도시의 대기는 더 이상 이러한 기관들을 충분히 보호하지 못한다. 호흡기 점막은 피부보다 훨씬 더 섬세하고 연약하여 강한 자극 물질을 방어하지 못한다. 이러한 취약성은 미래에 여러 국가가 참여하는 대규모 전쟁에서 인구 전체가 독성 가스로 몰살되는 원인이 될 수도 있다.

입에서 항문에 이르기까지 육체 내부에서는 영양 물질이 끊임없이 이동한다. 소화기 점막은 내부 세계와 외부 세계 사이에 형성되는 화학적 관계의 본질을 결정한다. 소화기 점막의 기능은 호흡기 점막보다 훨씬 복잡하며, 점막 표면에 도달한 음식물을 철저히 변형시켜야 한다. 소화기 점막은 단순한 필터가 아니라 하나의 화학 공장이다.

점막샘에서 분비되는 소화 효소는 췌장에서 분비되는 효소와 협

     인간이란 무엇인가

력하여 음식물을 장 세포가 흡수할 수 있는 형태로 분해한다. 소화기 점막의 표면적은 매우 넓으며, 점액을 대량으로 분비하고 흡수한다. 점액 세포는 음식물이 체내로 유입되도록 돕는 동시에 박테리아가 소화관 내부로 침투하지 못하도록 저항한다. 이러한 위협적인 적들은 주로 얇은 장 점막과 이를 방어하는 백혈구에 의해 통제되지만, 항상 육체를 위협한다. 바이러스는 인두와 코에서 증식하고, 연쇄상구균과 포도상구균, 디프테리아균은 편도선에서 증식한다. 장티푸스를 유발하는 바실러스균과 이질균은 장에서 쉽게 번식한다. 호흡기 점막과 소화기 점막의 건강 상태는 유기적 생물체가 전염병을 이겨낼 수 있는 저항력과 내구성, 안정성, 효율성, 나아가 지적 태도에까지 깊은 영향을 미친다.

따라서 우리 몸은 한쪽으로는 피부로, 다른 한쪽으로는 내부 표면을 덮고 있는 점막으로 둘러싸인 폐쇄된 세계를 구성한다. 이 점막이 손상될 경우, 그 사람은 심각한 위험에 처하게 된다. 실제로 사소해 보이는 가벼운 화상이라도 피부의 넓은 영역으로 확장되면 생명에 치명적인 결과를 초래할 수 있다. 육체의 내부 표면을 덮고 있는 점막은 우주 환경으로부터 장기와 체액을 분리하는 동시에, 내부 세계와 외부 세계 사이에서 가장 광범위한 물리적·화학적 소통을 가능하게 한다. 점막은 경이롭게도 닫힌 우주이자 열린 우주라는 이중적 성격의 장벽을 형성한다. 그러나 이 내부 표면은 정신적 환경으로부터 신경계를 보호하지는 못한다. 우리는 마치 요새를 전혀 고려하지 않고 도시를 폭격하는 비행사들처럼, 우리의 해부학적 경계 영역을 무시하고 의식 속으로 침투하는 적에 의해 상처를 입거나 심지어 생명을 잃을 수도 있다.

살아 있는 육체의 내부 구조

우리 육체의 내부는 고전적 해부학이 설명해 온 모습과는 다르다. 전통적인 해부학은 인간에 대해 전적으로 구조적이고 상당히 비현실적인 도식을 구성해 왔다. 그러나 인간이 어떻게 구성되어 있는지를 이해하는 방법이 오직 시체를 해부하는 것에만 한정되는 것은 아니다. 물론 시체 해부를 통해 우리는 장기를 떠받치는 골격과 근육이라는 인간 구조의 기본 틀을 관찰할 수 있다.

심장과 폐는 척추와 갈비뼈, 가슴뼈로 이루어진 울타리 안에 매달려 있다. 간과 비장, 신장, 위, 소장과 대장, 생식샘은 복막 주름에 의해 커다란 신체 공간 내벽에 지지되어 부착되어 있다. 모든 장기 가운데 가장 섬세하고 취약한 뇌와 척수는 뼈로 이루어진 특정 구역, 즉 두개골과 척추로 둘러싸여 있다. 그리고 점막과 유동성 높은 점액 시스템 덕분에 단단한 골벽과 직접 충돌하지 않도록 안전하게 보

     인간이란 무엇인가

호된다.

그러나 해부된 시체를 연구하는 방식만으로는 생물체를 완전히 이해할 수 없다. 시체의 조직은 혈액의 순환과 그 기능을 상실한 상태이기 때문이다. 실제로 생체 안에서는 영양분을 공급하는 매개체와 분리된 장기라는 것은 존재하지 않는다. 살아 있는 몸속에서는 어디에나 혈액이 존재한다. 혈액은 맥동하는 심장에서 흘러나와 동맥을 따라 이동하고, 정맥 속을 미끄러지듯 지나며, 모세혈관의 극히 좁은 통로를 가득 채워 흐른 뒤, 투명한 림프관을 구성하는 모든 조직을 촉촉이 적신다.

이러한 내부 세계를 정확히 이해하기 위해서는 해부학적 분석이나 조직학적 분석만으로는 부족하며, 훨씬 더 섬세한 과학 기술이 필수적이다. 우리는 해부를 위해 준비된 시체의 장기가 아니라, 외과 수술 과정에서 관찰할 수 있는 살아 있는 동물과 인간의 장기를 연구해야 한다. 장기의 구조는 고정제와 염색제로 변형된 죽은 조직의 극히 일부만을 통해서가 아니라, 실제로 기능하며 살아 움직이는 조직을 관찰함으로써 학습되어야 한다. 이에 더해 살아 있는 조직의 움직임을 기록한 영상 자료를 관측함으로써 장기의 구조를 이해해야 한다. 우리는 과거의 해부학처럼 영양분을 공급하는 매개체와 세포를 분리하거나, 그 기능과 구조를 각각 따로 떼어 설명해서는 안 된다.

체내에서 세포는 마치 작은 유기적 생물체가 산소와 영양분을 공급하는 매개체 속으로 재빨리 몸을 던지는 것처럼 역동적으로 움직인다. 이 매개체는 바닷물과 유사하지만, 바닷물보다 염분은 적고 구성 성분은 훨씬 더 풍부하고 다양하다. 혈관과 림프관의 내벽을 얇게 덮고 있는 내피 세포와, 혈액 속에서 유일하게 핵과 세포 소기관을 지닌 백혈구는 깊은 바다를 자유롭게 헤엄치거나 모래 바닥에 납작하게 몸을 붙이고 있는 물고기와 닮아 있다.

그러나 조직을 이루는 세포는 조직액 속에서 자유롭게 떠다니지 않는다. 이들의 상태는 물고기라기보다는 습지나 젖은 모래에서 살아가는 양서류에 가깝다. 살아 있는 모든 세포는 자신을 둘러싼 산소와 영양분 공급 매개체에 전적으로 의존하며, 동시에 그 매개체를 끊임없이 변화시키고 변화된 매개체에 따라 스스로도 변화한다. 사실 살아 있는 세포는 산소와 영양분을 공급하는 매개체와 분리될 수 없으며, 따라서 세포체와 세포핵 또한 서로 떼어낼 수 없다.

세포의 구조와 기능은 세포를 직접 감싸고 있는 조직액의 물리적·물리화학적·화학적 상태에 완전히 종속된다. 이 조직액은 세포 사이에 존재하는 액체로, 일부는 혈관으로 되돌아가지만 대부분은 림프관으로 흘러 들어가 림프액이 된다. 조직액은 혈장에서 전달된 산소와 영양분을 세포로 공급하는 동시에, 세포에서 발생한 이산화탄소와 노폐물을 다시 혈장으로 운반한다.

이처럼 산소와 영양분을 공급하는 매개체와 세포는 구조와 기능 양면에서 결코 분리될 수 없다. 세포를 둘러싼 자연 환경에서 세포만 고립시켜 이해하려는 시도는 부적절하다. 다만 우리는 연구의 필요에 따라 방법론적으로 자연 환경과 세포를 부분적으로 나누어, 한편에서는 세포와 조직을, 다른 한편에서는 혈액과 체액이라는 유기적 매개체를 설명할 수밖에 없다.

세포는 조직과 기관이라는 집단을 이룬다. 그러나 이를 인간 공동체나 곤충 군집에 비유하는 것은 피상적인 접근이다. 세포의 개별성은 인간이나 곤충의 개별성보다 확실성이 훨씬 덜 명확하기 때문이다. 이러한 연관성의 법칙은 개별 존재에 내재한 고유한 성질을 표현한 방식에 불과하다.

인간의 특성은 세포 사회를 구성하는 세포의 특성보다 훨씬 쉽게 이해되고 학습된다. 생리학은 과학 분야로서 충분히 발달해 있지만, 인간 사회학은 아직 과학으로서의 체계를 확립하지 못했다. 그와 대조적으로 세포 사회학은, 세포의 구조와 기능을 개체로서 연구하는 개별 과학보다 더 발전해 있다. 해부학자와 생리학자들은 오래전부터 조직과 기관이라는 집단을 이루는 세포 사회의 특성을 인식해 왔으며, 최근에 이르러서야 유기적으로 결합하는 세포 각각의 개별적 특성을 분석하는 데 성공했다. 새로운 조직 배양 기법 덕분에, 우리는 이제 벌집 속의 꿀벌을 관찰하듯 화학 실험용 플라스크 안에서 살아 있는 세포를 손쉽게 연구할 수 있게 되었다.

실험 결과, 플라스크 속의 세포들은 놀라울 정도로 독자적인 특성과 예상치 못한 선천적 능력을 지니고 있음이 밝혀졌다. 이러한 특성은 정상적인 생활 조건 속에서 혹은 유기적 매개체가 특정한 물리 화학적 변화를 겪거나 질병에 감염되었을 때 실제적으로 드러난다. 이러한 기능적 특성들은 단순한 구조적 특성보다 훨씬 더 중요하며, 조직이 생체를 구축할 수 있는 능력을 부여한다.

세포는 그 극도로 미미한 크기에도 불구하고 매우 복잡한 유기체이다. 그것은 화학자들이 즐겨 생각하는 추상적 개념, 즉 '반투막으로 둘러싸인 젤라틴 한 방울'과는 전혀 닮지 않았다. 생물학자들이 원형질이라 부르는 물질은 실제로 세포체나 세포핵 어디에서도 발견되지 않는다. 원형질은 객관적 의미가 결여된 개념이다. 이는 마치 인체의 구성 성분을 정의하려고 '인형질'이라는 개념을 만드는 것과 마찬가지다.

현대의 기술은 세포를 인간보다 더 크게 확대하여 화면에 나타낼 수 있게 만들었고, 그 결과 세포에 존재하는 모든 소기관이 명확하게 관찰된다. 세포체 중앙을 떠다니는 세포핵은 탄력 있는 벽으로 둘러싸인 타원형 풍선처럼 형태를 유지하며, 그 안은 젤리 같은 투명 물질로 차 있는 것처럼 보인다. 이 세포핵 안에는 형태를 서서히 변화시키는 두 개의 핵소체가 존재한다. 세포핵 주변에는 끊임없이 요동치는 작은 입자들이 분포해 있으며, 이들의 움직임은 골지체나 중심소체로 불리는 세포 소기관과 연관된다. 특히 단백질을 합성하고 전달하는 소포체 주변에서 이러한 활동은 더욱 활발하다. 형태가 뚜렷하지 않은 작은 입자들은 세포체 주변을 소용돌이치듯 이동하고, 더 큰 입자인 소구체는 전투 지역 끝까지 날아가는 무기처럼 멀리까지 이동하며 지그재그로 움직인다.

하지만 가장 주목할 만한 세포 소기관은 긴 필라멘트 형태의 미토콘드리아다. 이것은 뱀과 흡사하며, 어떤 세포에서는 짧은 박테리아 같은 모습을 띠기도 한다. 소포체와 입자, 소구체, 미토콘드리아는 세포체 공간에서 끊임없이 자유롭게 미끄러지고, 춤추듯 파도 모양으로 움직인다.

이처럼 살아 있는 세포의 구조적 복잡성은 놀라울 징도이지만, 그 화학적 구성은 더욱 복잡하다. 두 개의 핵소체를 지닌 세포핵은 외견상 비어 있는 것처럼 보이지만, 실로 놀라운 물질을 포함하고 있다. 화학자들이 그 구성 성분인 핵단백질에 부여한 단순함이란 환상에 불과하다.

세포핵은 유전자, 즉 인간과 세포의 유전 정보를 담고 있다는 사실 외에는 거의 알려지지 않은 신비로운 물질로 이루어져 있다. 따라서 세포핵은 화학적으로 단순하기는커녕, 오히려 당혹스러울 만큼 복잡하다.

유전자는 육안으로는 보이지 않지만, 세포핵의 투명한 액체 속에 존재하는 염색체 안에 포함되어 있다. 염색체란 세포 분열 직전, 핵의 투명한 액체 속에서 관찰되는 가늘고 긴 형체들을 말한다. 이 시점이 되면 염색체들은 다소 뚜렷한 형태로 두 집단을 형성하며, 이 집단들은 서로를 밀어내며 멀어진다. 동시에 세포 전체가 격렬하게 요동치며 그 내용물을 사방으로 흩뿌리고, 마침내 두 부분으로 갈라진다. 딸세포라 불리는 이 분신들은 몇 가닥의 탄력 있는 섬유에 연결된 채 서로 물러나며, 이 섬유들이 팽팽하게 늘어나다 결국 끊어지게 된다. 이로써 유기체를 구성하는 두 개의 새로운 원소가 비로소 개별적인 실체로 탄생하게 되는 것이다.

세포 역시 동물과 마찬가지로 다양한 유형으로 나뉜다. 이러한 유형은 구조적·기능적 특성에 따라 구분되며, 갑상샘·비장·피부·간과 같이 서로 다른 신체 영역에서 발생한다. 그러나 동일한 영역에서 생성된 세포라 할지라도 시간의 흐름에 따라 서로 다른 유형이 될 수 있다. 유기적 생물체는 공간적으로뿐 아니라 시간적으로도 다양한 유형으로 구성된다.

육체를 이루는 세포는 크게 조직과 기관을 형성하는 고정형 세포와 생물체 전체를 이동하는 이주형 세포로 나뉜다. 결합 조직 세포와 상피 조직 세포는 고정형 세포에 속한다. 상피 세포는 뇌와 피부, 내분비샘 등을 구성하는 가장 중요한 세포 유형이다. 결합 세포는 기관 체계를 형성하며, 신체 곳곳에 존재한다. 이들 주변에는 연골, 칼슘, 섬유 조직, 탄성 섬유와 같은 다양한 물질이 나타나 골격과 근육, 혈관 및 장기에 기능 수행에 필수적인 견고함과 탄력을 부여한다. 나아가 결합 조직 세포는 수축성 요소로 변형되어 심장 근육, 혈관 근육, 소화 기관 근육, 운동 근육을 형성한다.

   인간이란 무엇인가

결합 조직 세포와 상피 세포는 전통적으로 고정형 세포로 분류되지만, 세포 영화 촬영술로 관찰해 보면 실제로는 이동한다. 다만 그 속도가 매우 느릴 뿐이다. 이들은 물 위에 넓게 퍼진 기름처럼 주변 매개체 위를 미끄러지듯 이동하며, 세포체의 액체 덩어리에 있는 세포핵을 함께 끌고 간다.

이에 비해 이주형 세포는 백혈구를 비롯한 다양한 조직 세포를 포함하며 이동 속도가 빠르다. 백혈구는 여러 개의 핵을 지니며 아메바와 유사하다. 단핵 세포인 림프구는 작은 벌레처럼 느리게 기어 다닌다. 림프구보다 큰 단핵구는 문어를 닮은 형태로, 긴 촉수를 뻗고 얇은 파동막으로 자신을 둘러싼 뒤 죽은 세포와 미생물을 감싸 삼킨다.

이처럼 다양한 세포 유형이 화학 실험용 플라스크 안에서 배양되면, 그 특성은 미생물의 유형만큼이나 분명해진다. 각 세포 유형은 유기적 생물체에서 분리된 이후 수년이 지나도 고유한 특성을 유지한다. 세포는 형태와 구조뿐 아니라 이동 방식, 다른 세포와의 관계, 집단 형성 방식, 성장 속도, 화학 물질에 대한 반응성, 분비 물질, 영양분 섭취 방식 등으로 특징지어진다. 이러한 관점은 형태 중심의 고전적 해부학 개념을 대체한다.

각 세포 공동체, 즉 기관 체계를 조직하는 법칙은 이러한 기본 특성에서 도출된다. 조직 세포는 단순히 해부학적 특징만으로는 살아 있는 유기적 생물체를 구축할 수 없을 것처럼 보이지만, 실제로는 그보다 훨씬 뛰어난 잠재 능력을 지닌다. 조직 세포는 자신의 모든 능력을 항상 드러내지는 않으며, 평소에는 감춰져 있지만 주변 매개체가 변화할 경우 분명하게 작동하는 잠재적 능력을 보유하고 있다. 이러한 특성 덕분에 조직 세포는 정상 상태뿐 아니라 질병 상태에서 발생하는 예기치 못한 상황에도 대응할 수 있다.

세포들은 빽빽한 덩어리인 조직과 장기를 이루며, 그 구조는 유기체 전체의 구조적·기능적 조건에 따라 결정된다. 인간의 육체는 치밀하면서도 자유로운 움직임을 허용하는 구성 단위로 이루어져 있다. 모든 세포 공동체를 하나로 통합하는 혈액과 신경은 육체의 조화를 이룬다. 조직은 영양분을 공급하는 유체성 매개체 없이는 존재할 수 없다. 해부학적 요소 사이의 필수적 관계와, 영양분을 운반하는 혈관 사이의 필수적 관계는 장기의 형태를 규정하며, 이러한 형태는 분비샘에서 생성된 물질을 이동시키는 분비관의 존재에 의해 다시 영향을 받는다. 공간적으로 질서 정연한 모든 육체 구조는 육체가 요구하는 영양 조건에 따라 형성된다. 각 기관은 세포가 항상 충분한 영양분 공급 매개체에 둘러싸여 있고, 노폐물로 인해 방해받지 않아야 한다는 유기적 생물체의 근본적 요구에 따라 설계된다.

몸속을 돌아다니는 혈액과 림프액의 역할

유기적 매개체는 조직의 한 부분을 이룬다. 유기적 매개체가 제거된다면 육체는 더 이상 존재할 수 없다. 우리의 장기와 신경 중추, 사고와 애정, 잔혹성, 불쾌감, 나아가 우주의 아름다움에 대한 감응에 이르기까지 삶에서 나타나는 모든 징후는 체액의 물리·화학적 상태에 의해 결정된다. 유기적 매개체는 혈관 안을 흐르는 혈액과, 모세혈관 벽을 통과해 조직으로 여과되는 혈장이나 림프액 같은 체액으로 이루어진다. 일반적인 유기적 매개체는 혈액이며, 국부적 매개체는 각 장기에서 세포와 세포 사이를 흐르는 림프액이다.

장기는 수생 식물로 가득 찬 연못에 비유할 수 있으며, 그 연못으로 작은 개울이 흘러든다. 고여 있는 물은 노폐물과 죽은 식물의 파편, 그리고 식물이 방출한 화학 물질로 오염된다. 고인 물의 오염 정도는 연못으로 흘러드는 개울의 속도와 부피에 따라 달라진다. 각 장기에서 세포와 세포 사이를 흐르는 림프액도 이와 같은 원리에 따른다. 요컨대, 육체의 다양한 세포가 서식하는 국부적 매개체의 구성 성분은 직접적이든 간접적이든 혈액의 상태에 의해 좌우된다.

혈액 역시 다른 모든 조직과 마찬가지로 조직의 한 부분이다. 혈액은 대략 2조 5000억 개에서 3조 억 개에 이르는 적혈구와 약 500억 개의 백혈구로 구성된다. 그러나 이러한 혈액 세포들은 다른 결합 조직 세포들과 달리 일정한 틀 안에 고정되어 있지 않다. 적혈구와 백혈구는 점성을 지닌 액체 성분인 혈장 속에 섞여 있다.

혈액은 움직이며 이동하는 조직으로서, 육체의 모든 부분으로 통하는 길을 찾아낸다. 그리고 각 세포에 적절한 영양분을 운반하는 동시에, 살아 있는 조직이 배출한 노폐물을 제거하는 하수구의 역할을 수행한다. 더 나아가 필요할 때마다 장기를 수리할 수 있는 화학 물질과 세포를 포함하고 있다.

이러한 특성은 실로 기묘하다. 이토록 믿기 어려울 정도로 놀라운 임무를 수행할 때, 혈류는 마치 급류가 개울에서 떠내려가는 나무와 진흙을 이용해 강둑에 자리한 집들을 스스로 수리하는 것과도 같다.

혈장은 화학자들이 전통적으로 상정해 온 개념과는 정확히 일치하지 않는다. 혈장의 개념은 고전적인 추상 개념에 비해 훨씬 더 풍부하고 복합적이다. 의심할 여지 없이 혈장은 실제로 영국 생물학자 밴 슬라이크*Van Slyke*와 리처드 헨더슨*Richard Henderson*이 발견한 법칙에 따라 물리·화학적 평형을 이루는 용액으로, 산과 염기, 염, 단백질이 균일하게 혼합된 상태에 놓여 있다. 이러한 구성 성분 덕분에 혈장의 이온 알칼리도는 조직이 지속적으로 산성 물질을 방출하더라도 거의 중성에 가까운 상태를 유지한다. 이로써 혈장은 유기적 생물체

     인간이란 무엇인가

전체의 모든 세포에 과도하게 산성도, 혹은 염기도 아닌 일정한 매개체를 제공한다.

그러나 혈장은 단지 이러한 성질에만 국한되지 않는다. 혈장에는 단백질과 폴리펩티드, 아미노산, 당과 지방, 효소, 극미량의 금속 성분, 그리고 모든 분비샘과 조직에서 생성된 분비물까지 포함되어 있다. 이들 물질의 성질 대부분은 아직 충분히 밝혀지지 않았다. 우리는 이제야 비로소 세포의 기능이 얼마나 복잡한지를 이해하기 시작했을 뿐이다.

각 세포 유형은 혈장 속에서 자신의 유지에 필요한 필수 영양분뿐 아니라, 활동을 촉진하거나 지연시키는 물질을 선택적으로 찾아낸다. 따라서 혈청에 단백질이 결합된 특정 지방 화합물은 세포 증식을 억제하거나, 심지어 완전히 차단할 수도 있다. 또한 혈청에는 증식하는 박테리아에 맞서 작용하는 항체가 포함되어 있는데, 이는 미생물이 체내에 침입했을 때 조직이 스스로를 방어하는 과정에서 나타난다.

더 나아가 혈장에는 혈관이 파열된 상처 부위에 자발적으로 달라붙어 출혈을 멈추게 하는 물질, 즉 피브린의 전구체인 혈장 단백질 피브리노겐이 존재한다.

적혈구와 백혈구는 유기적 매개체를 구성하는 데 핵심적인 역할을 수행한다. 혈장은 대기 중 산소를 극히 소량만 용해할 수 있으므로, 적혈구의 도움이 없다면 막대한 수의 신체 세포에 충분한 산소를 공급할 수 없다. 적혈구는 살아 있는 세포가 아니다. 그것은 헤모글로빈으로 가득 찬, 물건을 담은 봉지와도 같은 원반 모양의 미세한 구조물이다. 적혈구는 폐를 통과하면서 많은 산소를 흡수한 뒤, 얼마 지나지 않아 이를 탐욕스러운 조직 세포들에게 넘겨준다. 이 과정에서 적혈구는 동시에 이산화탄소와 기타 노폐물을 혈액으로 실어 나르며 제거에 기여한다.

이에 비해 백혈구는 살아 있는 유기적 생물체에 속한다. 백혈구는 때로 혈류 속을 떠돌고, 때로는 모세혈관 벽을 통과해 조직으로 미끄러져 나가며, 점막이나 소장과 대장, 분비샘, 모든 장기의 세포 표면을 따라 천천히 기어다닌다. 이러한 미세한 구성 요소들 덕분에 혈액은 이동성 조직이자 항체의 저장소, 고체성과 유체성을 동시에 지닌 매개체로 기능한다. 혈액 속의 수많은 백혈구는 유기적 생물체의 한 영역을 공격하는 미생물을 재빨리 둘러싸 전염병의 확산을 저지한다. 또한 대식세포라 불리는 거대한 포식형 백혈구는 피부나 장기의 상처 부위로 침입한 세균과 이물질을 삼켜 분해함으로써 손상된 조직을 복구한다. 이러한 백혈구는 스스로를 고정형 세포로 변형시키는 능력을 지니고 있다. 그리하여 이 세포들은 결합 섬유를 생성해내고, 흉터를 형성함으로써 손상된 조직을 복구한다.

모세혈관을 빠져나온 유체성 매개체는 각 기관과 조직에서 세포 사이를 흐르는 림프액, 즉 국부적 매개체를 형성한다. 이러한 유체

   인간이란 무엇인가

성 매개체의 구성 성분을 직접 연구하는 것은 사실상 불가능하다. 그러나 미국 병리학자 페이턴 라우스_Peyton Rous_가 시도했듯이, 조직의 이온 산성도에 따라 색이 변하는 염색제를 체내에 주입하면 각 장기는 서로 다른 색조를 띠게 된다. 이 방법을 통해 우리는 다양한 국부적 매개체의 존재를 시각적으로 확인할 수 있다.

하지만 국부적 매개체의 본질은 이러한 시각적 표상보다 훨씬 더 심오하고 난해하다. 우리는 국부적 매개체의 모든 특성을 밝혀낼 수 없다. 방대한 인간 유기체의 세계에는 다양한 '나라들'이 존재한다. 이 나라들은 같은 개울에서 갈리저 니온 몰을 끌이들이지만, 그 물의 양과 성질은 토양의 구성과 식물의 특성에 따라 달라진다. 각 기관과 조직은 혈장을 희생시키며 자신만의 매개체를 만들어낸다. 세포와 세포를 둘러싼 매개체는 서로를 조정하는 과정 속에서 개인의 건강과 질병, 강점과 약점, 행복과 불행의 기반을 이룬다.

생명 유지를 위한 기초 대사

조직과 기관으로 이루어진 인간 유기체의 세계와, 유기적 매개체를 구성하는 유체성 매개체 사이에서는 화학적 교환이 끊임없이 이루어진다. 영양분을 제공하는 매개체가 활발하게 작용하는 방식은 구조와 형태만큼이나, 근본적으로 세포가 존재하는 방식과 닮아 있다. 인간 유기체의 세계와 유체성 매개체 사이에서 지속되던 화학적 교환, 즉 물질대사가 중단되는 순간 장기는 자신에게 영양분을 공급하던 매개체와의 균형을 상실한 채 죽음에 이른다. 영양분을 제공하는 매개체의 활동 방식은 세포의 존재 방식과 극히 밀접하게 연결되어 있다.

살아 있는 조직은 산소를 갈망하며 이를 혈액으로부터 끌어온다. 이 물리·화학적 사실은 살아 있는 조직이 잠재적으로 높은 환원력을 지니고 있으며, 체계적으로 복잡한 화학 물질과 효소를 통해 대기 중의 산소를 활용하여 에너지를 생성할 수 있음을 의미한다. 산소와 수소, 탄소가 당분과 지방의 형태로 공급되는 과정에서, 살아 있는 세포는 자신만의 구조와 운동을 유지하는 데 필요한 역학적 에너지, 유기적 조건이 변화할 때마다 뚜렷하게 나타나는 전기 에너지, 그리고 화학 반응과 생리학적 과정에 필수적인 열에너지를 확보한다. 또한 혈장에서 질소와 황, 인 등을 찾아내어 성장과 회복 과정에서 새로운 세포를 구성하는 재료로 활용한다.

살아 있는 세포는 효소의 도움을 받아, 영양분을 공급하는 매개체에 포함된 단백질과 당분, 지방을 점점 더 작은 입자로 분해하며, 이 분해 과정에서 방출되는 에너지를 자유롭게 사용한다. 동시에 에너지를 흡수하는 화학 반응을 통해 특정 화합물을 더 복잡하고 에너지 함량이 높은 형태로 재구성하고, 이렇게 강화된 화합물을 자신을 이

　　　　　　　　인간이란 무엇인가

루는 물질 속에 편입시킨다.

세포 공동체나 유기적 생물체 전체에서 끊임없이 일어나는 화학적 교환의 강도는 곧 생명력의 강도를 의미한다. 육체가 완전히 안정된 상태에 있을 때, 물질대사는 흡수된 산소의 양과 생성된 이산화탄소의 양으로 측정된다. 이러한 물질대사를 기초 대사율[‡]이라고 칭한다.

화학적 교환의 활동량은 근육이 수축하여 기계적 작용을 수행하는 순간 급격히 증가하다. 기초 대사율은 성인보다 어린아이에게서 더 높고, 개보다 쥐에서 더 높다. 앞서 언급했듯이 인간의 신장이 비정상적으로 커진다면, 그에 따라 기초 대사율은 감소할 가능성이 있다. 뇌와 간, 내분비샘은 많은 양의 화학 에너지를 요구하지만, 화학적 교환의 강도를 가장 뚜렷하게 증가시키는 것은 근육 운동이다.

그럼에도 불구하고 인간의 모든 활동이 화학적 용어로 환원될 수 있는 것은 아니다. 놀랍게도 지적 활동은 기초 대사율을 증가시키지 않는다. 현대의 과학 기술로 탐색해 보면, 지적 작업은 극히 소량의 에너지만을 소비하거나, 어쩌면 거의 에너지를 필요로 하지 않는 것처럼 보인다. 지구의 표면을 바꾸고, 국가를 건설하거나 파괴하며, 광대한 항성 공간에서 새로운 우주를 발견한 인간의 관념이 측정 가능한 에너지를 거의 요구하지 않은 채 정교하게 형성되었다는 사실

---

‡ 유기적 생물체가 생명을 유지하는 데 필요한 최소한의 에너지

은 실로 경이롭다.

이두박근이 수축하여 몇 그램의 무게를 들어 올릴 때보다도, 인간의 지능이 가장 격렬하게 작용할 때가 기초 대사율에 미치는 영향은 훨씬 더 미미하다. 율리우스 카이사르*Julius Caesar*의 야망, 아이작 뉴턴의 사색, 루트비히 판 베토벤*Ludwig van Beethoven*의 영감, 루이 파스퇴르의 열정적인 탐구는 약간의 자극에도 즉각 반응하는 갑상샘이나 일부 박테리아만큼도 눈에 띄게 화학적 교환을 조정하지 못했다.

기초 대사는 놀라울 정도로 끊임없이 소비되는 에너지이며, 기초 대사율은 거의 일정하게 유지된다. 유기적 생물체는 극히 불리한 조건에서도 화학적 교환의 기본적인 활동을 지속한다. 극심한 추위에 노출되더라도 규칙적인 물질대사의 흐름은 쉽게 감소하지 않는다. 체온이 떨어지는 경우는 오직 죽음이 임박했을 때뿐이다.

반면 곰이나 너구리는 겨울철에 기초 대사율이 낮아지고, 생명력의 강도 또한 현저히 약화된다. 환형동물과 절지동물의 중간적 특성을 지닌 완보동물은 극도로 건조한 환경에서 피부가 말라붙으면 물질대사를 완전히 중단하고, 잠재적으로 생명을 유지하는 휴지 상태에 들어간다. 수 주가 지난 뒤 다시 수분을 공급받으면, 완보동물은 활력을 되찾고 정상적인 생활 리듬으로 복귀한다.

우리는 아직 가축이나 인간이 완보동물처럼 극단적인 환경에서 물질대사와 영양 운동을 완전히 중단하는 방법을 발견하지 못했다. 만약 양과 소가 혹독한 겨울 동안 물질대사를 멈추고 휴지 상태로

인간이란 무엇인가

생명을 유지할 수 있다면, 그러한 능력은 추운 지역에서 살아가는 데 분명한 이점이 될 것이다. 인간 역시 일시적으로 물질대사를 완전히 중단하고 잠재적 생명 상태에 들어갈 수 있다면, 생명을 연장하거나 특정 질병을 치료하고 탁월한 재능을 지닌 사람들에게 더 많은 기회를 제공할 수도 있을 것이다.

그러나 현재로서는 갑상샘을 제거하는 잔혹한 방법을 제외하고, 기초 대사율을 의미 있게 낮출 수 있는 수단을 갖추고 있지 않다. 그마저도 효과는 극히 제한적이다. 인간은 지금으로서는 물질대사를 완전히 중단한 채 생명을 유지하는 능력도, 기초 대사율을 근본적으로 조절하는 방법도 갖추지 못했다.

혈액이 만드는 정교한 생존 시스템

화학적 교환이 진행되는 과정에서 노폐물, 즉 분해 대사산물‡은 조직과 기관으로부터 이탈하여 자유로운 상태가 된다. 이러한 노폐물은 국부적인 매개체에 축적되기 쉬우며, 그 결과 세포가 생존할 수

‡ 물질대사에 관여하거나 물질대사 과정에서 생성되는 물질

없는 환경을 조성하는 경향을 보인다. 따라서 내부 매개체가 세포에 영양분을 공급하기 위해서는, 빠르게 순환하는 림프액과 혈액을 통해 조직에 필요한 영양 물질을 지속적으로 제공하는 동시에 노폐물을 확실하게 제거할 수 있는 장치가 반드시 갖추어져야 한다.

순환하는 체액의 총부피는 각 기관의 부피에 비해 극히 제한적이다. 인간의 체내를 순환하는 혈액의 무게는 전체 체중의 약 10분의 1에 해당한다. 그럼에도 불구하고 살아 있는 조직은 막대한 양의 산소와 포도당을 소비하며, 내부 매개체를 통해 상당량의 탄산과 젖산, 염산, 인산 등을 배출한다. 화학 실험용 플라스크 안에서 배양된 살아 있는 조직 파편이 며칠 동안 노폐물 중독 없이 유지되기 위해서는, 그 조직 파편 부피의 약 2000배에 이르는 유체성 매개체가 필요하다. 여기에 더해, 제공된 유체성 매개체보다 최소한 10배 이상 많은 대기 구성 기체 역시 공급되어야 한다. 결과적으로, 체외에서 흐물흐물한 상태로 배양된 신체 조직을 유지하기 위해서는 대략 20만 리터에 달하는 유체성 매개체가 요구된다.

그러나 빠르게 순환하는 혈액을 통해 조직에 풍부한 영양 물질을 공급하고 노폐물을 끊임없이 제거할 수 있는 놀라울 정도로 정교한 장치가 존재하기 때문에, 우리의 신체 조직은 20만 리터가 아닌 단 6리터 또는 7리터 정도의 유체성 매개체에 둘러싸인 상태로도 생존할 수 있다.

혈액의 순환 속도는 조직에서 일어나는 대사 과정으로 인해 혈액의 구성 성분이 크게 변화하는 것을 방지할 만큼 충분히 빠르다. 혈장의 산성도는 오직 격렬한 신체 활동을 수행한 이후에만 눈에 띄게 증가한다. 각 장기는 혈관 운동 신경의 조절을 받아 혈류의 부피와 속도를 세밀하게 조정한다. 반면, 각 기관과 조직에서 세포와 세포 사이를 흐르는 림프액은 순환이 지연되거나 정지되는 즉시 산성화된다. 이러한 산성 중독이 내장 기관에 미치는 해로운 영향의 정도는 각 기관과 조직을 구성하는 세포의 종류에 따라 달라진다.

예를 들어, 개의 신장을 적출하여 한 시간가량 탁자 위에 놓아두었다가 다시 이식할 경우, 신장은 일시적의 혈액 공급 부족으로 기능이 저하되지만, 시간이 지나면 회복되어 다시 정상적으로 작동하며 이후에도 지속적으로 기능을 수행한다. 이와 유사하게, 팔다리는 서너 시간 동안 혈액 순환이 중단되더라도 치명적인 손상을 입지 않는다.

그러나 뇌는 산소 결핍에 대해 훨씬 더 민감하게 반응한다. 혈액 순환이 정지되어 뇌에 산소와 영양분이 충분히 공급되지 않는 상태가 약 20분간 지속될 경우, 이는 항상 사망으로 이어진다. 실제로 뇌빈혈은 혈액 순환이 정지된 지 불과 10분이 경과한 시점에서도 회복 불가능한 중대한 장애를 초래하는 경우가 빈번하다. 따라서 혈액 순환이 잠시라도 완전히 중단되어 뇌빈혈 상태가 발생한 사람은 정상적인 생활로 복귀하기가 사실상 불가능하다.

혈압 저하 또한 심각한 위험 요인이다. 뇌를 비롯한 여러 기관은 일정 수준 이상의 혈압을 지속적으로 요구한다. 우리의 행동과 사고 능력의 우수성은 순환 기관의 상태에 크게 좌우된다. 모든 인간 활동은 내부 매개체의 물리적·화학적 조건에 의해 조절되며, 궁극적으로는 심장과 동맥의 기능에 의해 규정된다.

혈액은 조직에서 소모된 영양 물질을 보충하고 스스로를 정화하는 기관들을 끊임없이 통과함으로써 그 구성 성분을 일정하게 유지한다. 정맥혈은 근육과 장기를 거쳐 심장으로 되돌아올 때, 탄산과 영양 대사 과정에서 발생한 노폐물로 가득 차 있다. 이때 심장 박동은 정맥혈을 폐 모세혈관의 방대한 그물망으로 밀어넣어, 각 적혈구가 대기 중의 산소와 접촉하도록 한다. 대기에 포함된 산소는 단순하면서도 확실한 물리·화학적 법칙에 따라 혈액을 통과하여 적혈구 속 헤모글로빈과 결합한다. 동시에 이산화탄소는 기관지를 통해 배출되어 호흡 운동에 따라 외부 대기로 방출된다. 호흡의 속도가 빨라질수록 공기와 혈액 사이에서 이루어지는 화학적 교환은 더욱 활발해진다.

그러나 혈액은 폐를 통과하는 동안 오직 탄산만을 제거할 뿐이다. 비휘발성 산과 물질대사 과정에서 생성된 다른 모든 노폐물은 여전히 혈액 속에 남아 있다. 혈액은 이후 신장을 통과하면서 비로소 완전히 정화된다. 신장은 오줌을 통해 배출되는 특정 물질을 혈액에서 선별적으로 제거하며, 동시에 혈장 삼투압이 일정하게 유지되도록 혈장에 필요한 필수 염의 양을 정밀하게 조절한다. 신장과 폐의 기능은 실로 놀라울 정도로 효율성이 높다. 이러한 내장 기관들은 살아 있는 조직에 필요한 유체성 매개체의 양을 극히 제한된 수준으로 유지할 수 있을 만큼 강렬하게 활동하며, 그 결과 인체는 이처럼 견고하면서도 민첩한 기관 체계를 갖출 수 있게 되었다.

인간은 영양 처리 과정 그 자체다

혈액이 조직으로 운반하는 영양 물질은 세 가지 공급원에서 유래한다. 폐를 통해 대기에서 흡수되는 공기, 장 표면, 그리고 마지막으로 내분비선에서 공급되는 영양 물질이다. 산소를 제외하면, 유기적 생물체가 사용하는 모든 영양 물질은 직접적으로든 간접적으로든 장을 통해 공급된다.

음식물은 타액과 위액, 췌장과 간, 장 점막에서 분비되는 소화액에 의해 차례로 분해된다. 소화 효소는 단백질과 탄수화물, 지방 분자를 점점 더 작은 입자로 쪼갠다. 이러한 소화 효소는 우리 육체의 내부 경계를 형성하는 점막을 통과할 수 있으며, 그 결과 분해된 영양 물질은 장 점막의 혈액과 림프액으로 흡수되어 유기적 매개체를 통과하게 된다. 특정 지방과 당분은 이러한 변화 과정을 거의 거치지 않고 체내로 유입될 수 있는 유일한 물질이다. 이 때문에 체내 지방의 농도는 식단에 포함된 동물성 지방이나 식물성 지방의 특성에 따라 부분적으로 달라진다. 예컨대, 개에게 녹는점이 높은 포화지방이나 인간의 체온에서 액체 상태로 존재하는 동물성 지방을 먹이면, 그 개의 지방 조직은 각각 단단하거나 부드러운 성질을 띠게 된다.

단백질은 소화 효소의 작용을 받아 단백질을 구성하는 기본 단위인 아미노산으로 분해되며, 이 과정에서 본래 지니고 있던 고유한 특성을 상실한다. 이로써 소고기나 양고기, 밀 등에 포함된 단백질에서 유래한 아미노산 그룹과 개별 아미노산은 서로 다른 공급원에서 비롯되었다는 흔적을 거의 남기지 않는다. 이러한 아미노산 그룹과 개별 아미노산은 체내에서 인간이라는 종과 개인의 특성을 분명히 드러내는 새로운 단백질로 재구성되어 축적된다.

장벽은 동물성 단백질이나 식물성 단백질이 그대로 혈액으로 침투하는 것을 차단함으로써, 다른 조직에 속한 분자들이 침입하는 상황에서 유기적 생물체를 거의 완벽하게 보호한다. 그러나 때로는 이러한 단백질의 침투가 허용되기도 하며, 그 결과 육체는 수많은 이질적인 물질에 대해 무감각해지거나 반대로 민감하게 반응하고 저항하는 상태에 이르기도 한다. 외부 세계에 맞서 형성된 장벽은 이질적인 물질의 통과를 완전히 봉쇄한 구조가 아니라, 선택적으로 개방된 구조를 지닌다.

장 점막은 음식물을 구성하는 필수적인 특정 영양 성분을 언제나 소화하거나 흡수할 수 있는 것은 아니다. 그러한 경우에는, 해당 영

인간이란 무엇인가

양 물질이 장의 내강에 존재하더라도 신체 조직으로 들어오지 못한다. 실제로 외부 세계를 구성하는 화학적 성분들은 장 점막의 독특한 구조에 따라 각 개인에게 서로 다른 방식으로 작용한다.

우리 육체의 조직과 체액은 바로 이러한 화학적 성분들로 구성된다. 인간은 말 그대로 지구에 존재하는 먼지로 이루어진 존재라 할 수 있다. 이러한 이유로 인간의 생리적 활동과 정신적 활동은 그가 살아가는 지역의 지질학적 구조와 일상적으로 섭취하는 동물성 식품과 식물성 식품의 본질로부터 깊은 영향을 받는다.

또한 인간의 구조와 기능은 동물성 식품과 식물성 식품 가운데 어떤 영양 성분을 선택하여 섭취하느냐에 따라 달라진다. 족장은 언제나 자신의 노예와는 현저히 다른 식단을 유지해 왔다. 전투를 수행하고 지휘하며 세계를 정복한 사람들은 주로 육류와 발효 음료를 섭취한 반면 평화로운 사람들과 순종적인 사람들은 우유와 채소, 과일, 곡류를 섭취했다.

우리의 특수한 재능과 운명은 어느 정도까지는 우리 육체 조직을 구성하는 화학 물질의 본질에서 비롯된다. 그럼에도 불구하고, 동물과 마찬가지로 인간 역시 어린 시절부터 적절한 식단을 유지한다면 인위적으로 특정한 신체적·정신적 특성을 갖출 수 있을 것이다.

앞서 언급했듯이, 대기 중의 산소와 장에서 흡수된 소화물뿐 아니라 혈액에 포함된 세 번째 유형의 영양 물질은 내분비샘의 분비물로 구성된다. 유기적 생물체는 제조자로서, 혈액을 구성하는 화학 물질을 바탕으로 새로운 화합물을 만들어내는 독특한 능력을 지닌다. 이러한 새로운 화합물은 특정 조직에 영양분을 공급하고, 특정 기능을 활성화하는 역할을 수행한다. 유기적 생물체가 스스로 새로운 화합물을 생성하는 이러한 창조적 활동은, 마치 의지력을 집중하여 노력한 만큼 성과를 달성하도록 단련하는 훈련 과정과도 유사하다.

갑상샘이나 부신, 췌장과 같은 내분비샘은 유기적 매개체에 용해된 화학 물질로부터 티록신과 아드레날린, 인슐린 등 수많은 새로운 화합물을 합성한다. 이렇게 생성된 물질은 세포와 기관에 영양을 공급할 뿐만 아니라, 생리적 활동과 정신적 활동에 필수적인 물질을 생산한다. 이러한 현상은 특정 자동차 부품이 기계 전체에서 연료의 연소 속도를 높이거나, 심지어 기술자의 사고력에까지 영향을 미치는 것과 비견될 만큼 기묘하고도 놀랍다.

분명히 말해두자면, 조직은 장 점막을 통과해 음식물로 제공된 화합물만으로는 결코 생존할 수 없다. 이러한 화합물은 반드시 내분비샘을 거쳐 새로운 화합물로 재합성되어야 한다. 음식물로 유입된 화합물을 새로운 화합물로 전환하는 내분비샘의 기능은, 다양한 신체 활동을 수행하는 인간 육체의 본질적인 특성에서 비롯된다.

인간은 영양을 처리하는 과정 그 자체다. 인간은 끊임없이 이동하는 화학 물질의 흐름으로 이루어져 있다. 인간은 활활 타오르는 불꽃을 지닌 양초나, 베르사유 정원에서 물을 위로 힘차게 분출하는 분수에 비유될 수 있다. 연소 가스로 유지되는 양초와 물로 유지되

　　　　　　　　　　인간이란 무엇인가

는 분수는 모두 영구적인 특성과 일시적인 특성을 동시에 지닌다. 양초의 본질적 상태는 연속적으로 이어지는 연소 가스의 흐름에 따라 결정되고, 분수의 본질적 상태는 끊임없이 솟구쳐 오르는 물의 흐름에 따라 달라진다. 우리 자신과 마찬가지로, 양초와 분수 역시 자신에게 생기를 부여하는 화학 물질의 양과 질에 따라 변화한다.

거대한 강이 외부 세계에서 흘러와 다시 외부 세계로 흘러가듯이, 물질은 육체를 구성하는 모든 세포를 통해 끊임없이 흐른다. 이 흐름 속에서 물질은 조직에 필요한 에너지를 제공하고, 기관과 체액의 섬세히면서도 취약한 구조를 일시적으로 형성하는 화학 물질을 생산한다.

모든 인간 활동의 근본이 되는 육체적 성격은 무생물 세계에서 비롯되어, 머지않아 다시 무생물 세계로 되돌아간다. 인간 유기체는 생명력이 없는 기본 구성 요소로 이루어져 있다. 그러므로 일부 현대 생리학자들이 여전히 그러하듯, 우주 세계에 존재하는 일반적인 화학 법칙과 물리학 법칙을 우리 자신의 내면세계에서 발견한다고 해서 놀랄 필요는 없다. 우리는 물질적 우주의 일부이며, 우주에 작용하는 보편적 법칙이 우리 내면세계에 존재하지 않는다는 생각 자체가 성립할 수 없기 때문이다.

남성과 여성의 생식기관과 차이점

생식샘은 원시 시대부터 종족 번식을 가능하게 했던 성행위를 유발하는 것 외에도 다른 기능을 지니고 있다. 생식샘은 모든 생리적 활동과 정신적 활동, 나아가 영적 활동까지 강화한다. 고환과 난소는 압도적으로 강력한 주요 기능을 수행한다. 고환은 남성 세포를 생성하고, 난소는 여성 세포를 생성한다. 동시에 고환과 난소는 특정 물질을 혈액으로 분비하여 우리 육체의 조직과 체액, 그리고 의식 전반에 남성적 또는 여성적 특징을 부여하며, 육체의 모든 기능에 강렬한 성적 성향을 각인시킨다.

고환은 대담함과 맹렬함, 냉엄함을 유발하며, 고랑을 따라 쟁기를 끄는 소와 투우 경기장에서 투우사와 맞서는 소를 구별하게 만드는 특성을 낳는다. 난소 역시 유사한 방식으로 여성에게 영향을 미친다. 그러나 난소의 작용은 여성이 세상을 살아가는 인생의 일정한 기간에 한정된다. 여성의 생식샘은 폐경기에 이르러 기능이 점차 쇠퇴한다.

남성과 여성 사이에 존재하는 차이는 생식 기관의 형태나 자궁의

 인간이란 무엇인가

존재 여부, 임신 가능성, 혹은 교육 방식에서 비롯되는 것이 아니다. 이러한 차이는 훨씬 더 근본적인 본질, 즉 조직의 구조와 난소에서 분비되어 유기적 생물체 전반에 스며들며 생식 작용을 가능하게 하는 특정 화학 물질에서 비롯된다.

실제로 여성과 남성은 본질적으로 현저히 다르다. 여성의 육체를 구성하는 모든 세포는 하나하나 여성적인 특성을 지니며, 신경계를 포함한 모든 기관의 세포 역시 마찬가지이다. 여성 세계의 생리학적 법칙은 항성 세계의 생리학적 법칙만큼이나 분명하여, 인간의 바람에 따라 바뀔 수 없다. 우리는 여성 세계의 생리학적 법칙을 있는 그대로 받아들여야 한다. 여성은 남성을 모방하려 애쓰기보다 자신만이 지닌 본질에 부합하는 특수한 재능을 계발해야 한다. 현대 문명이 발전하는 데 있어 여성이 차지하는 비중은 남성보다 더 크다. 여성은 자신에게 고유한 특수한 기능을 결코 포기해서는 안 된다.

번식 과정에서 여성과 남성이 차지하는 비중은 결코 동등하지 않다. 고환 세포는 일생에 걸쳐 끊임없이 활동하며 이동 능력을 지닌 극히 작은 원생동물과 유사한 형태의 정자를 생산한다. 남성의 생식 세포인 정자는 질과 자궁 경부를 덮고 있는 끈끈한 점액 속을 헤엄쳐 이동하여 난자와 만난다.

여성의 생식 세포인 난자는 난소에서 생성되어 서서히 성숙한다. 젊은 여성의 난소에는 약 30만 개의 난자가 존재하지만, 이 가운데 실제로 성숙기에 도달하는 것은 약 400개에 불과하다. 월경 사이에 난자를 포함한 난포가 터지면서 성숙한 난자가 배출되고, 이 난자는 나팔관 내막을 통과해 나팔관 안으로 들어가 이동하던 정자 하나와 수정된다. 수정이 이루어진 난자, 즉 수정란은 나팔관 내막의 진동하는 섬모에 의해 자궁으로 이동된다.

이 과정에서 난핵과 정핵은 이미 중대한 변화를 겪는다. 난자와 정자는 각각 난소와 정소에서 형성될 때 염색체 수가 절반으로 줄어드는 생식 세포 분열, 즉 감수분열을 거친다. 그 결과 난자와 정자의 염색체 수는 인간의 체세포 염색체 수의 절반이 된다. 이후 정자가 난자의 세포막을 뚫고 들어가 수정이 이루어지면, 염색체 수가 절반이었던 정핵과 난핵이 결합하여 체세포와 동일한 염색체 수를 지닌 수정란이 형성된다. 인간은 바로 이 단일 세포에서 출발한다. 다시 말해, 인간은 자궁 점막에 착상된 단일 세포인 수정란으로부터 형성된다. 이 수정란은 세포 분열을 거듭하며 배아로 발달하고, 하나의 완전한 개체로 성장해 간다.

어머니와 아버지는 생식 세포 분열의 결과로 생성된 난핵과 정핵을 통해 새로운 유기적 생물체의 모든 세포 형성에 동등하게 기여한다. 그러나 어머니는 염색체 수가 절반으로 줄어든 난핵뿐 아니라, 난핵을 둘러싼 모든 세포질을 함께 제공한다. 이로 인해 어머니는 배아 발달 과정을 정상적으로 유지하는 데 아버지보다 훨씬 더 중요한 역할을 담당한다. 부모의 특성은 주로 정핵과 난핵을 통해 자식에게 전달되지만, 정자와 난자에서 핵을 제외한 나머지 부분 또한 일정 부분 영향을 미친다. 유전학자들이 제시한 현대 유전 이론과 유전 법칙은 이러한 복합적인 현상을 완벽하게 설명하지 못한다.

생식 작용에서 어머니와 아버지가 차지하는 상대적 비중을 논할 때, 우리는 미국 생물학자 자크 러브와 프랑스 생물학자 장 외젠 바타이용*Jean Eugène Bataillon*의 실험을 떠올려야 한다. 자크 러브는 과학적 기법을 적용하여 수컷 개구리의 개입 없이도, 수정되지 않은 암컷 개구리의 난자를 바늘로 자극해 정상적인 개체를 발생시키는 데 성공했다. 이 경우 수컷 개구리의 정자는 화학적 또는 물리학적 작용제로 대체될 수 있었다. 그의 실험은 생식 과정에서 암컷의 난자만이 필수적임을 명확히 보여준다.

남성의 생식 세포인 정자는 생식 작용에 관여하는 기간이 극히 짧은 반면, 여성의 생식 세포인 난자는 9개월에 걸쳐 지속적으로 관여한다. 임신 기간 동안 모체의 자궁 내벽에 형성되는 태반은 모체의 혈액에서 흡수한 영양분을 태아에게 공급한다. 이 태반을 통해 어머니는 태아에게 조직의 기본 성분을 제공하는 동시에, 배아 기관에서 분비되는 특정 물질을 받아들인다. 이러한 물질은 어머니에게 이로울 수도 있고, 위험을 초래할 수도 있다.

태아는 어머니만큼이나 아버지에게서도 유래한 존재이므로, 부분적으로 아버지에게서 비롯된 이질적인 존재가 어머니의 육체 안에서 살아가게 된다. 이 이질적인 존재는 임신 기간 내내 어머니에게 영향을 미치며, 경우에 따라서는 어머니를 심각한 상태에 빠뜨릴 수도 있다. 어머니의 생리적·심리적 조건은 태아에 맞추어 변화한다.

포유동물의 암컷은 한 번 이상의 임신과 출산을 거친 뒤에야 번식 능력의 목적을 완전히 달성하고 성숙하는 것처럼 보인다. 임신 중이지만 아직 출산을 경험하지 않은 여성은, 이미 임신과 출산을 겪은 여성에 비해 훨씬 더 신경이 예민하고 정서적으로 불안정한 경향을 보인다. 요컨대 수정 이후 분만에 이르기까지 자궁 안에서 자라는 태아는, 임신 후 약 두 달이 지나면 인간의 형태를 분명히 갖춘 어린 아이로서, 부분적으로 아버지에게서 비롯된 이질적인 존재이며 어머니의 조직과는 다른 구조를 지니기에 어머니에게 커다란 영향을 미친다.

교육자는 여성과 남성의 유기적·정신적 특성, 생리 작용과 자연적 기능에 각별한 주의를 기울여야 한다. 궁극적으로 여성과 남성 사이에는 바꿀 수 없는 차이가 존재하며, 현대 문명을 건설하기 위해서는 이러한 차이를 반드시 중요하게 고려해야 한다.

신경계, 뇌의 구조부터 몸을 움직이기까지

인간은 주변 환경이 자신에게 가하는 자극을 신경계를 통해 기록한다. 인간의 기관과 근육은 그러한 자극에 대해 적절한 해결책을 제공한다. 인간은 특정한 환경 속에서 자기 보존이나 종족 보존을 달성하기 위해 자신의 육체만이 아니라 정신을 활용하여 문제를 해결하려 애쓴다. 이러한 끊임없는 노력의 과정 속에서 인간의 심장과 폐, 간, 내분비샘은 전쟁을 수행하는 데 필요한 근육과 손, 도구, 기계, 무기만큼이나 없어서는 안 될 필수적인 요소이다. 짐작하건대, 인간은 이러한 목적을 달성하기 위해 두 가지 신경계를 갖추고 있는 듯하다.

중추 신경계, 즉 뇌척수 신경계는 의식적이고 자발적으로 근육을 지휘한다.

반면 교감 신경계는 자율적이며 무의식적으로 기관을 통제한다. 이 두 번째 시스템은 첫 번째 시스템에 의존한다. 이러한 이중 구조는 외부 세계에서 작용하기 위해 필요한 단순성을 복잡한 인간의 육체에 부여한다.

중추 신경계는 뇌와 척수로 구성된다. 뇌는 다시 대뇌와 간뇌, 중뇌, 소뇌, 연수로 이루어져 있다. 중추 신경계는 근육 신경에는 직접적으로 작용하고, 기관 신경에는 간접적으로 작용한다. 중추 신경계는 부드러운 성질을 지닌 조직으로, 유수 신경 섬유가 모여 있어 육안으로 보면 흰색으로 보이는 백색질을 포함한다. 또한 극도로 섬세하고 취약한 물질, 즉 두개골 안에 들어 있는 뇌와 척추 안에 들어 있는 척수로 이루어져 있다. 이러한 물질로 구성된 중추 신경계는 매우 민감하게 작용하며, 육체 표면과 감각 기관에서 방출되는 메시지를 받아들여 신체에서 느끼는 감각을 수용하고 조절하는 중요한 기능을 수행한다. 이와 같은 방식으로 중추 신경계는 우주 세계와 끊임없이 접촉한다.

동시에 중추 신경계는 육체 표면과 감각 기관에서 전달된 명령을 운동 신경계를 통해 모든 근육으로 전달하고, 교감 신경계를 통해 모든 장기로 전달하여 운동 기능과 생체 기능을 조절한다. 셀 수 없이 많은 신경 섬유는 유기적 생물체의 내부를 사방으로 가로지른다. 수많은 신경 섬유의 미세한 말단은 피부 세포 사이, 췌장 외분비샘의 선방 세포와 배출관 주위, 동맥과 정맥의 외막, 위와 장의 수축성 피막, 근섬유의 표면 등으로 뻗어 퍼져나가며, 그 섬세한 네트워크를 육체 전체로 확산시킨다. 이처럼 방대한 수의 신경 섬유 말단은 모두 중추 신경계를 구성하는 신경 세포와, 이중 사슬 모양의 구조를 이루는 교감 신경절, 그리고 기관을 통해 널리 퍼진 작은 신경절에서 비롯된다.

이러한 신경 세포는 상피 세포 가운데서도 가장 고귀하고 정교한 세포에 해당한다. 신경과학자 라몬 이 카할이 확립한 과학적 연구 기법 덕분에, 신경 세포의 구조적 아름다움은 명확히 드러나게 되었다. 신경 세포는 대뇌 표면에서 발견되는 커다란 원뿔 모양의 세포체를 지니며, 그 기능이 아직 완전히 규명되지 않은 가장 복잡한 기관을 갖추고 있다. 신경 세포는 가지 돌기라는 극히 가느다란 필라멘트와 축삭 돌기의 형태로 길게 뻗어 있다. 어떤 축삭 돌기는 대뇌 표면과 척수 하부를 나누는 긴 거리를 덮고 있다.

축삭 돌기와 가지 돌기, 그리고 신경 세포체는 신경계를 구성하는 기본 단위인 신경 세포(뉴런)를 이룬다. 한 신경 세포의 신경 원섬유[‡]는 다른 신경 세포의 신경 원섬유와 직접적으로 결합하지 않는다. 신경 원섬유의 말단은 거의 눈에 띄지 않는 신경 미세 섬유 다발이나 신경 미세관 속에서 끊임없이 움지이는 매우 작은 전구물질을 형성한다. 이 전구물질은 인접한 축삭 돌기의 원형질과 신경 세포체의 원형질을 분리하는 막, 즉 시냅스막을 통해 다른 신경 세포의 신경 원섬유 말단과 관절처럼 연결된다.

각 신경 세포에 자극이 전달되면, 시냅스막에 존재하는 특정 이온 통로가 열리고, 신경 세포 외부에 분포하던 나트륨 이온이나 칼슘 이온이 신경 세포 내부로 유입된다. 그 결과 세포체 안에 존재하던 시냅스 소포체가 일정한 방향, 즉 신경 세포의 세포막을 향해 이동한다. 이러한 이동은 가지 돌기의 중심 쪽으로 접근하고, 축삭 돌기의 중심에서는 멀어지는 경향을 보인다. 한 신경 세포의 가지 돌기에서 다른 신경 세포의 세포체로 자극이 전달될 때, 이 과정은 시

[‡] 은으로 염색한 후 광학 현미경 상에서 신경 세포의 축삭 돌기와 가지 돌기, 신경 세포체를 통해 보이는 매우 가느다란 섬유

냅스막을 가로질러 이루어진다. 마찬가지로, 신경과 근섬유 사이에서도 표면이 접촉된 상태에서 자극 전달이 일어난다. 그러나 이러한 전달에는 특이한 조건이 따른다.

신경이나 근육을 전류로 자극할 때 흥분을 일으킬 수 있는 최소 전류의 두 배에 해당하는 전류로 극소 수축을 발생시키는 데 필요한 최소 시간인 크로낙시는 인접한 신경 세포들 사이, 또는 신경 세포와 근섬유 사이에서 동일해야 한다. 신경 세포 내부로 유입된 물질이 시냅스 소포체를 세포막으로 이동시키는 현상은 크로낙시가 서로 다른 두 신경 세포 사이에서는 발생하지 않는다. 따라서 근육과 근육 신경은 동일한 크로낙시를 지닌다.

만약 근육이나 근육 신경의 크로낙시가 쿠라레나 스트리크닌과 같은 독성 물질의 영향으로 변화된다면, 근육 신경 안으로 유입된 물질은 더 이상 근육에 도달하지 못한다. 이 경우 근육 자체는 정상일지라도 기능적으로는 마비 상태에 이르게 된다. 근육과 근육 신경 사이에 형성된 이러한 시간적 관계는 공간적 연속성만큼이나 정상적인 기능을 위해 필수적이다.

우리는 고통스러운 운동이나 자발적인 운동을 수행하는 동안 근육 신경 내부에서 실제로 어떤 일이 일어나는지 아직 정확히 알지 못한다. 그러나 신체 활동을 수행할 때 변화된 전위가 근육 신경을 따라 이동한다는 사실은 분명히 인식하고 있다. 실제로 영국의 생리학자 에드거 에이드리언*Edgar Adrian*은 분리된 신경 원섬유에서 뇌로 전달되는 음성파가 통증의 감각으로 인식된다는 실험 결과를 제시

인간이란 무엇인가

한 바 있다.

　신경 세포는 전기 릴레이와 유사하게 릴레이 시스템 속에서 서로 관절처럼 연결된다. 이러한 신경 세포는 두 그룹으로 나뉜다. 한 그룹은 수용기와 운동 신경 세포로 구성되어 외부 세계나 기관에서 전달되는 자극을 받아들이고 수의근을 통제한다. 다른 한 그룹은 중추 신경계에 정교한 복잡성을 부여하는 수많은 신경 세포들로 이루어져 있다.

　우리의 지능은 우주의 규모보다 더 방대한 뇌를 직접 인식하지는 못한다. 뇌 실질은 120억 개가 넘는 신경 세포를 포함한다. 이 신경 세포들은 신경 원섬유를 따라 서로 연결되어 있으며, 각 신경 원섬유는 가지처럼 갈라진 여러 개의 섬유 구조를 지닌다. 이러한 구조를 통해 신경 세포들은 수조 차례에 이르는 연합을 형성한다. 이처럼 셀 수 없이 많은 작은 신경 세포들과 눈에 보이지 않는 신경 원섬유는 상상을 초월할 정도로 복잡하지만, 근본적으로는 하나의 통일된 체계처럼 작동한다. 분자 세계와 원자 세계에 익숙한 관찰자에게 뇌의 세계는 이해하기 어려울 만큼 복잡하고 기묘하게 보인다.

　중추 신경계의 본질적인 기능 가운데 하나는 환경으로부터 전달되는 자극에 적절히 반응하는 것, 즉 반사 반응을 일으키는 것이다. 머리와 몸통이 제거된 개구리가 네 다리를 늘어뜨린 채 매달려 있다. 이때 개구리의 발가락 중 하나를 꼬집으면, 고통스러운 자극에서 벗어나기 위해 다리를 움직인다. 이러한 현상은 특정한 반사에 관여하는 신경 경로, 즉 반사호가 존재하기 때문에 발생한다.

반사호는 민감한 신경 세포와 운동 신경 세포가 척수 안에서 연결된 구조를 이룬다. 일반적으로 반사호는 이보다 훨씬 복잡하며, 민감한 신경 세포와 운동 신경 세포 사이에 삽입된 여러 개의 연합 신경 세포를 포함한다. 중추 신경계는 호흡, 연하, 직립, 보행뿐만 아니라 우리가 일상적으로 수행하는 대부분의 행동과 같은 반사 작용을 담당한다. 이러한 신체적 움직임은 자동적으로 이루어지지만, 그중 일부는 의식의 영향을 받는다.

예를 들어 규칙적으로 반복되는 호흡은 우리의 의지에 따라 즉각적으로 변화될 수 있다. 반대로 심장과 위, 장은 우리의 의지와 무관하게 독립적으로 작동한다. 그러나 우리가 심장이나 위, 장에 과도한 주의를 기울일 경우, 자율적이고 무의식적으로 작동하던 이 기관들의 기능이 방해를 받아 불안정해질 수 있다. 똑바로 서기, 걷기, 달리기를 가능하게 하는 근육은 척수에서 전달되는 명령을 받아들이지만 그 기능을 조정하는 소뇌에 의존한다. 척수와 마찬가지로 소뇌는 정신 작용에 직접적으로 관여하지 않는다.

대뇌 표면을 이루는 회백질, 즉 대뇌 피질은 육체의 여러 부위와 연결된 독특한 신경 기관들이 다층적으로 배열된 신경 세포 집합체로서 고차원적인 기능을 수행한다. 예컨대 롤란도 피질 영역으로 알

          인간이란 무엇인가

려진 대뇌 피질의 측면부, 즉 측두엽은 동작과 운동을 통제하고, 언어를 명확하게 처리하고 표현하는 기능을 담당한다.

이 부위에서 뒤쪽으로 이동해 후두엽에 이르면 시각을 담당하는 시각 피질 중추가 존재한다. 이러한 각 영역에 생긴 상처나 종양, 출혈은 해당 영역이 담당하는 기능을 방해하게 된다. 마찬가지로 대뇌 중심과 척수 하부를 연결하는 섬유질에 병변이 생기면 장애가 발생한다.

러시아의 생리학자 이반 페트로비치 파블로프*Ivan Petrovich Pavlov*가 개를 대상으로 수행한 조건반사 실험은 대뇌 피질에서 이루어지는 반사 작용을 보여준다. 개는 음식이 입 안에 들어오면 침을 분비하는데, 이는 선천적인 무조건반사에 해당한다. 그러나 개는 또한 음식을 가져다주는 사람을 보기만 해도 침을 분비하는데, 이는 학습을 통해 후천적으로 형성된 조건반사이다. 이러한 신경계의 특성 덕분에 동물과 인간은 교육이 가능해진다.

대뇌 표면이 제거되면 새로운 반사 작용을 형성하는 일은 거의 불가능해진다. 이처럼 복잡한 주제에 대한 우리의 이해는 아직 충분히 발달하지 못했다. 우리는 의식과 신경 변화 과정 사이의 관계, 정신과 대뇌의 관계를 완전히 인식하지 못한다.

또한 원뿔 모양의 신경 세포체에서 일어나는 사건이 과거의 경험이나 심지어 미래의 사건에 따라 어떤 영향을 받는지, 흥분 상태가 반응을 억제하는 작용에 따라 어떻게 변화하는지도 알지 못한다. 그 반대의 경우 역시 마찬가지다. 우리는 예측 불가능한 현상이 뇌에서 어떻게 발생하는지, 생각이 뇌에서 어떻게 형성되는지를 아직 정확히 이해하지 못한다.

뇌와 척수는 신경, 근육과 함께 분리될 수 없는 하나의 시스템을 이룬다. 기능적인 관점에서 보면 근육은 단지 뇌의 일부에 불과하다고 할 수 있다. 인간의 지능이 세상에 자신만의 흔적을 남길 수 있는 것은 신경과 근육, 그리고 뼈의 도움 덕분이다. 인간은 골격이라는 구조를 통해 주변 환경을 넘어설 수 있는 능력을 부여받았다.

팔다리는 세 개의 관절로 연결되어 지렛대의 원리에 따라 움직인다. 팔의 관절은 어깨 관절, 팔꿈치 관절, 손목 관절로 이루어져 있으며, 다리의 관절은 고관절, 무릎 관절, 발목 관절로 구성된다. 팔뼈는 이동성이 큰 어깨뼈에 끼워져 있는 반면, 다리뼈는 비교적 움직임이 적은 골반뼈에 접합되어 몸통의 하부를 형성한다.

근육은 인간의 육체를 움직이게 하는 기관으로, 골격을 이루는 뼈에 붙어 뼈를 따라 배치되어 있다. 팔의 말단에 위치한 근육은 힘줄을 통해 손과 손가락을 움직인다. 손은 탁월한 기능을 지닌 기관이다. 손은 감각을 느끼는 동시에 기능적으로 작용하며, 마치 시각을 지닌 것처럼 작동한다.

손의 피부와 촉각 신경, 근육, 뼈가 결합된 독특한 구조 덕분에 인간은 무기와 도구를 제작할 수 있다. 지렛대 원리에 따라 움직이는 다섯 개의 손가락이 없다면, 우리는 중요한 작업을 실행하지 못했을

인간이란 무엇인가

것이다. 엄지손가락은 두 개의 마디와 관절, 손가락뼈로 구성되어 있으며, 나머지 네 손가락은 각각 세 개의 마디와 관절, 손가락뼈로 이루어져 있다. 손가락뼈는 손바닥뼈와 손목뼈에 맞닿아 있다.

손은 가장 섬세한 작업부터 가장 거칠고 험한 작업까지 모두 적응한다. 원시 수렵 채집인이 단단한 부싯돌로 짐승을 사냥하고, 대장장이가 망치로 금속을 두드리며, 나무꾼이 도끼로 장작을 패고, 농부가 쟁기로 밭을 갈며, 중세의 기사가 칼을 들어 적과 싸우고, 현대의 비행사가 항공기를 조종하며, 예술가가 붓으로 작품을 창작하고, 기자가 펜으로 기사를 쓰고, 견직공이 명주실로 천을 싸는 행위는 모두 숙련된 손의 사용에 기반한다. 손은 사냥과 살해, 종교 의식, 절도, 증여, 파종, 그리고 참호에서 수류탄을 던지는 행위에 이르기까지 인간의 거의 모든 행위에 관여한다.

다리는 탄력성과 내구성, 적응성을 지닌 기관으로, 진자 운동처럼 앞뒤로 움직이며 걷기와 달리기를 가능하게 한다. 그러나 다리는 단순히 바퀴의 원리를 적용한 기계와는 본질적으로 다르다. 골반뼈에 접합된 다리는 세 개의 관절을 통해 놀라운 유연성을 발휘하며, 올바른 자세를 유지하고 다양한 신체 활동에 스스로 적응한다. 이로 인해 인간은 무도회장에서 춤을 추고, 혼잡한 스케이트장에서 얼음 위를 활보하며, 뉴욕 맨해튼의 파크 애비뉴를 거닐고, 로키산맥의 능선을 따라 가파른 산을 오를 수 있다. 다리는 우리가 걷고, 달리고, 뛰어내리고, 등산하고, 수영하며, 지구상의 거의 모든 장소를 이동할 수 있도록 돕는다.

뇌 실질과 신경, 근육, 연골로 이루어져 있으며 손과 유사한 수준으로 인간의 우월성을 결정하는 또 하나의 기관계가 있다. 이는 혀와 후두, 그리고 관련 신경 기관으로 구성된 체계이다. 이 기관계 덕분에 인간은 목소리를 내어 동료들과 소통하고 자신의 생각을 표현할 수 있다. 언어가 존재하지 않았다면 현대 문명 역시 존재하지 않았을 것이다. 손을 활용하듯 언어를 활용하면 뇌의 발달에도 큰 도움이 된다.

손과 혀, 후두의 기능을 담당하는 뇌 영역은 대뇌 표면의 넓은 부분에 걸쳐 분포한다. 중추 신경계인 대뇌는 글쓰기와 말하기, 이해하기, 물건을 다루는 활동을 제어하며, 이러한 신체적 활동을 관리한 대가로 기능이 활성화된다. 동시에 이러한 활동의 방식과 유형을 결정한다.

정신적 작업은 규칙적으로 수축하는 근육의 도움을 받는 것처럼 보인다. 특정한 신체 운동은 사고를 유도하는 역할을 한다. 이러한 이유로 고대 그리스의 철학자 아리스토텔레스와 그의 제자들은 주로 산책을 하며 철학과 과학의 근본 문제를 논의했을 것이다.

중추 신경계는 부분적으로 분리되어 작동하지 않는다. 내장과 근육, 척수와 대뇌는 기능적으로 하나의 체계로 작동한다. 골격근은 행동을 조정하며, 뇌와 척수뿐만 아니라 여러 기관에 의존한다. 또

     인간이란 무엇인가

한 중추 신경계에서 전달되는 명령과 심장, 폐, 내분비샘, 혈액에서 공급되는 에너지를 받아들인다. 중추 신경계인 뇌의 명령을 수행하기 위해 골격근은 전반적으로 온몸의 협력을 필요로 한다.

의지의 통제를 벗어난 자율 신경계의 세계

자율 신경계는 각 내장 기관이 외부 세계에 대응할 때, 유기적 생물체 전체와 조화롭게 협력할 수 있도록 돕는다. 위, 간, 심장과 같은 기관은 우리의 의지에 의해 지배되지 않는다. 우리는 동맥의 직경이나 맥박의 리듬, 장의 수축을 임의로 증가시키거나 감소시킬 수 없다. 이러한 무의식적이고 자율적인 기능은 기관 내부에 반사호가 존재하기 때문에 가능하다. 이러한 기능을 국소적으로 담당하는 국소 뇌는 조직 내부와 피부 아래, 혈관 주변 등에 흩어져 있는 미세한 신경 세포들로 구성되어 있다. 내장이 독립적으로 기능하도록 조절하는 반사 중추는 셀 수 없을 만큼 많다.

예를 들어, 고리 모양으로 구부러진 장은 유기적 생물체에서 분리되어 인위적으로 순환 활동 능력을 부여받더라도 정상적으로 움직이는 모습을 보인다. 이식된 신장은 신경이 절단된 상태에서도 즉시 기능을 시작한다. 대부분의 장기는 일정한 자율성을 부여받아, 심지어 육체로부터 분리된 상태에서도 고유의 기능을 수행할 수 있다. 그러나 이러한 장기들은 척수 전방에 위치해 이중 사슬 모양의 구조를 이루는 교감 신경절과, 복부 혈관을 둘러싼 다른 신경절로 뻗어 있는 수많은 신경 섬유들과 연결되어 있다. 이 신경절들은 모든 장기를 통합하고 그 작동을 조절한다. 더 나아가, 뇌와 척수와의 연결을 유지하면서 필요에 따라 육체 전체에 효과적인 영향을 미칠 수 있도록 장기와 근육의 활동을 조정한다.

내장은 중추 신경계에 의존하면서도, 일정 부분에서는 중추 신경계로부터 독립되어 자율적으로 기능한다. 폐, 심장, 위, 간, 췌장, 소장, 대장, 비장, 신장, 방광과 같은 내장은, 의지와 무관하게 박동하는 심장의 기능과 전신을 끊임없이 순환하는 혈액의 기능이 유지된 채, 고양이나 개의 몸에서 한 덩어리로 제거될 수 있다. 이렇게 제거된 내장을 따뜻한 물속에 보존하고, 폐에 산소를 공급하면 생명은 계속 유지된다. 심장은 고동치고, 위와 장은 움직이며, 섭취한 음식물의 소화도 이루어진다.

마치 포탄을 멀리 발사하는 대포와도 같은 방식으로, 살아 있는 고양이나 개에게서 이중 사슬 구조를 이루는 교감 신경절을 제거하면, 중추 신경계로부터 내장을 보다 간단하고 확실하게 분리할 수 있다. 이러한 수술을 거친 고양이나 개는 우리 안에서 생활하는 동안 여전히 멀쩡하게 살아간다. 그러나 자유로운 생활을 누릴 수는

　　　　　인간이란 무엇인가

없다. 생존을 위해 몸부림치는 상황 속에서, 자신의 근육과 발톱, 이빨에 심장과 폐, 분비샘의 기능을 도와달라고 더 이상 요청할 수 없기 때문이다.

이중 사슬 구조를 이루는 교감 신경절은 신경 물질로 구성된 뇌와 등, 골반 부위, 그리고 가지처럼 연결된 뇌척수 신경계와 밀접하게 연관되어 있다. 뇌와 골반 부위의 교감 신경계와 함께 자율 신경계를 구성하는 말초 신경계는, 스트레스가 없는 편안한 상태에서 활성하되는 부교간 신경계이디. 빈대로 등 부위의 부교감 신경계와 함께 자율 신경계를 이루는 말초 신경계는 일반적으로 긴장된 상황에서 활성화되는 교감 신경계이다.

자율 신경계를 구성하는 이 두 신경계는 하나의 현상에 상반된 두 요인이 동시에 작용할 때 서로의 효과를 상쇄하는 길항 작용을 수행한다. 각 기관은 이러한 길항 관계에 있는 교감 신경계와 부교감 신경계 양쪽에서 동시에 신호를 받는다. 부교감 신경계는 심박수를 감소시키고, 교감 신경계는 심박수를 증가시킨다. 교감 신경계는 동공을 확장시키는 반면, 부교감 신경계는 동공을 수축시킨다. 교감 신경계는 내장의 운동을 억제하여 소화를 감소시키고, 부교감 신경계는 내장의 운동을 촉진해 소화를 돕는다.

교감 신경계와 부교감 신경계 가운데 어느 쪽이 우세한가에 따라 인간은 서로 다른 기질을 띠게 된다. 각 기관의 순환 기능 역시 이

두 신경계의 균형에 따라 조절된다. 교감 신경계는 정서적 장애나 특정 질환을 겪는 사람들에게서 관찰되듯이 동맥을 수축시키고 얼굴을 창백하게 만든다. 이러한 작용은 피부가 붉게 부어오르거나 동공이 수축되는 증상으로 이어지기도 한다. 뇌하수체나 부신과 같은 일부 내분비샘은 샘세포와 신경 세포로 이루어져 있으며, 교감 신경계의 자극을 받아 활성화된다. 이 세포들에서 분비되는 화학 물질은 신경을 자극하는 것과 마찬가지로 혈관에도 영향을 미치며, 교감 신경계의 작용을 강화한다.

아드레날린 역시 교감 신경계와 유사하게 혈관을 수축시킨다. 실제로 자율 신경계는 교감 신경계 섬유와 부교감 신경계 섬유를 통해 내장 세계를 전면적으로 지배하고, 내장 활동 전반을 통합한다. 유기적 생물체의 지속을 가능하게 하는 적응 기능이 주로 교감 신경계에 의존한다는 사실은 뒤에서 더 자세히 설명할 것이다.

잘 알려져 있듯이, 자율 신경계는 모든 유기적 활동을 조정하는 최고의 권위자인 중추 신경계와 연결되어 있으며, 특히 뇌 기저부에 위치한 중추 신경계와 밀접하다. 이 중추 신경계는 감정에서 나타나는 징후를 결정한다. 이 부위에 발생한 상처나 종양은 정서 기능에 악영향을 미치는 특정 장애를 유발한다. 실제로 우리는 내분비샘의 작용을 통해 감정을 표현한다. 수치심과 두려움, 분노는 피부 순환을 변화시키고, 얼굴을 창백하게 하거나 붉게 만들며, 동공을 수축하거나 확장시키고, 눈을 돌출시키고, 아드레날린 분비를 촉진하여 피부 순환을 변화시키며, 위액 분비를 방해하는 등 다양한 증상을 일으킨다.

우리의 의식 상태는 내장 기능에 분명한 영향을 미친다. 위나 심장과 관련된 많은 질환은 신경계 질환에서 비롯된다. 뇌와 독립된 교감 신경계만으로는 우리의 정신적 장애로부터 기관을 충분히 보호할 수 없다.

기관은 민감한 신경을 지니고 있으며, 신경 중추, 특히 내장의 의식 중추로 끊임없이 메시지를 보낸다. 생존을 위해 매일 치열하세 몸부림치는 상황에서 우리의 주의가 외부 세계로 향할 때, 장기에서 발생하는 자극은 의식의 문턱을 넘지 못한다.

그러나 우리가 그 자극에 잠재된 힘을 명확히 인식하지 못하더라도, 그것들은 우리의 사고와 감정, 행동, 삶 전반에 특정한 색조를 부여한다. 때로 우리는 아무 이유 없이 곧 닥칠 듯한 불행한 감정을 느끼기도 하고, 말로 설명할 수 없는 행복감이나 깊은 감동에 잠기기도 한다. 우리 기관계의 상태는 의식에 설명하기 어려운 방식으로 작용한다. 병든 내장은 이러한 방식으로 경고 신호를 보내기도 한다. 건강 상태와 무관하게, 인간이 죽음에 가까운 위험을 감지할 때 울리는 경고음은 아마도 내장의 의식 중추에서 비롯될 것이다. 그리고 내장의 의식은 거의 오류를 범하지 않는다.

물론 도시에 거주하는 사람들 가운데에는 교감 신경계의 기능이 정신 활동만큼 안정되지 못한 경우가 흔하다. 자율 신경계는 생존에 대한 불안 속에서 심장과 위, 장, 분비샘을 보호할 충분한 능력을 발휘하지 못하는 듯 보인다. 자율 신경계는 잔혹할 만큼 위험한 원시적 환경 속에서 생명을 보호하기 위해 무의식적이고 본능적으로 대처하며 장기를 효과적으로 지켜왔다. 그러나 충격적인 사건이 끊임없이 반복되는 현대 생활에 저항하기에는 그 힘이 더 이상 충분하지 않다.

육체의 단순성과 복잡성

따라서 인체는 매우 복잡한 구조, 즉 수십억 개의 개체로 구성된 다양한 세포 종류의 거대한 집합체로 보인다. 이 세포들은 기관에서 생성된 화학 물질과 음식물에서 유래한 여러 물질이 섞인 체액에 둘러싸인 채 살아간다. 그리고 육체의 한쪽 끝에서 다른 쪽 끝까지 이동하며 화학적 전달자, 즉 분비 세포를 지닌 분비 기관에 정보를 전달한다. 나아가 이 모든 과정은 신경계와 긴밀하게 연합되어 있다. 과학 기술이 밝혀낸 바와 같이, 세포들이 연합되는 과정은 상상할 수 없을 만큼 복잡하다. 그럼에도 불구하고 이처럼 방대한 세포 집단은 마치 완벽하게 통합된 하나의 존재처럼 행동한다.

우리의 행동은 겉으로 보기에는 단순하다. 예컨대 극히 미세한 무게를 정확하게 가늠하거나, 숫자를 일일이 세지 않고도 오류 없이 물체를 일정한 수만큼 선택하는 행동이 그러하다. 그러나 이러한 행동은 수많은 구성 요소로 이루어진 정신의 작용을 통해 수행되는 것처럼 보인다. 이와 같은 행동이 가능하려면 촉각, 눈의 망막과 손 근육, 셀 수 없이 많은 신경 세포와 근육 세포가 완벽한 조화를 이루어 기능해야 한다. 따라서 단순한 행동이란 실질적으로는 우리가 과학 기술을 통해 관측하고 구성해 낸 극도로 복잡한 인위적 행동일지도 모른다.

바닷물보다 구성 성분이 더 단순하거나 더 균등하게 분포된 물체는 존재하지 않는 듯하다. 그러나 만약 지름을 대략 백만 배 정도 확대할 수 있는 성능을 지닌 현미경으로 바닷물을 조사할 수 있다면, 그 단순성은 즉시 사라질 것이다. 겉보기에는 명백히 투명한 물방울이, 서로 다른 규모와 형태를 이루는 수많은 분자 집단으로 구성되어 있으며, 나누려고 해도 나눌 수 없는 혼돈의 상태 속에서 각기 다른 속도로 움직이고 있음이 드러날 것이다. 그러므로 사물이 단순하게 보이는지, 혹은 복잡하게 보이는지는 우리가 선택한 과학 기술과 관찰 방법에 달려 있다. 사실 기능적 단순성은 근본적으로 언제나 복잡성을 전제로 한다. 이와 같은 주장은 관찰 연구에서 얻어진 자료에 근거하고 있으므로 있는 그대로 받아들여져야 한다.

우리 육체의 조직은 구조적으로 매우 큰 이질성을 지니며, 다수의 상이한 구성 요소들로 이루어져 있다. 간과 비장, 심장, 신장은 각각 특정한 세포들로 구성된 기관이며, 이 기관들은 공간적으로 명확한 경계를 지닌다. 유기적 육체 조직의 이러한 이질성은 해부학자와 외과 의사들에게 의심의 여지가 없는 사실이다. 그러나 이 조직의 이질성은 실제보다 더 분명하게 인식된 결과일 수도 있다. 조직의 기능은 기관의 기능에 비해 훨씬 덜 명확하게 밝혀져 있기 때문이다.

예컨대 골격은 단순히 육체의 뼈대를 이루는 데 그치지 않는다. 골수의 작용을 통해 백혈구와 적혈구를 생성함으로써, 순환계와 호흡계, 영양계의 일부를 구성한다. 간은 담즙을 분비하고, 유독한 화학 물질과 해로운 미생물을 파괴하며, 글리코겐을 저장하고, 유기적 생물체 전반에서 이루어지는 당 대사를 조절하고, 헤파린을 생성한다. 이와 마찬가지로 췌장과 부신, 비장 역시 단일한 기능에만 국한되지 않는다. 각 내장은 수많은 활동을 수행할 수 있는 능력을 지니며, 육체에서 일어나는 거의 모든 과정에 관여한다. 내장의 구조적 경계는 기능적 경계보다 훨씬 좁고, 내장의 생리학적 특성은 해부학적 특성보다 훨씬 더 넓은 범위를 차지한다.

세포 공동체는 자신이 생성한 물질을 통해 다른 모든 세포 공동체에 스며든다. 잘 알려져 있듯이, 내장이라는 거대한 세포 공동체는 하나의 신경 중추가 내리는 명령을 따른다. 이 신경 중추는 묵묵히 유기적 생물체 세계의 모든 영역에 명령을 전달한다. 이러한 방식으로 심장과 혈관, 폐, 소화 기관, 내분비샘은 서로 기능적으로 결합되

　　　　　　　인간이란 무엇인가

며 유기적 생물체의 모든 특성이 효과적으로 조합을 이룬다.

실제로 유기적 생물체의 이질성은 상당 부분 관찰자의 상상 속에서 구성된다. 기관은 그것을 이루는 조직학적 구성 요소로 정의되어야 할까, 아니면 기관에서 끊임없이 생성되는 화학 물질로 정의되어야 할까?

해부학자의 눈에는 신장이 두 개의 별개의 샘으로 보이지만, 생리학적 관점에서는 하나의 기관이다. 둘 중 하나를 제거하면 다른 하나의 크기가 즉시 증가하기 때문이다. 기관의 크기는 표면적에만 국한되지 않고 분비하는 물질의 양에 따라 달라진다. 실제로 기관의 구조적·기능적 조건은 기관에서 분비된 화학 물질이 제거되거나 다른 기관에 흡수되는 정도에 따라 결정된다.

각 분비샘은 자신이 생성한 내부 분비물을 통해 유기적 생물체 전체로 확장된다. 예컨대 고환에서 분비되어 혈액으로 방출되는 화학 물질이 파란색이라고 가정해 보자. 그렇다면 남성의 육체 전체는 파란빛을 띠게 될 것이다. 고환은 남성의 육체보다 더 강렬한 파란색을 띠겠지만, 그 독특한 색조는 모든 조직과 기관에 고르게 퍼질 것이다. 심지어 뼈의 말단에 있는 부드러운 연골 부위에서도 파란색은 분명히 드러날 것이다. 이 경우 육체가 마치 거대한 고환으로 이루어진 것처럼 보일 것이다. 실제로 각 분비샘의 공간적·시간적 차원은 유기적 생물체 전체의 공간적·시간적 차원과 다르지 않다.

기관은 해부학적 구성 요소만으로 이루어진 것이 아니라, 내부 매개체로도 구성된다. 다시 말해, 특정한 세포와 특정한 유동체, 곧 매개체들의 결합체이다. 이러한 유동체와 내부 매개체는 해부학적 경계를 훨씬 넘어선다. 만약 분비샘의 개념을 섬유성 골격과 상피 세포, 혈관, 신경이라는 개념으로만 환원한다면, 살아 있는 유기적 생물체의 상태는 실질적으로 이해 불가능해질 것이다. 요컨대 육체는 해부학적으로는 이질적이지만, 생리학적으로는 동질적이다. 겉으로는 단순해 보이지만 실제로는 복잡한 구조를 지니고 있는 것이다.

이처럼 서로 반대되는 육체의 기능과 구조는 우리의 정신이 구성해 낸 결과이다. 우리는 언제나 인간을, 우리가 다루는 수많은 기계 가운데 하나처럼 조직된 존재로 상상하기를 즐긴다.

조립된 기계와 분열하는 생명의 본질적 차이

실제로 기계와 인간의 육체는 모두 유기적으로 결합된 체계에 해당한다. 그러나 인간 육체의 유기적 구조는 기계의 유기적 구조와 본질적으로 다르다. 기계는 근본적으로 서로 분리될 수 있는 수많은 부품들로 구성된다. 이 부품들이 조립될 때, 분리된 요소들의 집합이 하나의 복합적인 기계로 통합된다. 인간 개개인이 특정한 목적을

　　　　　　　　　인간이란 무엇인가

지닌 존재이듯이, 기계 또한 구체적이고 명확한 목적을 지닌 부품들로 조립된다. 그리고 인간과 마찬가지로 기계 역시 단순하면서도 복잡하다. 그러나 기계는 주로 복잡하고, 부차적으로 단순하다. 이에 반해 인간은 주로 단순하고, 부차적으로 복잡하다.

인간은 단 하나의 세포에서 비롯된다. 이 세포는 두 개의 서로 다른 세포로 분열하고, 분열된 세포들은 차례차례 분열을 반복하며, 이러한 세포 분열은 끝없이 이어진다. 구조적으로 극도로 복잡하고 정교한 이 과정 속에서도, 배아는 난자가 지니고 있던 단순한 기능을 지속적으로 유지한다. 세포들은 수없이 많은 구성 성분을 갖추게 된 이후에도, 자신들이 본래 하나의 통합된 전체였다는 사실을 기억하는 것처럼 보인다. 또한 체계적으로 조직된 육체의 모든 기능 가운데에서 자신들이 수행하는 역할을 자발적으로 인식하는 듯하다.

동물에게서 완전히 분리한 상피 세포를 화학 실험용 플라스크 안에 넣어 몇 달 동안 배양하면, 그 안에서 살아 있는 상피 세포들은 마치 동물의 피부나 장기, 조직의 표면을 보호하려는 것처럼 정확하게 모자이크 형태로 배열된다. 그러나 보호해야 할 표면은 실제로 존재하지 않는다.

마찬가지로 화학 실험용 플라스크 안에 있는 살아 있는 백혈구는 갑작스럽게 침입하는 적군을 방어해야 할 유기적 생물체가 존재하지 않음에도 불구하고, 끊임없이 미생물과 적혈구를 탐욕스럽게 포식한다. 전반적으로 백혈구가 수행해야 할 역할에 대한 타고난 지식

은, 육체를 구성하는 모든 요소를 명확히 인식하는 방식 속에 이미
포함되어 있는 듯하다.

　서로 분리된 세포들은 특정한 목적이나 목표가 없어 보이지만, 각
기관을 특징짓는 조직을 체계적으로 재구성하는 놀라운 능력을 지
니고 있다. 예컨대 몇 개의 적혈구가 중력에 이끌려 혈장 속에서 빠
져나와 아주 작은 개울을 형성하면, 그 개울이 범람하지 않도록 곧
둑이 만들어진다. 이 둑은 피브린 필라멘트로 스스로를 덮고, 그 결
과 아주 작은 개울은 적혈구가 미끄러지듯 흐를 수 있는 배관, 즉 혈
관과 유사한 구조로 변한다. 이어서 백혈구들이 몰려와 배관의 표면
에 달라붙고, 물결 모양의 막을 형성해 그 표면을 감싼다. 그렇게 혈
류는 수축성 세포층으로 둘러싸인 모세혈관의 형태를 띠게 된다.

　이처럼 분리된 적혈구와 백혈구는 순환 계통의 중심 기관인 심장
도 없고, 혈액을 운반할 조직도 없지만, 그럼에도 불구하고 부분적
인 순환 기관을 스스로 만들어낸다. 이러한 세포들의 행동은 마치
각각이 수학과 화학, 생물학을 이해하고 있는 것처럼 기하학적인 패
턴을 형성하고, 꿀을 합성하며, 새끼에게 먹이를 제공하고, 공동체의
이익을 위해 행동하는 꿀벌들과 닮아 있다. 사회적 행동을 보이는
곤충들과 마찬가지로, 세포들이 자발적으로 기관을 형성하는 경향
은 관찰 연구를 통해 설명될 수 있다. 그러나 우리가 현재 지닌 개념
의 틀로는 이를 명확하게 설명하기 어렵다.

　　　　　　　　　인간이란 무엇인가

　기관은 인간의 정신과는 전혀 다른 방식의 기술을 사용하여 스스로를 구축한다. 그렇다고 해서 기관이 집처럼 외부 물질로 만들어지는 것은 아니다. 기관은 단순히 세포들이 모여 조립된 구조물에 불과하지도 않다. 물론 집이 벽돌로 구성되어 있듯이, 기관 역시 세포로 이루어져 있다. 그러나 마치 하나의 마법적인 벽돌이 스스로 다른 벽돌들을 만들어내며 집을 짓는 것처럼, 기관은 하나의 세포에서 출발한다. 그 벽돌들은 설계도를 들고 있는 건축가나 벽돌을 쌓는 장인을 기다리지 않고 스스로 결합하여 벽을 세운다. 나아가 창유리와 지붕 슬레이트, 난방용 석탄, 주방과 욕실에 필요한 물로까지 변모한다.

　기관은 옛날 동화 속에서 부수적으로 등장하던 요정과 같은 수단으로 발달한다. 겉으로 보기에 기관은 미래의 건축물을 이미 이해하고 있는 세포에서 출발하며, 혈장 속에 포함된 물질들로부터 건축 자재뿐 아니라 특정 기능을 수행할 노동자들까지도 합성하여 종합적으로 활용한다.

　이러한 유기적 생물체의 방식은 우리의 사고가 지닌 단순성과는 어울리지 않는다. 그래서 우리에게는 이 방식이 기이하고 낯설게 느껴진다. 우리의 지능은 유기적 생물체의 내면세계와 직접 맞닿아 있지 않다. 오히려 생명 내부 메커니즘의 복잡성이 아니라 우주의 단순성을 본떠 형성되었다. 그 결과 우리는 현재로서는 육체가 영양 활동과 신경 활동, 정신 활동을 어떻게 체계적으로 수행하는지를 명확하게 이해하지 못한다.

역학 법칙과 물리학 법칙, 화학 법칙은 불활성 물질에는 완전히 적용될 수 있다. 그리고 인간에게는 부분적으로만 적용된다. 19세기 역학자들이 만들어낸 환상과, 미국 생물학자 자크 러브가 실험을 통해 정식화한 이론, 그리고 오늘날까지도 많은 생리학자와 물리학자들이 신봉하고 있는 인간에 대한 조악한 물리·화학적 개념들은 이제 분명히 폐기되어야 한다. 우리는 또한 물리학자와 천문학자들이 품고 있는 철학적 환상과 인문주의적 환상에서 벗어나야 한다.

영국의 물리학자이자 천문학자인 제임스 진스*James Jeans*는, 그 이전의 많은 사상가들처럼 신을 항성 우주를 창조한 초자연적인 절대자이자 수학자로 상정했다. 만약 이것이 사실이라면 물질계와 생물체, 그리고 인간은 각기 다른 신들에 의해 창조되었어야 할 것이다. 이처럼 우리의 추측은 얼마나 순박하고 천진난만한가.

인간 육체를 이해하려는 우리의 지식은 아직 가장 초보적인 단계에 머물러 있다. 현재로서는 인간 육체의 구조를 완전히 이해하는 것이 불가능하다. 그러므로 우리는 인간 육체의 유기적 활동과 정신적 활동을 과학적으로 관찰하고 연구하는 데 만족해야 한다. 그리고 어떤 다른 안내서에도 의존하지 않은 채, 미지의 세계를 향해 스스로 나아가야 한다.

  인간이란 무엇인가

위대한 인간은 어떻게 단련되는가

우리 인간의 육체는 매우 튼튼하다. 열대 지방의 극심한 더위뿐 아니라 북극 지방의 혹독한 추위 같은 여러 기후 조건에 적응할 수 있으며, 기아와 악천후, 피로와 고난, 괴로에도 지탱하며 이를 건너낸다. 인간은 문명을 구축한 뛰어난 존재로서, 모든 동물 가운데 가장 강력한 동물에 속한다. 그러나 동시에 우리의 육체 기관은 극히 허약하다. 아주 미미한 충격에도 쉽게 손상되며, 혈액 순환이 중단되는 순간 즉시 붕괴된다. 이처럼 매우 강인한 육체와 극도로 연약한 유기적 기관 사이에 나타나는 대조는, 생물학에서 흔히 발견되는 다른 대조들과 마찬가지로 우리의 정신이 불러일으킨 환상이다.

우리는 무의식적으로 인간의 육체를 기계와 비교한다. 기계의 내구성과 견고함은 사용된 금속의 강도와 부품이 얼마나 정밀하게 조립되었는지에 따라 결정된다. 그러나 인간의 내구성과 견고함은 전혀 다른 수많은 요인에 의해 좌우된다.

인간의 인내력은 무엇보다도 육체 조직이 지닌 탄력성과 점착성, 기능이 점차 쇠퇴하지 않고 오히려 성장하는 성질, 그리고 새로운 환경에 직면하면서 변화에 적응해 나가는 유기적 생물체의 기이한 능력에서 비롯된다. 질병과 과중한 업무, 걱정과 근심을 견뎌내는 저항력, 특정한 목표를 달성하기 위해 끈질기게 노력하는 능력, 불안과 초조 속에서도 정신적 평정을 회복하는 집중력은 인간이 우월한 존재임을 보여주는 징표이다.

이러한 탁월한 특성은 유럽뿐 아니라 미국에서도 인간 문명을 창시한 이들에게서 공통적으로 나타난다. 위대한 인간은 비록 허약하고 사소한 자극에도 쉽게 흥분하지만, 훈련을 통해 단련될 수 있는 완벽한 신경계를 갖추고 있기 때문에 성공할 수 있다. 위대한 인물들의 조직과 의식이 이례적으로 우수한 특성을 지니는 이유는, 그들이 속한 국가뿐 아니라 전 세계에서 같은 목적과 목표를 향해 같은 방향으로 나아가는 위대한 사람들이 그렇지 않은 사람들보다 우세하기 때문이다.

우리는 육체적으로 강인하고 생명력이 넘치는 유기적 생물체의 본질과, 정신적으로 우월하여 훈련을 통해 단련될 수 있는 완벽한 신경계의 본질을 충분히 이해하지 못한다. 이러한 우월성은 세포의 구조와 세포가 합성하는 화학 물질, 체액과 신경이 기관을 통합하는 방식에서 비롯되는 것일까? 솔직히 말해, 우리는 그것을 정확히 알지 못한다.

다만 이러한 특성에는 유전적 요소가 있으며, 수 세기에 걸쳐 인

   인간이란 무엇인가

간에게 존재해 왔다는 점은 분명하다. 그러나 이러한 특성은 가장 위대한 국가나 가장 부유한 국가에서도 소멸될 수 있다. 문명의 역사는 그러한 재앙이 실제로 발생할 수 있음을 보여주지만, 그 기원을 명확하게 설명하지는 못한다.

분명한 것은, 위대한 국가는 어떤 대가를 치르더라도 육체와 정신의 저항력을 계속 보존해야 한다는 사실이다. 정신과 신경의 내구성과 견고성은 근육의 그것보다 훨씬 더 중요하다. 위대한 인간의 자손은 퇴보하지 않았다면 본질적으로 피로와 공포에 저항하는 면역력을 지니고 있으며, 자신이 건강이니 안전을 지나치게 염려하시 않는다. 그들은 의학에 큰 관심을 두지 않고 의료진을 경시하며, 생리화학자들이 내분비샘의 분비물과 모든 비타민을 순수한 상태로 완벽히 추출해 내던 과거의 황금기가 다시 도래하리라고 믿지 않는다.

위대한 인간의 자손은 자신이 투쟁하고, 사랑하며, 사유하고, 정복하도록 운명지어졌다는 사실을 인식한다. 또한 안전이 최우선 가치가 되어서는 안 된다는 점을 알고 있다. 그들이 수행하는 활동은 본질적으로 야생 동물이 먹잇감을 낚아채기 위해 순간적으로 몸을 튕겨 올리는 동작만큼이나 단순하다. 위대한 인간의 자손은 자신을 구조적으로 복잡한 존재로 느끼지만, 실제로 그가 취하는 행동은 먹잇감을 향해 도약하는 야생 동물의 행동과 크게 다르지 않다.

건강한 육체는 조용히 살아간다. 우리는 육체가 작동하는 소리를 듣지 못하며, 그 작동을 특별히 느끼지도 않는다. 육체의 생활 리듬은 회전 감각이 뛰어나고 부드러운 16기통 엔진을 장착한 자동차처럼, 우리가 천천히 숨을 들이마시고 내쉬며 조용한 명상에 잠길 때 의식의 깊은 곳을 가득 채우는 체감적 느낌으로 나타난다. 기관의 기능들이 조화를 이룰 때 우리는 평화를 느낀다. 그러나 기관이 약화되기 시작하면, 그 평화는 불안으로 변한다. 고통은 괴로움을 인식하는 정신이 보내는 신호이다.

많은 사람들은 건강 상태가 나쁘지는 않지만, 그렇다고 해서 건강하다고 느끼지도 못한다. 아마도 그러한 사람들의 육체 조직 일부는 본질적인 기능에 불안정이나 결함을 지니고 있을 것이다. 불완전한 분비샘이나 점막에서 나오는 분비물은 부족하거나 과도할 수 있으며, 그들의 신경계는 지나치게 민감하다. 이들은 기관의 기능이 시간적·공간적으로 정확한 상관관계를 이루지 못하며, 전염병에 저항할 충분한 능력도 없다. 그 결과, 이들은 기관 기능에 심각한 결함이 있다고 느끼며 극심한 고통을 경험한다.

미래에 조직과 기관이 조화롭게 발달하도록 이끄는 방법을 발견하는 사람은 루이 파스퇴르보다도 인간에게 더 큰 은혜를 베풀 위대한 인물이 될 것이다. 그는 거의 신성에 가까운 행복을 전하는 자질을 타고났으며, 인간에게 줄 수 있는 가장 귀중한 선물을 건네줄 것이기 때문이다.

육체가 쇠약해지는 원인은 매우 다양하다. 영양이 지나치게 부족하거나 과도한 식단, 알코올 중독과 매독, 근친혼, 그리고 유복한 환

경과 과도한 여가는 조직의 본질적인 기능을 약화시킨다는 사실이
잘 알려져 있다.

부유함은 무지와 가난만큼이나 위험하다. 문명인은 열대 기후에
서 퇴화하지만, 온대와 냉대 기후에서는 번성한다. 문명인은 끊임없
는 투쟁과 정신적·신체적 노력, 생리적·도덕적 훈련, 어느 정도의
고난을 수반하는 삶의 방식을 필요로 한다. 이러한 조건은 육체를
피로와 슬픔에 익숙하게 단련시키며, 특히 신경계 질환을 비롯한 질
병으로부터 인간을 보호한다. 나아가 이러한 조건은 인간을 매우 매
혹적이 외부 세계를 정복하도록 강력하게 몰아붙인디.

전염병의 시대에서 퇴행의 시대로

질병은 기능적 장애와 구조적 장애로 이루어진다. 질병의 양상은 우
리의 유기적 활동만큼이나 매우 다양하다. 위 질환, 심장 질환, 신경
계 질환 등 질병의 형태는 무수히 많다. 그러나 질병에 걸린 육체 역
시 건강한 육체와 마찬가지로 하나의 통일성을 유지한다. 이때 건강
하지 못한 육체의 통일성이란, 육체 전체가 병들어 아프다는 뜻이
다. 엄밀히 말해, 건강하지 못한 육체는 단 하나의 기관에만 국한되

어 장애가 발생하는 경우는 거의 없다. 지금까지 의사들은 각 분야의 전문가로서, 인간에 대해 오래전부터 내려온 해부학적 개념에 따라 개별 질병을 다뤄왔다. 그러나 인간을 부분적으로든 전체적으로든 명확하게 인식하는 의사만이 해부학적·생리학적·정신적 측면을 아울러 병들고 고통받는 환자를 제대로 이해할 수 있다.

질병은 크게 두 부류로 나뉜다. 하나는 전염성 질병 또는 세균성 질병이고, 다른 하나는 퇴행성 질병이다. 전염성 질병이나 세균성 질병은 체내로 침투한 바이러스나 박테리아로 인해 발생한다. 바이러스는 육안으로 보이지 않으며 크기가 극도로 작아 알부민 분자와 거의 비슷한 수준이다. 이러한 바이러스는 세포 내부에서 살아간다. 특히 신경 조직과 피부, 분비샘에서 서식하기를 선호한다.

바이러스는 인간과 동물의 조직을 파괴하거나 조직의 기능을 변화시킨다. 그 결과 소아마비와 독감, 기면성 뇌염(졸음증 뇌염)뿐만 아니라 홍역, 발진티푸스, 황열병 등을 일으키며, 암의 원인이 될 수도 있다. 예를 들어 바이러스는 해를 끼치지 않던 암탉의 백혈구를 짐승처럼 맹렬하고 위험한 세포로 변화시켜 근육과 기관을 침범하게 만들고, 며칠 만에 병든 암탉을 죽음에 이르게 한다. 바이러스가 이처럼 무시무시한 존재라는 사실은 아직 우리에게 널리 알려져 있지 않다. 바이러스를 직접 눈으로 본 사람은 아무도 없기 때문이다. 바이러스는 오직 조직에 해로운 영향을 끼칠 때만 그 존재를 드러낸다. 바이러스가 맹공격을 퍼붓기 전까지 백혈구는 이를 막아낼 준비

  인간이란 무엇인가

를 하지 못하고 무방비 상태로 남아 있다. 바이러스에 맞서는 백혈구는 연기에 저항하는 나뭇잎과도 같다.

　바이러스와 비교하면 박테리아는 진정한 거인에 해당한다. 박테리아는 장 점막이나 코 점막, 눈, 목구멍, 상처 표면 등을 통해 쉽게 체내로 침투한다. 그리고 세포 내부가 아니라 세포 주변에 자리를 잡는다. 박테리아는 기관과 분리되어 느슨해진 조직에 침입하여 피부 아래와 근육 사이, 복강, 뇌와 척수를 감싸는 막 등에서 증식한다. 박테리아는 각 기관의 세포 사이를 흐르는 림프액 속에서 독성 물실을 분비하며, 혈액을 타고 이동하기도 한다. 그 결과 모든 유기적 기능을 혼란에 빠뜨린다.

　퇴행성 질병은 흔히 심장이나 신장에서 발생하는 심각한 질환처럼, 세균성 감염의 결과로 나타나는 경우가 많다. 또한 조직 자체에서 생성된 독성 물질이 유기적 생물체 내부에 존재하기 때문에 발생하기도 한다. 갑상샘 분비물이 과도하거나 독성을 띠게 되면 안구 돌출성 갑상선종이 나타난다. 어떤 장애는 생존에 필수적인 분비물이 부족할 때 발생한다. 내분비샘과 갑상샘, 췌장, 간, 위 점막에서 분비되는 물질이 결핍되면 점액부종이나 당뇨병, 악성 빈혈 같은 질병이 생긴다. 또 다른 장애들은 조직의 구조와 상태를 유지하는 데 반드시 필요한 구성 성분, 즉 비타민과 무기염, 요오드, 미네랄 등이 결핍될 때 발생한다.

기관은 장을 통해 외부 세계에서 필요한 물질을 받아들이지 못하면 전염병에 저항할 능력을 상실하고, 구조적 장애를 일으키며, 독을 생성하는 등 기능을 혼란시키는 질병을 유발한다. 이러한 질병 가운데에는 미국과 유럽, 아프리카, 아시아, 오스트레일리아의 모든 과학자와 의학 연구소를 당혹스럽게 만드는 것들도 있다. 암을 비롯해 수많은 신경계 질환과 정신 질환 역시 여기에 속한다.

20세기 초 이후 의학은 건강에 많은 혜택을 가져왔다. 폐결핵은 거의 사라지고 있으며, 유아 설사증과 디프테리아, 장티푸스 등으로 사망하는 경우도 크게 줄었다. 박테리아로 인한 질병은 전반적으로 현저히 감소했다. 인간이 태어났을 때 기대할 수 있는 평균 수명은 1900년까지만 해도 49세에 불과했으나, 오늘날에는 그보다 11년 이상 증가했다. 성인이 될 때까지 생존할 가능성 역시 뚜렷하게 높아졌다.

이처럼 의학이 상당한 성과를 거두었음에도 불구하고 질병 문제는 완전히 해결되기까지는 아직 갈 길이 멀다. 현대인은 섬세하면서도 연약하다. 1억 2천만 명의 사람들에게 필요한 의료 환경을 유지하려면 약 11만 명이 의료 환경 개선 활동에 종사해야 한다. 미국 인구 가운데 매년 약 1억 명이 중증 또는 경증의 질병에 시달리고 있다. 병원에는 하루 평균 약 70만 명의 환자가 병상을 차지하고 있다. 이들을 돌보기 위해서는 약 14만 5천 명의 의사, 28만 명의 간호사, 6만 명의 치과 의사, 15만 명의 약사가 필요하다. 또한 병원 7천 곳,

    인간이란 무엇인가

진료소 8천 곳, 약국 6만 곳이 요구된다.

사람들은 매년 의료비로 약 7억 1500만 달러를 지출하며, 모든 유형의 의료 서비스에는 연간 약 35억 달러의 비용이 든다. 분명히 질병은 여전히 막대한 경제적 부담이다. 더 중요한 사실은 질병이 현대 생활 전반에 헤아릴 수 없는 악영향을 끼친다는 점이다.

의학은 우리에게 희망과 믿음을 주려 애쓰지만, 인간의 고통을 근본적으로 감소시키지는 못한다. 전염병으로 사망하는 사람의 수는 크게 줄었지만, 우리는 여전히 전염병으로 죽음을 맞이할 수 있으며, 퇴행성 질병에 걸릴 경우 그 사망 확률은 오히려 더 높다. 디프테리아나 천연두, 장티푸스를 억제함으로써 수명을 연장한 인간은 대신 암과 당뇨병, 심장 질환 같은 퇴행성 만성 질환으로 오랜 시간 고통받다 죽음에 이르는 대가를 치른다.

여기에 만성 신장염과 뇌종양, 동맥경화, 매독, 뇌출혈, 고혈압뿐 아니라, 이러한 질병과 함께 나타나는 지적 감퇴와 도덕적 쇠퇴, 생리 기능의 저하도 뒤따른다. 또한 영양이 과잉된 식단, 부족한 신체 활동, 과로가 반복되는 생활 방식은 유기적·기능적 장애를 쉽게 유발한다. 불안정한 정신 상태와 강렬한 감정으로 인한 신경증은 위와 장에 악영향을 미치며, 심장 질환과 당뇨병의 발생 빈도도 높인다.

중추 신경계 질환은 셀 수 없이 많다. 인간은 삶을 살아가는 동안 끊임없는 불안과 소음, 걱정으로 인해 공격적인 신경 쇠약과 중추 신경계 우울증에 시달린다. 현대 위생은 인간이 더 많은 안정감과 기쁨을 누리도록 돕지만, 질병을 완전히 억누르지는 못한다. 요컨대 질병의 본질 자체가 변화한 것이다.

이러한 질병의 변화는 전염병이 제거된 결과이기도 하지만, 새로운 생활 방식에 적응하는 과정에서 조직의 구조가 변화했기 때문이기도 하다. 유기적 생물체는 퇴행성 질병에 더 쉽게 노출되는 듯하다. 인간은 신경증과 정신적 충격, 기능 장애를 가진 기관에서 생성된 독성 물질, 음식과 공기 속의 독성 물질로부터 지속적인 악영향을 받는다. 또한 필수적인 생리적·정신적 기능의 결핍 역시 문제를 악화시킨다.

오늘날의 주요 식품은 과거와 같은 영양 가치를 지니지 않을 수도 있다. 대량 생산은 밀과 달걀, 우유, 과일, 버터의 외형은 유지했지만, 그 내부 구조를 변화시켰다. 화학 비료는 토양에서 빠져나간 모든 성분을 완전히 대체하지 않은 채 생산량만 크게 증가시켜 곡물과 채소의 영양 가치를 간접적으로 변화시켰다. 암탉은 인위적인 식단과 생활 방식을 강요받으며 대량 생산 체계에 편입되었다. 그렇다면 그러한 암탉이 낳은 달걀의 성질은 과연 변하지 않았을까? 이 질문은 우유에도 그대로 적용된다. 젖소 역시 사계절 내내 밀폐된 외양간에서 제조된 사료를 먹으며 살아가기 때문이다.

위생학자들은 질병이 발생하는 근원에는 큰 관심을 기울이지 않았다. 생활 방식과 식단, 생리적·정신적 상태가 현대인에게 미치는 영향을 탐구한 위생학적 실험은 대부분 실질적이지 못하고, 불완전

   인간이란 무엇인가

하며, 연구 기간도 지나치게 짧았다. 그 결과 위생학자들은 의도치 않게 인간의 육체와 영혼을 약화시키는 데 기여했고, 현대 문명에서 발생하는 퇴행성 질병으로부터 우리 자신을 보호하지 못하게 만들었다. 이러한 영향의 본질은 정신 활동의 특성을 고려하지 않으면 이해할 수 없다. 건강과 질병 모두에서 육체와 의식은 분명히 구별되지만, 결코 분리될 수는 없다.

4장

†

정신 활동

현대 문명은 물건을 생산하는 대가로
정신을 희생시키는 중대한 실수를 저질렀다.

육체와 영혼이라는 허구의 경계

신체는 생리 활동과 더불어 다양한 정신 활동도 드러낸다. 기관은 물리학적·화학적 방법으로 측정 가능한 기계적 작용, 열과 전기 현상, 화학적 변화를 통해 자신을 표현한다. 반면 정신과 의식은 자기 성찰과 인간 행동에 대한 탐구라는 또 다른 절차를 통해 포착된다. 우리가 사용하는 '의식'이라는 개념은, 인간이 스스로를 분석하고 타인이 자기 자신에 대해 표현한 견해를 판단하고 분류하면서 종합적으로 형성한 보편적 관념과 유사하다.

정신 활동을 지적 활동, 도덕적 활동, 미적 활동, 종교적 활동 등으로 나누는 것은 이해를 돕는 데 편리하지만, 이러한 분류는 인위적인 것에 불과하다. 실제로 몸과 영혼은 서로 다른 방법을 통해 동일한 대상을 바라본 관점이다. 흔히 대립되는 것으로 여겨지는 물질과 정신은, 실은 서로 반대되는 두 종류의 과학 기술을 가리킬 뿐이다.

데카르트의 오류는, 이 추상적인 개념들의 실재를 믿고 물질과 정신을 본질적으로 상이한 두 실체로 설정한 데 있다. 그의 이원론은 인간 이해의 역사 전체를 오랫동안 짓눌러 왔다. 그것은 육체와 영혼의 '관계'라는 잘못된 문제 설정을 낳았기 때문이다.

육체와 영혼 사이에 관계란 존재하지 않는다. 이 둘은 분리될 수 없기 때문이다. 우리가 관찰할 수 있는 것은 다만 생리적 활동과 정신적 활동을 임의로 구분해 설명할 뿐인 하나의 복합적 존재다. 우리는 여전히 영혼을 육체와 구별되는 정신적 실체로 말할 수밖에 없을 것이다. 이는 갈릴레오 갈릴레이 이후 태양이 우주의 중심에 있고 지구가 그 주위를 공전한다는 사실을 알고 있으면서도, 일상에서는 여전히 태양이 동쪽에서 떠서 서쪽으로 진다고 말하는 것과 다르지 않다.

영혼은 인간을 다른 모든 동물과 명확히 구분 짓는 특정한 양상을 드러내지만, 우리는 이 친숙하면서도 극히 신비로운 실체를 분명히 규정하지 못한다. 열량으로 측정 가능한 화학 에너지를 소비하지 않으면서도 우리 내면 깊숙한 곳에서 살아 있는 이 낯선 존재는 과연 무엇인가. 그것은 이미 알려진 에너지의 한 유형일까. 아니면 물리학자들에게는 거의 무시되지만, 빛보다도 더 중요한 우주의 구성 요소에 해당하는 것일까.

정신은 생리학자와 경제학자에게는 거의 고려되지 않고, 물리학

 인간이란 무엇인가

자들에게도 좀처럼 주목받지 않는, 살아 있는 물질 내부에 숨어 있다. 그러나 동시에 그것은 세상을 뒤흔드는 가장 강력한 힘을 지니고 있다. 췌장에서 분비되는 인슐린이나 간에서 생성되어 장으로 배출되는 담즙처럼 정신 역시 대뇌 피질의 신경 세포에서 생성되는 것일까. 혹은 특정한 화학 물질에서 정교하게 만들어지는 것일까. 글리코겐이 분해되어 포도당이 되고, 피브리노겐이 분해되어 피브린이 되듯, 정신 또한 기존의 구성 성분이 분해되어 형성되는 것일까.

아니면 정신은 물리학의 대상이지만 전혀 다른 법칙에 따라 작동하며, 대뇌 피질의 신경 세포에서 생성되는 에너지외는 다른 유형의 에너지로 이루어져 있는 것일까. 혹은 정신은 시간과 공간의 바깥, 우주의 차원 너머에 위치하며 아직까지 알려지지 않은 방식으로 작동하는 비물질적 존재로서, 뇌에 삽입된 필수 조건으로 간주되어야 할까.

이러한 문제를 탐구하는 데 수많은 나라의 위대한 철학자들이 일생을 바쳤다. 그러나 그 누구도 결정적인 해답을 찾지 못했다. 우리 역시 같은 질문을 던질 수밖에 없다. 이 질문들은 의식에 더 깊이 접근할 수 있는 새로운 방법이 발견되기 전까지는 여전히 미해결 상태로 남아 있을 것이다. 그럼에도 불구하고 우리는 단순한 추측이나 상상에 머무르지 않고, 정확한 해답에 도달하고자 하는 강한 충동을 느낀다.

인간의 이 본질적이고 구체적인 측면을 이해하는 지식이 발전하려면, 현재의 관찰 방법으로 포착할 수 있는 현상과 생리 활동 사이의 관계를 면밀히 조사해야 한다. 동시에, 짙은 안개로 가득 차 있어 경계에 다다른 영역을 스스로 탐구할 용기도 필요하다.

인간은 실제적인 활동과 잠재적인 활동 모두로 구성된 존재다. 특정 시대와 환경 속에서 여전히 가상으로 남아 있는 기능 역시, 끊임없이 자신을 드러내는 기능만큼이나 실제적인 의미를 지닌다. 벨기에의 신비주의자이자 기독교 작가 루이스브렉*Ruysbroeck*이 집필한 감탄스러운 소설은 생리학자 클로드 베르나르의 저작과 마찬가지로 많은 진실을 담고 있다. 루이스브렉의 『영적 결혼의 장식*The Adornment of the Spiritual Marriage*』과 베르나르의 『실험 의학 연구 서설*Introduction to the Study of Experimental Medicine*』은 서로 다른 방식으로 인간의 두 가지 측면을 설명한다. 전자는 드물게 나타나는 측면을, 후자는 더 흔하게 나타나는 측면을 묘사한다.

고대 그리스 철학자 플라톤이 고찰한 인간 활동의 유형은, 배고픔과 갈증, 성적 욕구, 탐욕보다 인간의 본질을 더욱 정확하게 드러낸다. 그러나 르네상스 이후, 인간의 특정 측면에 자위적으로 특권적인 지위가 부여되어 왔다. 물질은 정신과 분리되었고, 정신보다 더 현실적인 것으로 간주되었다.

생리학과 의학은 조직 병변이 미시적으로 드러나는 유기적 장애와 신체 활동에서 나타나는 화학적 징후에 주의를 기울이도록 지시받았다. 사회학은 기계를 작동시키고, 작업량을 산출하며, 소비자의

　　　　　　　　　　　　인간이란 무엇인가

입장을 이해하고, 경제적 가치를 증대시키는 능력의 관점에서 인간을 전적으로 관찰하고 해석했다. 위생학은 건강과 인구를 증대시키는 수단, 전염병을 예방하는 방법, 생리적 복지를 향상시킬 수 있는 모든 가능성에 집중했다. 교육학은 아동의 지능과 근육 발달에서 특정한 성과를 달성하는 데 주력했다.

그러나 이러한 학문들은 의식의 다양한 측면을 심층적으로 탐구하고 진리를 성찰하는 연구를 대체로 경시했다. 사실 이들 학문은 생리학과 심리학을 함께 다루며 인간을 연구했어야 했다. 또한 자기 성찰과 인간 행동 연구에서 제공되는 자료를 정당하게 활용했어야 했다. 이 두 학문적 접근은 동일한 연구 대상을 향해 동일한 목적을 추구한다. 다만 하나는 인간을 내면세계에서 바라보고, 다른 하나는 외부 세계에서 바라볼 뿐이다. 따라서 어느 한쪽이 다른 쪽보다 더 큰 가치를 지녀야 할 이유는 없다.

지능의 두 얼굴, 논리와 직관

인간에게 존재하는 지능은, 근본적으로 과학적 관찰과 연구 능력을 가늠하는 가장 중요한 기준이 된다. 사물들 사이의 관계를 파악하

는 이러한 관찰·연구 능력은 개인마다 고유한 가치와 방식을 지닌
다. 지능은 일정한 과학적 기술을 통해 측정될 수 있다. 그러나 이러
한 측정 방식은 정신의 관습적인 측면만을 다룰 뿐이며, 지적 가치
를 정확하게 파악하는 데는 한계가 있다. 그럼에도 불구하고 인간을
대략적으로 분류하는 데에는 유용하다.

이러한 지능 측정 방식은 공장 노동자나 소규모 은행·상점의 직
원처럼, 지적 판단이 크게 요구되지 않는 직무에 적합한 사람을 선
별하는 데 효과적이다. 더 나아가, 대부분의 인간 정신이 얼마나 나
약한지를 드러낸다는 점에서도 의미를 갖는다. 실제로 개인이 지닌
지능의 양과 질에는 놀라울 정도의 다양성이 존재한다. 존경받는 소
수의 인물들은 상대적으로 높은 지능을 지니는 반면, 대다수의 사람
들은 위대한 인물들에 비해 낮은 수준의 지능을 지닌다. 모든 인간
은 각기 다른 정도의 지능을 지니고 태어난다.

그러나 타고난 지능의 높고 낮음과는 무관하게, 그 잠재적 지능이
실현되기 위해서는 지속적인 신체 활동과 아직 명확히 정의되지 않
은 특정한 환경 조건이 필요하다. 지능은 정확한 추론, 논리적 탐구,
진리를 따져 묻는 연구 태도, 수학적 언어의 사용, 기본적인 정신 능
력의 개발과 훈련, 사물을 깊이 관찰하는 습관을 통해 성장한다. 반
대로, 사물을 피상적으로 관찰하고 감각적 인상과 생각을 성급하게
표현하며, 마음속에 떠오르는 이미지나 묘사를 무질서하게 나열하
고, 지적 훈련을 회피하는 습관은 정신의 발달을 저해한다.

우리는 수많은 사람과 사건이 가득한 혼잡한 도시 속에서, 소음으

　　　　　　　　인간이란 무엇인가

로 가득 찬 기차와 자동차 안에서, 혼란스러운 거리와 어처구니없고 모순적인 영화가 상영되는 극장 안에서, 그리고 지적 집중을 거의 요구하지 않는 학교 환경 속에서 성장한 아이들이 얼마나 이해력이 부족한지를 이미 알고 있다. 지능의 발달을 촉진하거나 방해하는 요인들은 다양하게 존재하며, 주로 생활 습관과 식습관으로 구성된다. 그러나 그 영향은 아직 명확히 규명되지 않았다.

지나치게 영양이 풍부한 식단과 과도하게 격렬한 고강도 운동은 오히려 지능 발달을 방해한다. 아마도 정신을 최고 수준으로 발달시키기 위해서는, 특정 시대와 특정 국가에서만 성립했던 조건들이 종합적으로 갖추어져야 할 것이다. 그렇다면 역사상 위대한 문명을 이룬 사람들은 어떤 생활 방식과 식습관, 교육 방식을 유지했을까. 우리는 지능이 발생하는 기원에 대해 거의 알지 못한다. 그럼에도 불구하고 우리는 현대 학교에서 실시하는 체육 활동과 기억력 훈련만으로 아이들의 정신을 충분히 발달시킬 수 있다고 믿고 있다.

지능만으로 과학이 창조되는 것은 아니다. 그러나 지능은 과학을 창조하는 데 필수적인 요소다. 동시에 과학은 지능을 강화한다. 과학은 인간이 관찰과 실험, 논리적 추론을 통해 확실성을 획득하는 새로운 지적 태도를 취하도록 이끌었다. 과학이 제공하는 확실성은 신념에서 비롯되는 확실성과는 본질적으로 다르다. 신념에서 나오는 확실성은 과학적 확실성보다 훨씬 더 깊고, 논쟁에 의해 흔들리지 않는다.

그러나 기묘하게도, 신념에서 비롯된 확실성은 과학과 완전히 이질적인 성질을 지니는 것은 아니다. 분명히 말하자면, 위대한 발견은 지능만으로 이루어지지 않는다. 천재적인 인물들은 뛰어난 관찰력과 이해력뿐만 아니라, 직관력과 창조적 상상력이라는 또 다른 탁월한 재능을 함께 지닌다. 그들은 직관을 통해 다른 사람들이 외면하거나 무시하는 영역을 인식하고, 겉보기에는 분리되어 있는 현상들 사이의 관계를 포착하며, 아직 드러나지 않은 보물을 무의식적으로 소중히 여긴다.

모든 위대한 인물은 직관력을 타고난다. 그래서 그들은 분석이나 추론에 앞서, 무엇이 중요한지를 이미 알고 있다. 실제로 뛰어난 통솔력을 지닌 사람은 부하를 선발할 때 심리 검사나 신분 확인서에 의존하지 않는다. 현명한 판사는 세부적인 법률 논쟁을 검토하지 않더라도 공정한 판결을 내릴 수 있다. 심지어 미국 연방 대법관 벤저민 카르도조*Benjamin Cardozo* 가 말했듯, 잘못된 전제에서 출발한 논의 속에서도 정의로운 형벌은 가능하다. 위대한 과학자 역시 직관적으로 보이지 않는 길을 따라가며, 감춰진 것과 예기치 못한 것을 발견한다. 과거에는 이러한 창조적 순간을 '영감'이라 불렀다.

과학자는 대체로 두 유형으로 나뉜다. 논리적 유형과 직관적 유형이다. 과학이 발전하기 위해서는 이 두 유형이 모두 필요하다. 수학은 논리적 구조의 학문이지만, 그 내부에서는 직관적 구조가 적극적으로 작동한다. 수학자들 가운데에는 뛰어난 직관력을 지닌 논리학자와 분석학자, 기하학자들이 존재한다. 프랑스의 샤를 에르미트

     인간이란 무엇인가

*Charles Hermite*와 독일의 카를 바이어슈트라스*Karl Weierstrass*는 직관적 유형에 속하며, 베른하르트 리만*Bernhard Riemann*과 버트런드 러셀*Bertrand Russell*은 논리적 유형에 속한다.

일상생활에서도 직관은 지식을 획득하는 강력한 수단이지만, 동시에 위험하다. 직관과 환상은 때때로 구별되기 어렵기 때문이다. 직관에 지나치게 의존하는 사람은 오류에 빠지기 쉽다. 직관은 항상 신뢰할 수 있는 것이 아니다. 그러나 위대한 인물이나 마음이 순수한 사람은 직관을 통해 정신적·영적 삶의 정전에 도달할 수 있다.

직관은 기묘하고 낯선 특성을 지닌다. 지능의 도움 없이 현실을 파악한다는 것은 말로 설명하기 어렵다. 직관의 한 측면은 대상을 즉각적으로 파악하고 신속하게 판단하는 능력과 유사하다. 위대한 의사들이 환자의 현재 상태뿐 아니라 미래의 경과를 예측할 수 있는 능력은 본질적으로 이러한 직관에 속한다. 어떤 사람이 타인의 가치를 즉시 평가하거나, 미덕과 악덕을 분별할 때 나타나는 현상도 마찬가지다.

그러나 직관에는 또 다른 측면이 있다. 이는 관찰이나 추론과 무관하게 독립적으로 발생한다. 우리는 목표를 달성하는 방법을 알지 못할 때, 심지어 목표에 얼마나 접근했는지조차 인식하지 못할 때도, 직관에 의해 결국 목표에 도달할 수 있다.

물질세계를 지배하도록 인간에게 부여된 지능은 단순한 능력이 아니다. 우리는 지능의 수많은 측면 가운데 단 하나만을 인식하고, 그 부분만을 학교와 대학에서 개발하려 애쓴다. 그러나 그것은 추론과 판단, 자발적 집중, 직관까지 포함하는 방대하고 기묘한 정신 활동의 극히 일부에 불과하다.

인간이 현실을 파악하고 환경과 타자, 그리고 자기 자신을 이해할 수 있는 능력은 바로 이러한 기능 덕분이다.

문명을 지탱하는 도덕관념

지적 활동은 한편으로는 우리 안에서 끊임없이 흐르고 있는 다른 의식 상태들과 뚜렷하게 구분되면서도 다른 한편으로는 명확히 구분되지 않기도 한다. 지적 활동은 우리가 그것을 수행하는 방식에 따라 끊임없이 변화한다. 이를테면 지적 활동은, 민감도가 서로 다른 표면 위에 한 지점에서 다른 지점으로 이야기를 단계적으로 기록해 나가는 영화 필름에 비유할 수 있다. 동시에 그것은 하늘에 떠다니는 구름을 각기 다른 방식으로 반사하는 바다, 혹은 크게 굽이치는 계곡이나 언덕과도 유사하다.

　　　　　　　　　　인간이란 무엇인가

지능은 기쁨과 슬픔, 사랑과 증오와 같은 우리의 정서 상태를 끊임없이 변화하는 화면 위에 영상처럼 투사한다. 우리가 이러한 자신의 측면을 연구하려면, 본래 나누어질 수 없는 하나의 완전체에서 지적 활동을 인위적으로 분리해 내야 한다. 실제로 인간은 생각하고, 관찰하고, 추론하는 동시에 행복이나 불행, 평온함이나 불안, 욕구에 따른 흥미나 우울, 혐오와 희망 같은 감정들을 함께 경험한다. 따라서 인간 세계는 인간이 지적 활동을 수행하는 동안 의식을 바탕으로 변화하는 정서적 상태와 생리적 상태에 따라 여러 가지 얼굴을 드러낸다.

모든 사람은 사랑과 증오, 분노와 두려움이 논리적인 상황 속에서도 혼란을 초래할 수 있다는 사실을 알고 있다. 이러한 의식 상태들은 자신을 분명히 드러내기 위해 신체 내부의 화학적 교환을 부분적으로 수정하고 변화시킨다.

정서적 불안정이 심해질수록 이러한 화학적 교환은 더욱 활발해진다. 반대로 신진대사는 지적 작업에 따라 변화하지 않는다. 정서적 기능은 생리적 기능에 매우 가깝다. 또한 각 인간에게 고유한 기질을 제공한다. 기질은 개인마다, 인종마다 다르게 나타나며, 정신적 특성과 생리적 특성, 구조적 특성이 결합된 혼합체에 해당한다. 다시 말해 기질이란 인간 그 자체라 할 수 있다.

기질은 인간의 편협함과 평범함, 혹은 견고함을 만들어낸다. 그렇다면 특정한 사회 집단과 국가에서는 어떤 요인들이 이러한 기질을 약화시켰을까. 부유층이 증가하고, 교육이 보편화되며, 식단이 점점 정교해질수록 정서적으로 불쾌한 폭력적 분위기는 감소하는 경향을 보인다. 그러나 동시에 정서적 기능은 지능으로부터 분리되고, 특정한 측면들이 지나치게 과장되는 현상도 관찰된다. 현대 문명이 만들어낸 생활 방식과 교육 방식, 식습관은 우리에게 고급 품질의 소고기를 제공함과 동시에, 우리의 정서적 충동을 부조화적인 방식으로 발달시키는 경향이 있는지도 모른다.

도덕관념이란 인간이 스스로에게 행동 규칙을 적용하고, 실행 가능한 행동들 가운데 자신이 유익하다고 판단하는 행동을 선택하며, 이기심과 악의적인 감정을 떨쳐내기 위해 갖춘 기질을 의미한다. 이러한 활동은 인간 내면에서 의무감을 자아낸다. 이처럼 독특한 도덕관념은 오직 소수의 사람들에게서만 뚜렷하게 관찰된다. 대부분의 사람들 마음속에서 도덕관념은 가상적인 상태로 머물러 있다.

그러나 도덕관념의 존재 자체를 부정할 수는 없다. 만약 도덕관념이 존재하지 않았다면, 고대 그리스 철학자 소크라테스는 독미나리에서 추출한 독이 담긴 독배를 마시지 않았을 것이다. 오늘날에도 도덕관념은 특정한 사회 집단과 국가에서, 심지어 고도로 발달한 문명 속에서도 관찰된다. 또한 모든 시대에 걸쳐 그 모습을 분명히 드러내 왔다. 인간의 역사가 축적될수록 도덕관념의 중요성은 근본적으로 입증되어 왔다.

도덕관념은 미적 감각과 종교심, 그리고 지능과도 깊이 연관되어 있다. 이는 우리가 옳고 그름을 구별하고, 범법 행위보다 정당한 행위를 우선하도록 돕는다. 의지력과 지능은 고도로 문명화된 인간에게서 하나로 결합되어 동일하게 작동하며, 모든 도덕적 가치는 바로 이 의지력과 지능에서 비롯된다.

지적 활동이 그러하듯, 도덕성 또한 육체의 특정한 구조 상태와 기능 상태에 따라 분명하게 달라진다. 이러한 상태들은 우리에게 내재된 조직과 정신의 구조뿐 아니라, 성장 과정에서 우리가 받은 다양한 영향들에 의해 형성된다. 독일 철학자 아르투어 쇼펜하우어 *Arthur Schopenhauer* 는 도덕적 원칙이 인간의 본성에 기초한다고 주장했다. 다시 말해 인간은 선천적으로 이기심이나 비열함, 혹은 동정심을 지니고 태어난다는 것이다. 이러한 경향은 매우 이른 시기에 모습을 드러내며, 주의 깊고 세심한 관찰력을 지닌 사람이라면 누구나 이를 분명히 인식할 수 있다.

프랑스 의사 루이 갈라바르딘 *Louis Gallavardin* 에 따르면, 자신의 동료가 행복한지 불행한지에 전혀 관심을 두지 않는 완전한 이기주의자들이 존재한다. 또한 타인의 불행과 고통을 목격하며 기쁨을 느끼고, 더 나아가 그러한 고통을 직접 유발하면서 희열을 느끼는 악의적인 사람들도 있다. 반면 고통받는 타인을 바라보며 자신 역시 고통을 느끼는 사람들도 존재한다. 이러한 공감 능력은 친절함과 너그러움, 그리고 미덕으로 이어지는 행동을 불러일으킨다. 타인의 고통을 자신의 고통처럼 느끼는 공감은, 같은 처지에 놓인 사람들의 부담과 비참함을 덜어주려는 인간의 본질적인 특성에 해당한다.

각 개인은 선한 기질, 보통의 기질, 혹은 나쁜 기질을 특정한 방식으로 지니고 태어난다. 그러나 지능과 마찬가지로 도덕관념 또한 교육과 훈련, 그리고 의지력에 의해 발전할 수 있다.

미덕과 악덕에 대한 정의는 인간의 추론과 기억을 초월한 먼 과거의 경험에 뿌리를 두고 있으며, 개인의 생활과 사회생활을 유지하는 데 필요한 필수 조건과 관련되어 있다. 다만 이러한 정의는 일정한 질서를 벗어나 다소 자의적으로 규정되는 측면도 지닌다. 그럼에도 불구하고 각 시대와 각 국가는 미덕과 악덕을 명확히 규정하고, 이를 모든 계층의 사람들에게 동일하게 적용해야 한다.

현대 문명사회에서 이론적인 행동 규칙은 여전히 기독교적 도덕 규범을 토대로 하고 있다. 그러나 실제로 이러한 규칙을 따르려는 사람은 거의 없다. 현대인은 자신의 욕구를 충족하기 위해 이러한 도덕적 규칙을 거부해 왔다. 생물학적 도덕성과 산업적 도덕성 역시 인간의 한 측면만을 인위적으로 고려하기 때문에 실질적인 가치를 지니지 못한다. 더 나아가, 인간에게 가장 중요한 도덕적 활동의 일부를 근본적으로 무시한다. 이러한 도덕성은 인간이 자신의 악덕적 충동을 억제할 수 있는 강력한 방어막을 제공하지 못한다.

인간이 정신적 균형과 유기적 균형을 유지하려면, 자신 안에 내재한 도덕적 행동 규칙을 스스로 따를 수 있어야 한다. 국가는 국민에게 법률적 규칙을 강제할 수 있지만, 도덕적 규칙까지 강요할 수는 없다. 모든 사람은 자신의 잠재적인 의지력을 발휘해 옳고 그름을 분별하고, 범법 행위보다 정당한 행위를 선택하는 데 필요한 조건을 스스로 충족해야 한다는 사실을 깨달아야 한다.

로마 가톨릭교회는 인간 심리를 깊이 이해한 상태에서 지적 활동보다 도덕적 활동을 훨씬 더 높은 수준으로 끌어올렸다. 모든 사람에게 존경을 받는 명예로운 이들은 국가의 지도자도, 과학자도, 철학자도 아니다. 그러한 이들은 성인군자처럼 영웅적인 방식으로 덕을 실천한 사람들이다. 도시에 거주하는 사람들의 삶을 살펴보면 도덕관념이 필수적이라는 사실을 더욱 분명히 이해하게 된다.

지능과 의지력, 도덕성은 서로 밀접하게 연결되어 있지만, 도덕관념은 지능보다 훨씬 더 중요하다. 한 국가에서 도덕관념이 사라지면, 사회적 구조는 서서히 붕괴되기 시작한다. 우리는 지금까지 생물학 연구를 수행하면서도, 마땅히 평가받아야 할 도덕성의 가치를 충분히 부여하지 못했다. 도덕관념은 지능과 마찬가지로 긍정적이고 명확한 방식으로 연구되어야 한다.

물론 도덕성을 연구하는 일은 쉽지 않다. 그러나 개인과 집단 속에서 도덕성의 다양한 양상을 관찰할 수 있으며, 그에 따른 생리적·심리적·사회적 효과를 분석할 수 있다. 도덕성 연구는 실험실에서 수행될 수 없고, 현장 연구가 필수적이다. 오늘날에도 서로 다른 수준의 도덕관념을 지니거나 아예 도덕관념을 결여한 인간 공동체는 여전히 존재한다. 의심할 여지 없이 도덕적 활동은 과학적 관찰의 대상이 된다.

현대 문명사회에서 도덕성을 이상적으로 구현하며 살아가는 사람을 만나기는 쉽지 않다. 그러나 그러한 사람들은 여전히 존재한다. 다만 우리는 그들을 만나고도 그들이 지닌 도덕적 태도를 인식하지 못할 수 있다. 도덕적 아름다움은 이례적일 만큼 뛰어나며, 강렬한 매력을 지닌 현상이다. 도덕적 아름다움의 가치를 숙고하는 사람은 그 본질적인 측면을 결코 잊지 않는다.

도덕적 아름다움은 자연의 아름다움이나 과학적 아름다움보다 훨씬 깊은 감동을 준다. 또한 신성한 재능을 지닌 사람들에게 말로 설명하기 어려운 특별한 능력을 부여한다. 도덕적 아름다움은 지적 능력을 향상시키고, 인간들 사이에 평화를 가져온다. 이 도덕적 아름다움은 과학이나 예술, 종교 의식보다도 더욱 깊이 현대 문명에 뿌리내리고 있다.

미적 감각, 인간을 인간답게 만드는 힘

미적 감각은 가장 문명화된 인간에게서뿐만 아니라 가장 원시적인 인간에게서도 발견된다. 더 나아가 지능이 소멸된 인간에게도 존재한다. 지능 수준이 낮아 정상적인 판단이 어려운 사람이나 정신 이

 인간이란 무엇인가

상 상태에 놓인 사람도 감정을 예술적으로, 그리고 자연스럽게 표출할 수 있기 때문이다. 미적 감각을 불러일으켜 특정한 형태나 소리를 연속적으로 만들어내는 능력은 인간이라는 존재를 성립시키는 데 필수적인 조건에 해당한다.

인간은 언제나 동물과 꽃, 나무, 하늘과 바다, 산을 오래 바라보며 깊은 기쁨을 느껴왔다. 문명화되기 이전의 인간은 대략적인 형태만 갖춘 거친 도구를 사용해 나무와 상아, 돌 위에 생물의 외형을 새기거나 그려왔다. 오늘날에도 미적 감각이 교육이나 생활 방식, 식습관, 단조로운 공장 노동에 의해 무디게 억제되지 않을 경우, 인간은 스스로 미적 감각을 불러일으켜 무언가를 만들어내는 과정에서 기쁨과 즐거움을 느낀다. 또한 그러한 창작 행위에 몰두하는 상태 자체를 즐긴다.

유럽, 특히 프랑스에는 여전히 예술적 감각이 뛰어난 요리사와 도축업자, 석공, 가죽 신발 제조업자, 목공, 대장장이, 칼 제작자, 정비공들이 존재한다. 아름다운 형태와 부드러운 맛을 세심하게 구현해 파이를 만드는 사람, 재료를 윤이 나도록 정성껏 다듬어 집과 인간, 동물의 형상을 근사하게 만들어내는 사람, 철문을 장엄하고 위엄 있게 제작하는 사람, 가구를 매력적이고 훌륭하게 완성하는 사람, 돌이나 나무를 거칠게 새기거나 깎아 소박한 조각상을 만드는 사람, 양모로 모직물을 훌륭하게 짜거나 명주실로 견직물을 아름답게 짜는 사람들은 위대한 조각가나 화가, 음악가, 건축가와 같이 작품을 완성하는 동안 신성한 기쁨과 즐거움을 경험한다.

그러나 산업 문명은 조잡하고 저속하며 추악한 광경으로 대부분의 사람들을 둘러싸고 있다. 그 결과 미적 활동은 많은 사람들에게 잠재적인 상태로만 남아 있다. 우리는 마치 기계처럼 변해버렸다. 공장 노동자는 매일 같은 동작을 수천 번 반복하며 일생을 보낸다. 그는 제품의 일부만을 만들 뿐, 결코 완전체를 완성하지 않는다. 그는 자신이 지닌 지능을 온전히 활용하지 못한다. 공장 노동자는 마치 우물에서 물을 끌어올리기 위해 하루 종일 맹목적으로 우물 주변을 빙글빙글 도는 말과도 같다.

산업주의는 인간이 일상 속에서 소소한 기쁨을 느낄 수 있는 정신 활동을 수행하지 못하도록 가로막는다. 현대 문명은 물건을 생산하는 대가로 정신을 희생시키는 중대한 실수를 저질렀다. 그럼에도 불구하고 이 실수에 맞서 반란을 일으키는 사람은 거의 없다. 공장에 묶여 있는 노동자들과 대도시에서 불건강한 생활을 영위하는 사람들 모두가 이 오류를 너무 쉽게 받아들이고 있기 때문이다. 이로 인해 현대 문명이 저지른 실수는 더욱 위험해진다.

그러나 작업을 수행하는 동안, 설령 가장 미성숙한 상태에서조차 미적 감각을 불러일으킬 수 있는 사람들은 단순히 소비를 위해 물건을 생산하는 사람들보다 훨씬 더 큰 행복을 느낀다. 현재의 산업 문명은 공장 노동자로부터 독창성과 아름다움을 빼앗아 갔다. 우리가 현대 문명사회에서 저속하고 우울한 감정을 자주 경험하는 이유는, 일상생활 속에서 단순하지만 본질적인 심미적 기쁨을 느끼지 못하도록 현대 문명이 우리를 부분적으로 억압하기 때문이다.

미적 활동은 아름다움을 숙고하고 창조하는 순간에만 분명하게 모습을 드러낸다. 그 밖의 상황에는 거의 관심을 두지 않는다. 의식은 아름다움을 창조하며 느끼는 기쁨 속에서 자기 자신을 벗어나 다른 존재 속으로 흡수된다. 아름다움은 그것을 받아들일 공간을 발견한 사람들에게 끝없는 행복의 원천이 된다. 그리고 그러한 아름다움은 사실상 모든 곳에 숨어 있다.

아름다움은 도자기 그릇을 빚어 장식을 하는 손에서, 나무를 조각하는 손에서, 명주실로 견직물을 짜는 손에서, 대리석을 끌로 새기거나 다듬는 손에서, 심지어 인체의 피부를 절개하고 빌러 수술하는 손에서 불현듯 탄생한다. 이러한 아름다움은 외과 전문의의 피비린내 나는 예술뿐 아니라 화가와 음악가, 시인의 예술에도 생명을 불어넣는다.

아름다움은 또한 갈릴레오 갈릴레이의 예측 속에, 단테*Dante Alighieri*의 환상 속에, 루이 파스퇴르의 실험 속에 존재한다. 바다 위로 떠오르는 해와 높은 산에서 몰아치는 겨울 폭풍 속에도 아름다움은 깃들어 있다. 광대한 항성의 세계와 원자의 세계, 경이로울 만큼 조화로운 뇌세포의 구조, 위험과 곤경에 처한 타인을 구하기 위해 말없이 자신의 삶을 바치는 희생적인 인간의 모습 속에서 아름다움은 더욱 강렬하게 드러난다. 다양한 형태를 지닌 아름다움은 언제나 인간 대뇌의 가장 고귀하고 소중한 손님이며, 인간 세계를 창조해 온 원동력이다.

아름다움을 발견하려는 미적 감각은 저절로, 자연스럽게 발달하지 않는다. 그것은 우리의 의식 속에 잠재된 상태로 머문다. 특정한 시대와 환경에서는 미적 감각이 단지 가상적인 가능성으로만 존재한다. 한때 위대한 예술과 위대한 업적을 자랑하던 국가에서조차 미적 감각은 사라질 수 있다.

오늘날 프랑스는 장엄한 과거의 유산을 경시하며, 심지어 자연의 아름다움마저 파괴하고 있다. 북부 프랑스 노르망디 해안의 대표적인 순례지인 몽생미셸 수도원을 구상하고 건립한 이들의 후손들은 이제 그 숭고한 의미를 이해하지 못한다. 그들은 노르망디와 브르타뉴, 특히 파리 교외에 들어선 현대 주택들의 말로 표현하기 어려운 추악함을 가볍게 받아들인다. 몽생미셸과 수많은 프랑스의 도시와 마을처럼, 파리 역시 무분별한 상업주의로 인해 수치스러운 오명을 뒤집어쓰게 되었다. 도덕성이 그러하듯, 미적 감각 또한 문명의 역사 속에서 성장해 절정에 이르고, 쇠퇴하며, 결국 사라진다.

종교심과 신비주의

현대인에게서는 영적인 활동의 징후나 종교심의 발현을 좀처럼 찾아보기 어렵다. 신비주의에 대한 경향은 가장 기본적인 형태일지라도 예외적이다. 종교심은 도덕성보다 훨씬 더 예외적이다. 그럼에도 불구하고 종교적 활동은 여전히 인간의 본질적인 활동 가운데 하나이다. 인간은 철학적 사유보다 종교적 영감에 의해 더 깊이 채워진 존재이기 때문이다.

고대 도시에서 종교는 가족생활과 사회생활의 기초를 이루었다. 우리 조상들이 건립했으나 지금은 폐허로 남아 있는 수많은 신전과 대성당은 여전히 유럽의 대지를 덮고 있다. 그러나 오늘날의 인간은 그러한 건축물이 지닌 본래의 의미를 거의 이해하지 못한다. 대다수의 현대인은 그것들을 더 이상 살아 있는 신앙의 공간이 아니라, 이미 사라진 종교를 전시하는 박물관으로 여긴다. 관광객들이 유럽의 대성당을 방문하며 보이는 태도는 현대 생활에서 종교심이 얼마나 철저히 제거되었는지를 명백하게 보여준다. 신성한 활동은 대부분 종교 안에서 사라졌으며, 그 의미조차 망각되었다. 이러한 무지는 아마도 교회가 쇠퇴하는 원인 가운데 하나일 것이다.

종교의 정신적 힘은 종교 생활 속에서 신성한 활동이 얼마나 지속적으로, 그리고 집중적으로 수행되는가에 따라 달라진다. 그럼에도 불구하고 오늘날에도 종교심은 여전히 수많은 사람이 의식적인 활동을 수행하는 데 필요한 필수 조건으로 남아 있다. 다시 말해 종교심은 고도로 발달된 문화를 향유하는 사람들 속에서도 분명하게 나타난다. 그러나 기도와 노동에 헌신하며 공동생활을 영위하는 위대한 수도회는 금욕과 신성한 활동을 통해 영적 세계로 들어가기를 갈망하는 젊은이들을 받아들이기에는 수적으로 부족하다.

종교 활동은 인류 역사에서 언제나 중요한 역할을 해왔지만, 오늘날에는 인간의 정신적 기능을 이해하는 데 필요한 지식을 표면적으로조차 얻기 어렵다. 사실 금욕주의자와 신비주의자에 관한 문헌은 방대하며, 위대한 기독교 신비주의자들에 대한 기록 역시 얼마든지 찾아볼 수 있다. 심지어 도시에서도 진정한 종교적 활동에 몰두하는 사람들을 만날 수 있다. 그러나 대체로 신비주의자들은 수도원이라는 닿을 수 없는 공간에 머물거나, 사회적으로 보잘것없는 위치에서 겸손하게 살아가며 철저히 무시당한다.

필자는 형이상학적 현상에 관심을 두는 과정에서 자연스럽게 금욕주의자와 신비주의자에게도 주목하게 되었고, 진실한 신비주의자들과 성인군자 같은 기독교 신자들을 몇몇 알고 지냈다. 필자는 신비주의자들에게서 나타나는 징후를 직접 관찰했기 때문에, 주저하지 않고 이 책에서 신비주의를 언급한다. 다만 이러한 시도가 과학자와 종교인 모두에게 만족을 주지 못하리라는 점 역시 잘 알고 있다. 과학자들은 이를 유치하거나 상식을 벗어난 시도로 간주할 것이며, 오직 간접적인 방식으로만 영적인 현상이 과학의 영역에 포함될 수 있다고 생각하기 때문에, 성직자들 역시 이 시도를 부적절하거나 실패한 시도로 여길 것이다. 이러한 비판은 각자의 입장에서 충분한 근거를 지닌다. 그럼에도 불구하고 분명한 사실은, 신비주의자들이 수행하는 영적인 활동이 인간 활동의 범주에서 완전히 배제될 수는 없다는 점이다.

　도덕적 활동과 마찬가지로 종교적 활동 역시 다양한 양상을 지닌
다. 가장 기본적인 단계에서 종교적 활동은 물질계와 정신계를 초월
하고자 하는 막연한 열망, 체계화되지 않은 기도, 예술이나 과학보
다 더 절대적인 완전함을 지닌 아름다움을 추구하려는 갈망으로 이
루어진다. 이러한 점에서 종교적 활동은 미적 활동과도 유사하다.
아름다움을 사랑하고 귀히 여기는 마음은 자연스럽게 영적 활동으
로 이어진다. 실제로 종교 의식은 여러 형태의 예술과 깊이 연관되
어 있으며, 찬송가는 쉽게 기도로 변모한다.

　그러나 신비주의자가 추구하는 아름다움은 예술가가 추구하는 이
상보다 훨씬 더 복합적이고 미묘하다. 그것은 어떤 특정한 방식으로
도 명확히 드러낼 수 없으며, 어떤 언어로도 온전히 표현할 수 없다.
신비주의자가 추구하는 아름다움은 가시적 세계의 사물 속에 숨어
있으면서도 좀처럼 모습을 드러내지 않는다. 또한 그것은 신비주의
자가 '신'이라 부를 만큼의 힘을 지닌 존재, 곧 만물의 근원을 향해
정신을 끊임없이 발달시키도록 요구한다.

　각 시대와 각 국가에는 이러한 정신을 독특하게 높은 수준으로 발
전시킨 사람들이 존재해 왔다. 기독교 신비주의는 종교 활동이 도달
할 수 있는 최고 수준의 형태를 이룬다. 이는 힌두교나 불교의 신비
주의보다 다른 의식적 활동들과 더 긴밀하게 통합되어 있다. 기독교
신비주의는 초창기부터 고대 그리스와 로마의 사상적 유산을 받아

들임으로써 유리한 토대를 마련했다. 고대 그리스는 기독교 신비주의에 지성을 제공했고, 고대 로마는 규율과 제도를 부여했다.

　신비주의의 최고 단계는 매우 정교한 기법과 엄격한 규율로 구성된다. 무엇보다 금욕적 실천이 선행된다. 신체 훈련 없이 운동선수가 될 수 없듯이, 금욕적 삶에 대한 결단 없이 신비주의의 영역에 들어설 수는 없다. 금욕적 삶의 실천은 시작부터 극도로 어렵고 고통스럽다. 그렇기에 신성한 활동의 방식을 따르려는 사람은 극히 드물다. 이 길에 들어서고자 하는 이는 이 세상의 모든 것, 그리고 궁극적으로는 자기 자신마저 포기해야 한다. 그 이후 그는 영적인 밤의 그림자 속에서 오랜 시간을 살아가게 될지도 모른다.

　그 과정에서 그는 신의 은총을 갈망하면서도, 그 은총을 받을 자격이 없는 자신의 비참함을 자각하며 정신적 감정이 정화되는 고통스러운 경험을 겪는다. 금욕과 영적 실천의 삶은 신비주의로 향하는 첫 단계이자, 영적인 밤 속에 머무는 단계이다. 이 길을 걷는 사람은 끊임없이 자신으로부터 자신을 떼어놓으며, 지속적으로 기도를 되뇌고 수행한다. 그렇게 하여 그는 자신을 일깨우는 계몽적 신비주의의 삶으로 들어간다. 그러나 그가 체험한 바를 상세히 설명하는 일은 거의 불가능하다. 반종교 개혁의 주요 인물 중 한 명이자 신비주의자인 십자가의 성 요한*St. John of the Cross* 처럼, 신비주의자들은 때로 자신의 체험을 표현하기 위해 육체적 사랑의 언어를 차용하기도 한다. 그 순간 정신은 시간과 공간을 초월한다. 신비주의자는 말로 설명할 수 없는 존재를 인식하고, 마침내 결합의 단계에 이른다. 그리고 신의 영역 안에서 신과 함께 금욕과 신성한 활동을 수행한다.

모든 위대한 신비주의자의 삶은 공통된 단계를 따른다. 우리는 신비주의자들이 스스로 설명한 방식에 따라 그들의 경험을 받아들여야 한다. 오직 자신을 기도의 삶으로 이끈 사람만이 신비주의자들의 기이한 체험을 이해할 수 있다. 신을 추구하는 일은 전적으로 개인이 감당해야 할 과제이다. 의식적 활동이 정상적으로 이루어진다면, 인간은 물질계를 넘어 그 안에 내재한 보이지 않는 현실에 도달하려는 노력을 감행할 수 있다. 이는 인간이 감행할 수 있는 가장 대담한 모험 가운데 하나이다. 그러한 인간은 영웅으로 불릴 수도 있고, 미치광이로 취급될 수도 있다.

그러나 누구도 신비주의자의 영적 체험이 진실인지, 환상인지, 자기 암시인지, 혹은 인간 세계와 보이지 않는 고차원적 현실을 잇는 영혼의 여정인지를 단정적으로 물어서는 안 된다. 우리는 신비주의자들이 경험한 신성한 체험을 개념적으로 통합해 이해할 수 있는 것만으로 만족해야 한다. 신비주의는 본질적으로 관대하다. 그것은 인간이 가장 깊이 갈망하는 소원을 충족시켜 준다. 강력한 정신력, 영적으로 찬란한 빛, 신성한 사랑, 말로 표현할 수 없는 평화가 바로 그것이다. 종교적 직관은 심미적 영감만큼이나 실제적인 현실로 존재할 수 있다. 신비주의자와 시인들은 초인적인 아름다움을 고요한 마음으로 응시함으로써, 궁극적으로 진실에 다가갈 수 있다.

불완전한 인간들, 문명을 움직이다

이러한 근본적인 인간 활동들은 서로 별개의 것이 아니다. 이 활동들에 경계를 설정하는 일은 단순하고 편리해 보일 수 있으나 인위적이다. 근본적인 인간 활동은 단일한 물질로 구성되어 있으면서도 여러 개의 일시적인 발(위족)을 내미는 아메바에 비유할 수 있다. 또한 서로 분리되지 않은 채 겹겹이 중첩된 필름 위에서 연속적으로 전개되는 영상과도 닮아 있다. 모든 근본적인 인간 활동은 신체를 구성하는 기본 성분들이 시간 속으로 흘러들어가면서 조화롭게 하나로 결합되어, 동시에 여러 측면을 드러내는 방식으로 발생한다.

인간 활동을 과학적으로 바라보면 생리적 측면과 정신적 측면으로 나뉜다. 정신적 측면에서 인간 활동은 우수성, 특성, 강도를 끊임없이 변화시킨다. 본질적으로 단순한 이 현상은 다양한 기능들과 연결되어 있다. 정신에서 나타나는 수많은 징후는 방법론적으로 세밀한 관찰을 요구한다. 의식을 설명하기 위해서는 의식을 부분적으로 분리해 살펴볼 필요가 있다. 아메바의 몸에서 일시적으로 뻗어나오는 위족이 곧 아메바 그 자체인 것처럼, 의식을 이루는 여러 측면 역시 인간 그 자체이며 서로 결합되어 하나의 완전한 전체를 이룬다.

지능은 다른 능력들과 결합되지 않을 때 거의 쓸모가 없다. 지능만을 지닌 인간은 불완전한 존재에 가깝다. 그러한 인간은 자신이 이해한 세계 안으로 실제로 들어가지 못하기 때문에 불행하다. 도덕관념, 감수성, 의지력, 판단력, 상상력, 그리고 일부 유기적 능력 등 다른 인간 활동과 연결되지 않는다면, 현상들 사이의 관계를 파악하는 능력은 끝내 무익한 상태로 남는다. 이 지능은 오직 희생적인 노력과 고통을 감내하는 과정을 통해서만 비로소 활용될 수 있다.

진정으로 지식을 정복하고자 하는 사람은 오랜 괴로움과 어려움을 견디며 치열하게 준비해야 한다. 그리고 스스로에게 금욕적인 행동 규율을 부과해야 한다. 집중력이 결여된 지능은 거의 효과를 발휘하지 못한다. 그러나 한번 단련된 지능은 진실을 향해 나아갈 수 있는 힘을 얻게 된다. 다만 목표에 도달하기 위해서는 반드시 도덕관념의 도움이 필요하다. 위대한 과학자들은 언제나 뛰어난 지능을 바탕으로 진실을 추구한다. 그들은 현실이 이끄는 방향이라면 어디든 망설임 없이 따른다. 골치 아픈 상황에 직면하더라도, 입증 가능한 사실을 자신이 바라는 사실로 대체하거나 은폐하려 들지 않는다.

진실을 깊이 사유하고 갈망하는 사람은 자신의 내면세계에 평화를 확립해야 한다. 그 정신은 흔들림 없는 고요한 호수와 같아야 한다. 정서적 활동은 지능을 발달시키는 데 필수적인 조건이다. 다만 그것은 루이 파스퇴르가 '내면세계의 신'이라 불렀던 열중하는 마음, 곧 열정으로 이루어져야 한다. 사고력은 사랑하고 증오할 수 있는 내면을 지닌 인간에게서만 성장한다. 이 사고력이 더욱 발달하기 위해서는 육체적 도움뿐 아니라 다른 정신 기능들의 협력이 필요하다. 지능이 직관과 창조적 상상력으로 최고조에 이르렀다 하더라도, 사고력은 여전히 도덕관념과 감정에 의존한다.

정서적 활동이나 미적 활동, 신비주의적 활동이 독점적으로 발달하면 열등한 인간, 게으른 몽상가, 편협하고 인색한 인간, 혹은 정신적으로 불건강한 인간이 생겨난다. 오늘날 모든 사람은 교육을 받지만, 이러한 유형의 사람들은 여전히 많이 존재한다. 그러나 고등 교육이나 고급 문화가 미적 감각과 종교심을 풍부하게 만들고, 아름다움의 다양한 측면을 객관적으로 성찰하는 예술가·시인·신비주의자를 길러내는 데 반드시 필요한 조건은 아니다.

도덕관념과 판단력 역시 마찬가지다. 이 활동들은 그 자체의 범위 안에서 이미 충분한 자격을 갖춘다. 인간에게 행복을 추구할 능력을 부여하는 데 고도의 지능을 요구하지도 않는다. 오히려 이러한 활동은 유기적 기능을 강화하는 역할을 한다. 그것들이 우리에게 평온을 제공하기 때문에, 지능 교육을 받은 우리는 이러한 활동을 최고 수준으로 발달시키는 것을 목표로 삼아야 한다. 이 활동들은 견고한 석재로 쌓아올린 사회적 가치를 지닌 석조 건축물처럼 인간을 형성한다. 산업 문명사회에서 조직과 제도를 설계하는 사람들은 지능보다 도덕관념을 더 잘 갖추어야 한다.

정신 활동의 분포 양상은 사회 집단에 따라 크게 달라진다. 대다수의 현대 문명인은 의식을 가장 기본적인 유형으로만 드러낸다. 그들은 사회에서 개인의 생존을 보장하는 단순한 업무를 수행하며 살아간다. 물건을 생산하고 소비하고, 생리적 욕구를 충족시키는 데 몰두한다. 또한 군중 속에서 인상적인 육상 경기를 관람하거나, 유치하고 저속하지만 감정을 자극하는 이미지를 소비하고, 별다른 노력 없이 빠르게 이동하는 차량이나 속도감 있는 물체를 바라보며 쾌락을 느낀다. 현대 문명인은 부드럽고 감정적이며 도발적이고 폭력적이다. 그러나 도덕관념, 미적 감각, 종교심은 결여되어 있다. 이러한 인간은 매우 많다.

현대 문명사회는 지능이 제대로 발달하지 못한 상태로 머문 아이들을 대량으로 만들어냈다. 또한 자유롭게 활동하는 수백만 명의 범죄자, 교도소에 수감된 재소자, 정신병원과 전문 병원에 넘쳐나는 심신 미약자와 지적 장애인, 정신 이상자를 만들었다.

교도소에 수감되지 않은 범죄자들 가운데 상당수는 상류층에 속한다. 그러나 이들 역시 의식의 특정 활동이 위축된 상태를 뚜렷이 드러낸다. 이탈리아 범죄학자 체사레 롬브로소*Cesare Lombroso*가 주장한 선천성 범죄자는 존재하지 않는다. 다만 선천적인 심신 결함으로 인해 후천적으로 범죄자가 되는 인간은 존재한다. 사실 많은 범죄자들은 정상적인 인간에 해당하며, 때로는 경찰이나 판사보다 더 영리하고 기발하기도 하다. 사회학자와 사회복지사들이 교도소 조사 과정에서 이들을 충분히 포착하지 못한 이유이기도 하다.

영화와 일간 신문 속에서 영웅처럼 묘사되는 폭력배와 사기꾼들 역시 때때로 정상적인 감정을 드러내며, 심지어 높은 수준의 정신적·정서적·심미적 활동을 수행하기도 한다. 그러나 그들의 도덕관념은 충분히 발달하지 않았다.

이러한 의식 세계의 불균형은 현대 문명사회의 특징이다. 우리는 도시 거주자들에게 건강을 부여하는 데는 성공했지만, 막대한 교육비를 투입하고도 지능과 도덕관념을 완전히 발달시키는 데는 실패했다. 엘리트 계층조차도 의식 세계의 조화가 무너진 경우가 적지 않다. 의식의 기능은 분산되고, 우수성은 낮으며, 강도는 약하다. 이들 가운데 일부는 매우 불완전한 인간에 해당한다.

대부분의 인간 정신은 압력이 낮고 성분이 불분명한 소량의 물을 모아 둔 저수지와 같다. 반면 극소수의 인간 정신만이 높은 압력과 명확한 성분을 지닌 다량의 순수한 물을 저장한 저수지에 비유될 수 있다.

가장 행복하고 유능한 인간은 지적 활동, 도덕적 활동, 유기적 활동이 전반적으로 잘 통합된 존재다. 이들은 이러한 활동을 균형 있게 수행하며, 그 방식 또한 탁월하다. 의식의 강도는 사회적 수준을 결정하고 개인에게 역할을 부여한다. 인간은 그에 따라 소매상인이나 은행장, 작은 병원의 의사나 저명한 교수, 마을 시장이나 미국 대통령이 된다. 인간은 완전히 발달하기 위해 목표를 설정하고 끊임없이 노력해야 한다. 오직 완전히 발달한 인간만이 진정한 문명사회를

     인간이란 무엇인가

건설할 수 있다.

　범죄자와 정신 이상자만큼이나 사회와 어울리지 않지만, 문명사회의 발전에 필수적인 역할을 수행하는 이들이 존재한다. 바로 특별한 재능을 지닌 천재들이다. 천재는 심리적 활동의 일부가 상식을 벗어날 정도로 과도하게 성장하는 특징을 보인다. 위대한 예술가, 과학자, 철학자는 대체로 전인적인 의미에서 위대한 인간이라기보다는, 한쪽 측면만 지나치게 발달한 흔한 유형에 속한다. 천재는 정상적인 유기체 내부에서 성장하는 종양에 비유될 수 있다. 이처럼 균형을 잃은 인간들은 흔히 불행하지만, 사회 공동체에는 깅렬한 감정적 반응과 창조적 자극을 제공한다. 결국 이러한 조화롭지 못한 인간들로 인해 현대 문명사회는 발전해 왔다. 인류는 다수의 평범한 노력으로가 아니라, 소수의 비범한 인간들이 지닌 타오르는 열정과 빛나는 지능, 과학과 관대함, 아름다움을 향한 이상에 의해 전진해 왔다.

정신은 몸을 떠나 존재하지 않는다

정신 활동은 분명 생리 활동에 의존한다. 의식 상태가 연쇄적으로 변화함에 따라 그에 상응하는 신체의 변화가 관찰된다. 반대로, 특정한 심리적 현상은 특정 기관의 기능 상태에 따라 결정되기도 한다. 신체와 의식으로 구성된 모든 인간은 정신적 요인뿐 아니라 유기적 요인에 의해서도 변화한다.

형태와 재료를 함께 지닌 조각상처럼, 인간은 정신과 유기적 생물체를 동시에 갖춘 존재다. 대리석이 파괴되지 않고서는 조각상의 형태가 변할 수 없듯이, 뇌에 병변이 발생하면 극심한 의식 장애가 즉각적으로 나타난다. 이로써 뇌가 심리적 기능을 수행하는 기관임을 알 수 있다. 아마도 정신이 스스로 물질, 곧 육체 속에 자리 잡기 위해서는 뇌세포의 도움이 필요할 것이다. 아이들의 뇌와 지능이 동시에 발달하는 사실은 이를 분명히 보여준다.

노인성 위축[‡]이 진행되면 지능은 쇠퇴한다. 추상 세포 주변에 매독균인 스피로헤타가 존재할 경우 과대망상증이 나타난다. 기면성 뇌염 바이러스가 뇌 조직을 공격하면 극심한 인격 장애가 발생한다. 혈액을 통해 신경 세포로 운반된 알코올은 정신 활동을 일시적으로 변화시키며, 출혈로 인해 혈압이 저하되면 의식에서 나타나는 모든 징후가 억제된다. 요컨대 정신생활은 대뇌의 상태에 따라 좌우된다는 사실이 관찰된다.

‡ 나이가 들어갈수록 생체 구성 세포의 대사가 저하되어 장기가 서서히 위축되는 현상

 인간이란 무엇인가

그러나 이러한 관찰만으로 뇌가 곧 의식의 유일한 기관임을 충분히 입증할 수는 없다. 기억과 판단 같은 고등 정신 활동의 중추인 대뇌는 단순히 신경 물질만으로 이루어져 있지 않다. 그 안에는 세포와 함께, 구성 성분이 혈청에 의해 조절되는 유체성 매개체가 존재한다. 혈청은 육체 전체로 퍼져 있는 분비샘과 조직 분비물을 포함한다. 모든 기관은 대뇌 피질과 연결되어 있으며, 혈액과 림프의 작용에 영향을 받는다. 따라서 우리의 의식 상태는 뇌세포의 구조적 상태뿐 아니라 뇌를 둘러싼 체액, 즉 뇌척수액의 화학적 구성과도 깊이 연관되어 있다.

부신에서 분비되는 유기적 매개체가 결핍되면 환자는 극심한 우울증에 빠진다. 이들은 체온을 조절하지 못해 외부 온도에 따라 체온이 변하는 변온 동물과 유사한 상태를 보인다. 갑상샘 기능 장애는 신경과민과 흥분 상태, 혹은 무감정 상태를 초래한다. 도덕적 관념이 충분히 발달하지 못해 폭력성과 성욕을 무절제하게 표출하는 도덕적 결함자나, 사물을 변별하고 의사를 결정하는 능력이 현저히 부족한 심신 미약자, 일부 범죄자들은 갑상샘 병변이 유전되는 가족력에서 발견된다. 또한 간, 위, 장의 질환이 인간의 성격을 어떻게 변화시키는지는 누구나 알고 있다. 분명히 기관의 세포들은 정신적·영적 기능에 반응하는 특정 화학 물질을 체액으로 분비한다.

고환은 다른 어떤 분비샘보다도 정신의 강도와 우수성에 깊은 영향을 미친다. 정복자뿐 아니라 위대한 시인, 예술가, 성인군자들 역시 생식 기관이 정신에 미치는 강력한 영향을 피해갈 수 없다. 성인이라 하더라도 생식샘이 제거되면 정신 상태는 일정 부분 변화한다. 난소가 제거된 여성과 거세된 남성은 성격이 뚜렷하게 달라진다.

거의 모든 위대한 예술가들은 사랑의 찬미자였다. 특히 예술적 창조를 가능하게 하는 영감은 생식샘의 특정 조건과 밀접하게 연관된 것으로 보인다. 사랑이 노력 끝에 목적을 이루지 못할 때, 그것은 오히려 정신을 더욱 강하게 자극한다. 만약 베아트리체가 단테의 아내가 되었다면, 천국과 지옥의 체험을 담은 서사시인 단테의 『신곡』은 이 세상에 존재하지 않았을지도 모른다.

정신 활동이 기능적으로 생리 활동에 의존한다는 관점은, 영혼이 오직 뇌에서만 작동한다는 고전적 개념과는 일치하지 않는다. 사실 육체 전체는 정신적·영적 에너지를 토대로 작동하는 것처럼 보인다. 사고력은 대뇌 피질에서만 생겨나는 것이 아니라 내분비샘에서도 비롯된다. 유기체의 온전함은 의식의 발현에 필수적이다. 인간은 자신이 지닌 뇌와 모든 기관을 활용해 사고하고, 발명하고, 사랑하고, 슬퍼하며, 감탄하고, 소망한다.

감정, 의식, 그리고 육체의 비밀스러운 연대

연속적으로 이어지는 각각의 의식 상태는, 그 범위와 조건에 따라 정신의 유기적 현상을 변화시키는 것으로 보인다. 일반적으로 알려진 바와 같이 감정은 혈관 운동 신경을 통해 소동맥의 확장과 수축을 조절한다. 따라서 감정의 변화는 조직과 기관에서 혈액 순환 속도가 달라지는 정도에 따라 서로 다른 양상으로 나타난다. 기쁨과 즐거움 같은 유쾌한 감정은 얼굴 피부를 붉게 만들고, 분노나 두려움과 같은 불쾌한 감정은 얼굴을 창백하게 만든다. 어떤 사람들에게는 나쁜 소식이 관상동맥의 경련과 심장 빈혈을 일으키고, 심지어 돌연사를 초래하기도 한다.

감정 상태는 혈액 순환 속도를 증가시키거나 감소시키며, 모든 분비샘의 활동에 영향을 미친다. 즉 분비샘의 분비를 촉진하거나 억제하고, 분비물의 화학적 구조 자체를 변화시킨다. 음식에 대한 욕구, 다시 말해 식욕은 실제 음식이 존재하지 않는 상황에서도 침 분비를 유발한다. 파블로프가 개를 대상으로 수행한 조건반사 실험에서, 반복적으로 먹이를 줄 때마다 종을 울리자, 나중에는 종소리만으로도 개가 침을 분비하는 현상이 관찰되었다.

감정 활동은 이처럼 단순한 반사 작용뿐 아니라, 훨씬 복잡한 메커니즘 속에서도 시작될 수 있다. 미국 생리학자 월터 브래드포드 캐넌*Walter Bradford Cannon*의 유명한 실험에 따르면, 극도로 위태로운 상황에서 공포에 사로잡힌 고양이는 부신의 혈관이 확장되고, 부신에서 아드레날린이 분비되며, 아드레날린이 혈압과 혈액 순환 속도를 상승시켜 유기체 전체를 공격 또는 방어에 대비한 상태로 전환시킨다고 한다.

그러므로 시기, 질투, 증오, 공포와 같은 부정적인 감정이 습관적으로 반복되면, 이는 기관의 유기적 변화를 초래하고 결국 실제 질병으로 이어질 수 있다. 심적 고통은 건강을 심각하게 해친다. 걱정을 떨쳐내는 방법을 모르는 사업가는 젊은 나이에 생을 마감하기도 한다. 풍부한 임상 경험을 지닌 노련한 의사들은, 오래 지속되는 슬픔과 불안이 암의 발생 조건을 마련한다고 생각해 왔다.

감정은 특히 민감한 사람들의 조직과 체액을 크게 변화시킨다. 독일 법정에서 사형을 선고받은 한 벨기에 여성은 집행 전날 밤 사이 머리카락이 완전히 하얗게 변했다. 또 다른 벨기에 여성은 독일군의 맹폭격을 받는 동안 팔에 광범위한 피부 발진이 나타났고, 폭탄이 폭발할 때마다 발진은 더욱 붉어지고 심해졌다. 이러한 현상은 극히 예외적인 사례에만 해당하지 않는다. 프랑스 의사 졸트레인*Joltrain*은 도덕적 충격이 혈액 자체를 현저히 변화시킬 수 있음을 입증했다. 극도로 공포스러운 경험 이후 환자는 동맥 혈압이 낮아지고, 백혈구

수가 감소하며, 혈장 응고 시간이 길어지는 변화를 보였다.

따라서 감정이 민감한 사람들의 조직과 체액이 변화한다는 말은 단순한 비유가 아니라 사실에 가깝다. 생각은 실제로 유기적 병변을 만들어낼 수 있다. 불안정한 현대 사회와 끊임없는 긴장 상태, 지속적인 불안은 위와 장의 신경성 장애와 유기적 장애, 영양 작용의 결함, 장내 미생물이 순환계로 이동하는 현상을 초래하는 의식 상태를 형성한다. 세균 감염으로 발생하는 대장염과 동반된 신장염, 방광염 역시 결과적으로 정신적·도덕적 불균형을 일정 부분 유발한다.

반대로 생활이 단순하고 불안이 적으며, 근심과 걱정이 오래 지속되지 않는 사회 집단에서는 이러한 질병이 거의 알려지지 않는다. 마찬가지로 소란스럽고 인구 밀도가 높은 현대 도시에서도, 자신의 내면세계에 지속적인 평화를 구축한 사람들은 특정 질병에 대한 저항력이 강해 위장관의 신경적·유기적 장애에 쉽게 영향을 받지 않는다.

생리적 활동은 본래 의식의 범위 밖에 머물러야 한다. 그러나 우리가 의도적으로 관심을 돌려 그것을 의식의 영역으로 끌어들이는 순간, 생리적 기능은 오히려 방해를 받는다. 이 때문에 환자의 정신을 지나치게 자기 자신에게 집중시키는 정신 분석은, 경우에 따라 환자의 불균형 상태를 악화시킬 수 있다. 자기 분석에 몰두하기보다, 정신을 흩트리지 않으려 애쓰며 자기 자신으로부터 벗어나는 것이 더 바람직하다.

정확한 목표를 향해 생리적 활동을 수행할 때, 정신적 기능과 유기적 기능은 완전한 조화를 이룬다. 다양한 욕구를 하나의 목적 아래 통합하고, 정신을 단일한 방향으로 집중시킬 때 내면의 평화가 형성된다. 인간은 생리적 활동에서 그러하듯, 명상을 통해서도 자신을 통합한다.

그러나 바다와 산, 구름의 아름다움이나 예술가와 시인이 남긴 걸작, 철학적 사유로 쌓아올린 장엄한 사상 체계, 자연법칙을 드러내는 수학 공식을 사유하는 데서만 만족해서는 안 된다. 인간은 도덕적 이상을 추구하고, 어둡고 혼탁한 세계 속에서 빛을 찾으며, 신성한 길을 따라 나아가고, 보이지 않는 우주의 근본 물질을 인식하기 위해 스스로를 내려놓는 문제 또한 깊이 성찰해야 한다.

통합된 의식 활동은 유기적 기능과 정신적 기능을 더욱 조화롭게 만든다. 도덕관념과 지성이 함께 발달한 공동체에서는 신경성 질환, 범죄, 정신 질환이 드물게 나타난다. 이러한 사회에서 개인은 더 큰 행복감을 느낀다. 그러나 심리적 활동이 지나치게 강렬하고 전문화될 경우, 오히려 건강을 해치고 특정 장애를 유발할 수도 있다.

도덕적·과학적·종교적 이상을 추구하는 사람들은 안락함이나 장수를 목표로 삼지 않는다. 그들은 이상을 위해 자신을 희생한다. 특정한 의식 상태는 병리학적 변화를 결정하는 것처럼 보이기도 한다. 위대한 신비주의자들 대부분은 인생의 어느 시점에서든 육체적·정신적 고통을 견뎌야 했다. 또한 명상은 강한 충격을 받은 후 난폭해지거나 감정을 통제하지 못하는 사람, 히스테리 증상을 보이는 사람, 혹은 투시력을 지녔다고 여겨지는 이들에게서 유사한 신경성 현상을 유발할 수도 있다.

기독교 신비주의자들의 역사 기록을 살펴보면, 황홀경, 사고 전달, 원거리 사건을 꿰뚫어 보는 투시력, 심지어 공중 부양에 대한 기록까지 등장한다. 동시대 인물들의 증언에 따르면 일부 신비주의자들은 실제로 이러한 현상을 보였다고 한다. 외부 세계를 완전히 잊고 기도에 몰두한 사람이 공중으로 떠올랐다는 기록도 있다. 그러나 이러한 현상은 아직 과학적 관찰의 영역 안으로 편입되지 못했다.

특정한 영적 활동은 조직과 기관의 기능적 변화뿐 아니라 해부학적 변화까지 일으킬 수 있다. 이러한 유기적 현상은 다양한 상황에서 관찰되며, 기도 상태에서도 확인된다. 기도는 단순한 문구의 기계적 암송이 아니라, 인간 세계를 초월한 영적 세계로 스며들며 의식 활동에 몰입하는 고결한 상태로 이해되어야 한다.

이러한 심리 상태는 지적인 상태와는 다르다. 철학자나 과학자는 이를 완전히 이해하거나 접근하기 어렵다. 그러나 단순하고 복잡하지 않은 마음 상태에서는 태양의 따스함이나 친구의 친절만큼 자연스럽게 신을 느끼는 듯하다. 유기적 효과를 동반하는 기도는 몇 가지 특성을 지닌다. 그것은 냉담함과 포기의 태도를 요구한다. 기도하는 인간은 자기 자신을 신에게 바친다. 대리석 앞의 조각가나 캔버스 앞의 화가처럼, 인간은 신 앞에 멈춰 선다.

동시에 인간은 은총을 구하고, 자신과 타인의 고통에서 벗어나기를 바란다. 완치된 환자는 보통 자기 자신을 위해 기도하지 않는다. 대신 다른 사람을 위해 기도한다. 이러한 기도는 완전한 포기, 즉 고도의 금욕적 태도를 요구한다. 이러한 태도는 부유하고 교육받은 사람들보다, 소박하고 가난하며 배움이 적은 사람들에게서 더 자주 나타난다.

이러한 조건이 갖추어질 때, 기도는 기이한 현상, 다시 말해 기적을 일으킬 수 있다. 인류는 언제나 기적의 존재를 믿어왔고, 특정 성지나 순례지에서 환자가 빠르게 치유된다고 여겨왔다. 그러나 19세기 이후 과학이 급격히 발전하면서 이러한 믿음은 점차 사라졌다. 열역학 법칙이 영구 기관의 불가능성을 주장하듯, 생리학 역시 기적의 불가능성을 전제로 삼았다. 오늘날 대부분의 생리학자와 의사들도 이 입장을 유지한다.

그러나 지난 50년간 축적된 관찰 결과는 이러한 태도가 더 이상 유지되기 어렵다는 점을 보여준다. 기적적 치유의 가장 중요한 사례들은 프랑스 루르드 성모 성지의 공식 기관인 루르드 의료국*Lourdes Medical Bureau*에 기록되어 있다. 이 기록에는 복막 결핵, 저온 고름집, 골염, 화농성 상처, 낭창, 암과 같은 병리학적 병변을 지닌 환자들이 기도를 통해 거의 즉각적으로 치유된 사례들이 포함되어 있다.

치유 과정은 환자마다 큰 차이를 보이지 않는다. 대개 급성 통증을 동반한 환자들이 해당되며, 기도 후 몇 초, 몇 분, 혹은 몇 시간 안에 상처가 아물고 증상이 사라지며 식욕이 회복된다. 때로는 해부학적 병변이 완전히 회복되기 전에 기능적 장애가 먼저 사라지기도 한다. 결핵성 척추염 환자나 분비샘암 환자의 경우, 주요 병변이 순간 적으로 개선된 뒤 그 상태가 2~3일간 유지되기도 한다.

기적의 본질은 유기적 치유 과정이 극도로 가속화된다는 데 있다. 반흔‡은 해부학적 결함이 있었던 사람이 건강한 사람보다 훨씬 뚜렷하게 나타난다. 기적을 발생시키는 필수 조건은 오직 기도뿐이다. 환자가 자신을 위해 기도할 필요도, 특정 종교적 신념을 가질 필요도 없다. 주변의 누군가가 기도 상태에 놓여 있기만 해도 충분하다.

이 사실은 심리적 과정과 유기적 과정 사이에 아직 충분히 밝혀지지 않은 본질적 관계가 존재함을 시사하다 이는 위생하자, 의사, 교육자, 사회학자들이 오랫동안 간과해 온 영적 활동의 중요성을 객관적으로 드러내며, 인간이 새로운 세계를 인식하도록 이끈다.

사회는 어떻게 인간의 정신을 형성하는가

정신 활동은 육체가 체액이라는 매개체의 영향을 받는 것만큼이나 사회적 환경의 심오한 영향을 받는다. 신체 활동과 마찬가지로 정신

‡ 상처나 부스럼이 완전히 치유된 뒤에 남은 흉터 자국

활동 또한 훈련과 운동을 통해 향상될 수 있다. 기관과 뼈, 근육은 생존에 필요한 조건에 맞추어 중단 없이 작동하며, 그 결과 필연적으로 발달한다. 다만 그 발달의 양상은 개인이 처한 조건에 따라 조화롭거나 불균형하게 나타난다. 알프스 산맥의 안내원은 뉴욕의 거주민보다 신체 구조 면에서 훨씬 우수하다. 그렇다고 해서 뉴욕의 거주민이 장시간 앉아 지내는 생활을 유지하는 데 기관과 근육이 부족한 것은 아니다.

그러나 정신은 이와 같은 방식으로 자연스럽게 발달하지 않는다. 학자의 아들은 아버지의 지적 성취를 그대로 물려받지 않는다. 만약 그가 무인도에 홀로 남겨진다면, 구석기 시대의 크로마뇽인보다도 더 나은 삶을 영위하지 못할 것이다. 교육이 부재하고 조상들의 지적, 도덕적, 미적, 종교적 성취의 흔적이 남아 있는 환경이 없다면 정신력은 잠재력에 그칠 것이다. 사회 집단의 심리적 상태는 개인이 발휘하는 의식의 강도와 우수성, 그 질을 상당 부분 결정한다. 사회적 환경이 특별히 좋지도 나쁘지도 않은 평범한 상태라면, 지능과 도덕관념은 충분히 발달하지 못한다. 환경이 열악할 경우, 정신 활동은 전반적으로 퇴행할 수도 있다.

우리는 유기적 체액에 둘러싸인 조직 세포처럼, 우리 시대에 반복적으로 형성되는 습관 속에 깊이 잠겨 살아간다. 그리고 이 세포들이 주변 환경으로부터 스스로를 방어하지 못하듯, 인간 역시 자신에게 영향을 미치는 공동체로부터 자신을 완전히 보호할 수 없다. 육체는 심리적 세계보다 훨씬 효과적으로 거대한 우주에 저항한다. 피부와 소화관 점막, 호흡기 점막은 외부에서 침입하는 물리적·화학적 적으로부터 육체를 방어한다. 반면 정신은 완전히 노출되어 있다. 의식은 지적·정신적 환경에 그대로 노출되어 공격을 받으며, 공격의 성격에 따라 정상적으로 혹은 결함을 지닌 방식으로 발달한다.

지능은 교육과 환경에 따라 크게 달라진다. 또한 한 시대와 사회 집단에서 통용되는 관념과 내부 규율에 의해서도 깊은 영향을 받는다. 지능은 논리적으로 사고하는 습관, 수학적 언어로 명료하게 표현하는 습관, 인간과 자연과학을 체계적으로 연구하는 습관을 통해 형성된다. 도서관과 실험실, 책과 평론가, 학교 교사와 대학 교수는 모두 정신을 발달시키는 데 필수적인 자원이다. 심지어 책만으로도 정신은 충분히 성장할 수 있다. 인간은 우둔하고 무지한 사회적 환경 속에서도 고등교육과 고급문화를 습득할 수 있다.

지능을 발달시키는 일은 비교적 쉽다. 그러나 도덕관념과 미적 감각, 종교심을 발달시키는 일은 훨씬 어렵다. 이러한 의식 영역에 환경이 미치는 영향은 미묘하고 파악하기 어렵다. 연속적인 강의를 듣는다고 해서 옳고 그름을 분별하거나, 아름다움과 천박함을 구별하는 능력이 생기지는 않는다. 도덕과 예술, 종교는 문법이나 수학, 역사처럼 학습되는 것이 아니다. 느끼는 정신 상태와 인식하는 정신 상태는 본질적으로 다르다. 형식적인 교육은 오직 지능에만 영향을 미친다. 도덕관념과 아름다움, 신비로움은 일상생활과 환경 속에서 부분적으로 체험될 때에만 습득된다. 지능을 발달시키기 위해서는 훈련과 연습이 필요하지만, 다른 의식 활동을 기르기 위해서는 그러한 활동이 실제로 이루어지는 집단이 존재해야 한다.

현대 문명은 아직까지 정신 활동에 적합한 환경을 조성하는 데 성공하지 못했다. 대부분의 인간은 정신적 성장에 필요한 정서적 환경을 갖추지 못한 채 살아가며, 그 결과 지적 가치와 정신적 가치는 전반적으로 낮다. 물질 지상주의와 산업적 종교 신조는 기독교 문명이 오랫동안 구축해 온 문화와 아름다움, 도덕을 파괴했다. 고유한 전통과 특성을 지닌 소규모 사회 집단은 급격히 변화하는 생활 습관 속에서 해체되었다. 지식 계층의 가치는 대량 유통되는 신문과 값싼 문학, 라디오 방송과 영화로 인해 저하되었다.

학교와 전문학교, 대학교에서 높은 수준의 교육을 받음에도 불구하고 무지는 점점 더 보편화되고 있다. 놀랍게도 이 무지는 종종 고도로 발달한 과학 지식과 나란히 존재한다. 초등학생부터 대학생에 이르기까지, 젊은이들은 유치하고 천박한 대중오락 프로그램 속에서 정신을 형성한다. 사회적 환경은 지능의 성장을 돕지 않을 뿐 아니라, 오히려 그것을 방해한다.

그러나 미적 감각을 발달시키는 데에는 비교적 유리한 조건이 마련되어 있다. 미국은 유럽의 위대한 음악가들을 초청했고, 세계 어디에도 견줄 수 없는 웅장한 박물관들을 건립했다. 산업 예술은 빠르게 성장하고 있으며, 건축학은 눈부신 성과를 거두고 있다. 대도시를 장식하는 화려한 건축물들은 도시의 풍경을 근본적으로 변화

　　　　　　　　인간이란 무엇인가

시켰다. 개인은 의지만 있다면 자신만의 방식으로 미적 감각을 발전시킬 수 있다.

반면 도덕관념은 현대 사회에서 거의 완전히 무시되고 있다. 도덕관념은 오랫동안 억제되어 왔다. 사회는 무책임으로 가득 차 있다. 선과 악을 분별하는 사람, 근면하고 검소한 사람은 가난하고 어리석은 존재로 취급된다. 여러 자녀를 둔 여성이나, 사회적 성공을 포기하고 자녀 교육에 헌신하는 여성은 나약한 존재로 간주된다. 남성이 가족을 위해 저축한 돈은 금융업자에게 빼앗기거나, 국가에 의해 히수되어 미래를 내다보지 못한 채 순간적 이익에만 매달리는 경제 전문가들의 손에 분배된다.

예술가와 과학자는 공동체에 아름다움과 건강, 풍요를 제공하지만 가난 속에서 생을 마친다. 강도는 번영을 누리고, 폭력배는 정치인과 판사에게 보호를 받는다. 그들은 영화와 게임 속에서 아이들의 우상이 된다. 부유한 사람들은 모든 권리를 행사하며, 나이 든 아내를 버리고, 가난한 부모를 외면하며, 자신을 신뢰한 이들의 재산을 거리낌 없이 빼앗는다. 옳고 그름, 정당함과 부당함의 경계는 사라진다. 범죄자는 번성하고, 이에 항의하는 사람은 거의 없다.

성직자들은 종교를 합리화한다는 명목으로 신성한 근본 원리를 파괴했다. 그럼에도 현대인을 끌어들이는 데는 실패했다. 예배당의 절반이 비어 있는 교회에서 성직자들은 나약한 도덕성을 설교하며, 부유한 이들의 이익을 보호하는 사회 질서의 수호자 역할에 만족한다. 정치인과 마찬가지로, 성직자 역시 다수의 욕망에 아첨한다.

인간은 이러한 심리적 공격에 대항할 충분한 힘을 갖추고 있지 않다. 그래서 결국 자신에게 영향을 미치는 사회 집단을 따르게 된다. 범죄자와 어리석은 자들 속에서 살아간다면, 인간 역시 범죄자이거나 어리석은 존재가 된다. 이 경우 유일한 구원은 그들과 분리되어 살아가는 것이다. 그러나 현대 도시에서 그러한 고립의 공간은 어디에 존재하는가?

고대 로마 황제이자 스토아 철학자 마르쿠스 아우렐리우스*Marcus Aurelius*는 이렇게 말했다. "인간은 원할 때 언제든 자신의 내면세계로 물러날 수 있다. 인간이 자신의 영혼 속에서 찾는 것보다 더 평화롭고 고요한 은신처는 없다." 그러나 우리는 그러한 후퇴를 실행할 능력을 갖추지 못했다. 그 결과, 우리를 둘러싼 사회적 환경과 맞서 싸워도 결코 승리할 수 없다.

정신 질환은 왜 현대 사회의 병이 되었나

정신은 육체만큼 튼튼하지 못하다. 이 때문에 정신 질환이 다른 모든 질병을 합친 것보다 수적으로 더 많다는 사실은 주목할 만하다. 정신병원은 정신 이상 상태에 놓인 환자들로 넘쳐나며, 더 이상 모든 환자를 수용할 수 없는 상황에 이르렀다.

미국의 정신병학자 벤저민 말츠버그*Benjamin Malzberg*와 H. M. 폴록*H. M. Pollock*은 『정신의학 계간지*Psychiatric Quarterly*』에 실린 논문에서, 뉴욕주 주민 스물두 명 가운데 한 명은 일생 동안 한 번쯤 정신병원에 입원하게 된다고 주장했다. 미국에서는 병원들이 폐결핵 환자보다 심신 미약자와 정신 질환자를 여덟 배 가까이 더 많이 치료하고 있다. 매년 약 6만 8000명의 새로운 환자가 정신병원이나 이에 준하는 특수 보호 시설에 입원한다. 이러한 추세가 지속된다면, 현재 학교에 다니는 어린이와 대학에 재학 중인 젊은이들 가운데 약 백만 명은 머지않아 정신병원에 입원하게 될 것이다.

뉴욕주에서는 1932년에만 약 34만 명의 정신 질환자가 병원에 입원해 있었으며, 특수 보호 시설에는 심신 미약자와 뇌전증 환자 약 8만 2000명이 수용되어 있었다. 이 가운데 약 1만 명만이 퇴원했다. 이 수치는 개인 병원에서 치료받는 환자들을 포함하지 않은 것이다. 모든 국가에는 정신 질환자와 심신 미약자가 50만 명 가까이 존재한다. 또한 미국 정신 위생 위원회의 후원으로 수행된 조사에 따르면, 최소 40만 명의 어린이가 공립학교 교육 과정을 제대로 따라갈 수 없을 만큼 지능이 낮은 상태였다.

그러나 실제로 정신적으로 건강하다고 할 수 없는 사람들은 이보다 훨씬 많다. 통계에 잡히지 않은 수십만 명이 신경증에 시달리고 있다고 추산된다. 이러한 수치는 현대 문명인의 의식이 얼마나 연약한지, 그리고 현대 사회가 정신 건강에 얼마나 심각한 위협을 가하고 있는지를 분명히 보여준다. 정신 질환은 폐결핵이나 암, 심장 질환, 신장 질환은 물론 발진 티푸스, 흑사병, 콜레라보다도 더 위험한 질병이다. 범죄자가 증가하기 때문만이 아니라, 사회에서 가장 우세해야 할 인간 유형이 심각하게 약화되고 있기 때문에 정신 질환은 특히 공포스럽다.

미국은 자국의 범죄자 가운데 심신 미약자나 정신 이상자의 비율이 다른 나라보다 특별히 높지 않다는 사실을 인식해야 한다. 실제로 정신적으로 결함이 있는 다수의 사람들은 교도소에서 발견된다. 동시에 우리는 지능이 높은 범죄자들 역시 적지 않다는 사실을 잊어서는 안 된다. 신경증과 정신병의 빈번한 발생은 현대 문명사회에 중대한 결함이 존재함을 의심의 여지 없이 드러낸다. 현대 생활이 만들어낸 새로운 습관들은 정신 건강을 향상시키지 못했다.

현대 의학은 인간이 자신의 활동을 정상적으로 수행할 수 있도록 보호하려 노력해 왔지만, 그 시도는 실패로 끝났다. 의사들은 정체가 분명하지 않은 적에 맞서 의식을 완전히 방어할 수 없다. 정신 질환과 심신 미약의 여러 유형은 세밀하게 분류되었지만, 우리는 여전히 이 결함이 뇌의 구조적 병변에서 비롯되는지, 혈장의 구성 성분 변화에서 기인하는지, 혹은 이 두 요인의 결합인지 명확히 알지 못

     인간이란 무엇인가

한다.

아마도 우리의 신경 활동과 심리 활동은 대뇌 세포의 해부학적 상태, 내분비샘과 다른 조직에서 분비되어 혈액으로 유입되는 화학 물질, 그리고 정신 상태 자체의 영향을 동시에 받을 것이다. 뇌의 병변뿐 아니라 분비샘의 기능 장애 역시 신경증과 정신병을 유발할 수 있다. 그러나 이러한 사실을 인지하고 있음에도 우리는 원인 규명에서 본질적인 진전을 이루지 못했다.

정신 병리학은 정신 질환자의 정신 현상을 연구하며 심리학에 의존한다. 반면 장기에 질병의 근원이 있다고 보는 장기 병리학은 생리학에 의존한다. 생리학은 과학이지만, 심리학은 아직 과학이라 부르기 어렵다. 심리학은 클로드 베르나르나 루이 파스퇴르 같은 천재를 기다리고 있다. 이는 화학이 앙투안 라부아지에 이전 시대, 연금술사 시대에 머물러 있는 것과 같다.

그렇다고 해서 현대 심리학자들을 비난하는 것은 부당하다. 심리학이라는 학문 자체가 극도로 복잡하기 때문이다. 신경 세포의 미지의 세계, 세포체와 축삭 돌기의 관계, 뇌와 정신에서 일어나는 자연스러운 변화 과정을 탐구할 수 있는 기술은 아직 존재하지 않는다.

예컨대 대뇌 피질의 구조적 변화와 조현병의 관계는 아직 규명되지 않았다. 독일의 정신의학자 에밀 크레펠린*Emil Kraepelin*은 정신 질환의 원인이 생물학적·유전학적 이상에 있을 것이라 기대했으나, 그 생각은 입증되지 않았다. 해부학적 연구는 정신 질환의 본질적 원인을 밝혀내는 데 실패했다.

정신 질환의 원인은 특정 공간에 국한되지 않을지도 모른다. 어떤 질환은 시간적으로 연속된 신경 현상들이 조화를 이루지 못하고, 기능적 시스템을 구성하는 세포들의 가치가 시간에 따라 변화하는 데서 비롯될 수 있다. 우리는 또한 매독균 스피로헤타나 기면성 뇌염의 특정 물질이 대뇌 일부에 병변을 일으켜 성격을 변화시킨다는 사실도 알고 있다. 이러한 지식은 아직 불완전하지만, 그렇다고 해서 원인의 완전한 이해를 기다리기만 해서는 안 된다. 우리는 반드시 실질적인 정신 위생을 발전시켜야 한다.

정신 질환의 본질적 원인을 발견하는 일은 단순히 증상을 분류하는 것보다 훨씬 중요하다. 그러한 지식은 결국 질병 예방으로 이어질 수 있다.

심신 미약과 정신 질환은 산업 문명이 인간의 생활 방식을 변화시킨 대가일 가능성이 크다. 그러나 이 영향은 종종 부모로부터 물려받은 유산과 결합되어 나타난다. 신경계가 이미 불안정한 가정에서는 신경질적인 성향이나 과도한 민감성을 지닌 사람들이 배출되고, 그 결과 심신 미약자와 정신 질환자가 나타난다. 그러나 이전까지 정신 장애가 없던 혈통에서도 이러한 환자들은 출현한다. 이는 유전 외에도 다른 요인이 작용함을 의미한다. 따라서 우리는 현대 생활이 의식에 미치는 영향을 정확히 이해해야 한다.

순종 개는 세대를 거듭할수록 신경과민이 증가하는 경향을 보인다. 이들 가운데 일부는 심신 미약자나 정신 질환자와 놀라울 정도로 유사하다. 이는 인위적 환경에서 자라며, 유랑하며 싸웠던 조상과는 전혀 다른 생활 방식과 식단을 제공받은 결과다. 인간과 동물 모두에게 영향을 미치는 새로운 생활 조건은 신경계에 나쁜 영향을 미치는 경향이 있는 듯하다. 그러나 이러한 메커니즘을 밝히기 위해서는 장기간의 실험 연구가 필요하다.

지능 발달을 심각하게 지연시키고 극단적인 정신 질환을 초래하는 요인들은 매우 복잡하다. 조발성 치매증과 순환성 정신 장애는 생활이 혼란스럽고, 식생활이 과도하거나 결핍되며, 매독이 흔한 사회 집단에서 더 자주 나타난다. 유전적으로 신경계가 불안정하고, 도덕적 규율이 억제되며, 이기심과 무책임, 산만함이 습관화된 사회에서는 이러한 질환이 더욱 흔하다. 정신 질환의 원인과 발현 사이에는 일정한 관계가 존재할 것이다.

현대 생활 습관은 근본적인 결함을 안고 있다. 과학 기술이 만들어낸 환경 속에서 인간의 가장 섬세한 기능은 불완전하게 발달한다. 현대 문명은 경이로운 업적을 이루었지만, 인간의 성격은 오히려 악화되는 경향을 보인다.

5장

†

내면세계의 시간

우리의 나날들이 정신적 모험으로 채워질수록,

시간은 더 천천히 흘러간다.

내면의 시간, 외부의 시간

인간의 존속 기간, 즉 수명은 인간의 몸집 크기와 마찬가지로 그것을 측정하는 데 적용되는 표준 단위에 따라 상대적이다. 쥐나 나비의 수명과 비교하면 인간의 수명은 길게 느껴진다. 그러나 오크나무의 수명과 견주면 인간의 삶은 짧다. 더 나아가 지구 역사의 장대한 틀 속에서 바라보면, 인간의 수명은 보잘것없을 만큼 짧은 순간에 불과하다.

우리는 시계 눈금판 위를 원을 그리며 회전하는 시곗바늘의 움직임으로 인간의 수명을 측정한다. 초, 분, 시를 나타내는 시곗바늘은 시계 눈금판 위에서 동일한 간격을 두고 한 칸씩 이동하며, 인간의 삶 또한 그러한 균등한 단위로 환산된다. 시계가 가리키는 시간은 지구가 자전축을 중심으로 하루에 한 바퀴씩 서쪽에서 동쪽으로 회전하는 자전 운동이나, 태양을 중심으로 일 년에 한 바퀴씩 회전하는 공전 운동과 마찬가지로, 규칙적으로 반복되는 사건을 기준으로 삼아 구성된 것이다. 이러한 기준에 따라 인간의 수명은 태양의 일주 운동을 토대로 한 태양시 단위로 표현되며, 대략 2만 5천 일 정도로 환산된다.

이와 같은 시곗바늘의 비유에 따라 인간의 수명을 측정해 보면, 어린아이의 하루는 부모의 하루와 동일하다. 그러나 그 하루가 지니는 의미는 동일하지 않다. 24시간은 어린아이가 앞으로 살아갈 미래 삶 전체에서 보면 극히 작은 부분에 지나지 않지만, 부모에게는 남아 있는 삶의 상당 부분을 차지한다. 이처럼 물리적 시간의 가치는 우리가 과거를 바라보느냐, 미래를 내다보느냐에 따라 달라진다.

우리는 물리적인 시공간 연속체 속에 존재하기 때문에, 우리의 지속성을 측정하기 위해 시계에 의존해야만 한다. 시계는 이 시공간 연속체가 지닌 여러 차원 가운데 하나를 측정하는 도구다. 지구 표면에서 관찰되는 시공간 연속체의 차원들은 각기 뚜렷한 특징을 지닌다. 수직 차원은 중력 현상을 통해 쉽게 인식된다. 반면 두 수평적 차원은 차이를 구별하기 어렵다. 만약 인간의 신경계가 방향을 감지하는 나침반의 자침과 같은 특성을 지녔다면, 우리는 두 수평적 차원 역시 분리하여 인식할 수 있을 것이다.

제 4의 차원, 즉 시간은 특히 기묘한 성격을 드러낸다. 다른 세 차원은 짧게 움직이거나 거의 정지해 있는 반면, 시간은 끊임없이 길게 이어지는 것으로 인식된다. 우리는 수평적 차원에서는 쉽고 자유롭게 이동할 수 있다. 그러나 수직적 차원에서는 중력을 극복해야 하므로 계단이나 엘리베이터, 항공기, 열기구와 같은 수단이 필요하다. 반면 시간 속을 이동하는 것은 절대적으로 불가능하다.

영국의 소설가 허버트 조지 웰스*Herbert George Wells*는 자신의 소설에서 미래로 이동하는 기계인 타임머신을 그려냈지만, 그 구조적 비밀을 명확히 밝히지는 않았다. 개별적인 인간에게 시간과 공간은 본질적으로 서로 다른 성격을 지닌다. 그러나 성간 공간에 거주하는 추상적 인간에게라면 이 4차원이 하나의 연속체로 인식될지두 모른다. 비록 공간과는 별개의 것이지만, 생물학자나 물리학자 모두의 관점에서 시간은 지구 표면에서나 우주의 다른 부분에서나 공간과 분리될 수 없는 존재이다.

시간은 언제나 공간과 결합된 상태로 발견된다. 이는 이 세계의 모든 물질적 존재가 지니는 필수적인 측면이다. 구체적인 사물은 단지 3차원 공간에만 존재하지 않는다. 바위와 나무, 동물은 순간적으로만 존재할 수는 없으며, 반드시 시간 속에서 지속된다. 물론 우리는 3차원 공간에서 완성된 사물을 내면세계 속에 그려낼 수 있지만, 모든 구체적인 사물은 궁극적으로 4차원 공간 속에 존재한다.

인간 또한 시간과 공간 속에서 자신의 존재 범위를 확장한다. 우리보다 훨씬 더 느리게 살아가는 관찰자가 있다면, 인간은 마치 지구 대기권으로 빠르게 진입하며 눈부신 빛을 남기는 유성처럼, 길고 가느다란 사물로 보일 것이다. 더욱이 인간의 존재에는 분명하게 규정하기 어려운 또 다른 측면이 있다. 사유는 물리적 시공간 연속체에 완전히 포함되지 않는다. 도덕적 활동, 미적 활동, 종교적 활동 역시 단지 물리적 시공간 안에만 국한되지 않는다.

시간의 본질적 성격은 우리 정신이 어떤 대상을 다루느냐에 따라 달라진다. 우리가 일상적으로 관찰하는 시간은 물질적 존재물의 필수적인 측면이며, 오직 구체적인 사물이 존재하는 방식으로만 이해된다. 한편 우리는 정신적으로 구성된 수학적 시간을 만들어낸다. 수학적 시간은 과학을 구축하는 데 필요한 추상적 개념으로, 끊임없이 이어지는 직선 위의 점들로 비유된다. 갈릴레오 갈릴레이 이후, 이러한 추상적 시간 개념은 직접 관찰을 통해 얻은 구체적 자료로 대체되었다.

중세 철학자들은 시간을 추상 개념이 아니라 물질적 시간으로 간주했다. 이러한 관점은 갈릴레이보다는 오히려 독일 수학자 헤르만 민코프스키*Hermann Minkowski*의 개념에 더 가깝다. 민코프스키와 알베르트 아인슈타인을 비롯한 현대 물리학자들은 우리가 관찰하는 시간을 공간과 분리할 수 없는 물질적 시간으로 이해했다. 갈릴레이는 사물을 그 기본적인 속성, 즉 측정 가능하고 수학적 처리가 가능한 것으로 환원함으로써 사물의 이차적인 속성과 지속성을 제거했다. 이러한 단순화는 물리학의 발전을 가능하게 했지만, 동시에 생물학을 포함한 다른 영역에서는 근거 없는 일반화를 낳기도 했다.

우리는 지능이 생명을 이해하지 못하는 자연적 무능력으로 규정된다고 주장한 프랑스 철학자 앙리 베르그송*Henri Bergson*의 통찰에 귀를 기울여야 한다. 시간은 추상적 개념이 아니라, 우리가 실제로 경험하고 관찰하는 시간 그 자체로 이해되어야 한다. 그리고 사물의 이차적인 속성과 지속성을 다시 무생물과 생물 모두에게 돌려주어야 한다.

시간 개념은 우주에 존재하는 사물들의 존속 기간을 계산하기 위한 연산 작업에 해당한다. 존속 기간은 사물의 여러 측면이 겹쳐진 근본적인 성질이며, 그 사물 고유의 움직임으로 구성된다. 지구는 자전하면서도 본질을 유지하고, 밝아지는 면과 어두워지는 면을 반복해 보여준다. 산은 본질적으로 산으로 남아 있으면서도 눈과 비, 침식 작용에 따라 점진적으로 변화한다. 나무는 성장하면서도 자신의 근본적 성질을 잃지 않는다. 인간 역시 끊임없이 변화하는 유기적·정신적 과정 속에서 고유한 특성을 유지한다.

이처럼 모든 존재는 규칙적으로 반복되는 내면세계의 움직임으로 구성되며, 이러한 움직임이 곧 그 존재의 내면세계의 시간이다. 우리는 태양시와 비교하여 인간의 수명을 측정하고, 지구 표면에서 살아가기 때문에 공간의 수직적·수평적 차원을 시간적 움직임의 틀 속에 포함시킨다. 인간의 키를 지구 자오선 길이의 일정 비율로 환산하듯 시계와 지구의 회전은 시간 흐름을 가늠하는 기준이 된다.

인간이 태양이 떠오르고 지는 주기를 기준으로 삶을 조직하는 것은 자연스러운 일이다. 하지만 달도 그와 같은 목적을 충족시킬 수 있을 것이다. 조수 간만의 차가 큰 해안 지역에 사는 어부에게는 태음시가 태양시보다 더 중요하다. 그의 생활 리듬과 수면, 식사는 규칙적으로 반복되는 해수면의 변화에 따라 결정된다. 이처럼 시간은 각 존재의 구조와 생활 조건에 따라 다른 의미를 지닌다.

요컨대 시간은 사물의 고유한 특성이다. 시간의 본질은 각 존재의 구조에 따라 달라진다. 인간은 시계가 제시하는 시간을 기준으로 자신의 삶과 세계를 측정해 왔다. 그러나 우리 내면세계의 시간은, 육체가 외부 세계의 공간과 독립적으로 존재하듯이 외부 세계의 시간과는 전혀 다른 차원에서 독립적으로 흐른다.

실제 나이와 생리적 나이는 다르다

내면세계의 시간은 인간이 삶을 살아가는 동안 육체에서 나타나는 변화와 활동을 포괄한다. 그것은 인간의 고유한 특성을 이루는 연속적인 구조적·체액적·생리적·정신적 상태에 해당한다. 엄밀히 말해 내면세계의 시간은 우리 자신에게 고유한 하나의 차원이다. 이 차원을 따라 우리의 육체와 영혼에서 잘라낸 상상의 단면들은, 해부학자

    인간이란 무엇인가

가 세 개의 공간 축을 고정해 인체를 여러 부분으로 나눈 것처럼 매우 이질적일 것이다.

허버트 조지 웰스가 공상 과학 소설 『타임머신』에서 시간 여행자를 묘사했듯이, 한 인간의 얼굴을 중심으로 8세, 15세, 17세, 23세의 모습을 각각 그려낸 초상화들은 고정된 시간 축 위에 놓인 존재를 3차원에서 4차원으로 확장해 분할한 이미지에 해당한다. 이러한 여러 단면들 사이의 차이는 각 단계의 구조 속에서 점진적으로 발생하는 변화를 드러낸다. 그 변화는 유기적 변화이자 정신적 변화다. 따라서 내면세계의 시간은 생리적 시간과 심리적 시간으로 구분되어야 한다.

생리적 시간은 초기 배아 상태에서부터 사망에 이르기까지 인간이 경험하는 모든 유기적 변화로 이루어진 고정된 차원이다. 관찰자의 시점에 따라 이 차원은 인간의 4차원을 구성하는 상태들이 연속적으로 이어지는 하나의 흐름으로 인식될 수도 있다. 이 상태들 가운데 일부는 심장 박동, 근육 수축, 위와 장의 운동, 소화 기관과 분비샘의 분비 작용, 월경과 같이 주기적으로 반복되며 원상태로 회복될 수 있다. 반면 피부 탄력의 저하, 적혈구 수의 변화, 조직 경화증이나 동맥 경화증과 같은 현상은 점진적으로 악화되며 되돌리기 어렵다.

그러나 주기적으로 반복되는 변화 역시 삶을 살아가는 동안 동일한 형태로 유지되지는 않는다. 이러한 변화 또한 자체적인 변화를 겨으며, 조직과 체액의 구조 역시 끊임없이 달라진다. 이처럼 복합적으로 얽힌 움직임 전체가 생리적 시간이다.

내면세계의 또 다른 측면은 심리적 시간이다. 의식은 외부 세계에서 유입되는 자극에 반응하며 연속적으로 움직이는 상태를 스스로 기록한다. 앙리 베르그송이 자신의 저서 『창조적 진화*Creative Evolution*』에서 이야기한 것에 따르면, 시간은 심리적 삶의 핵심 요소다. 그는 다음과 같이 썼다.

"존속은 하나의 순간이 다른 순간으로 대체되는 것이 아니다. …… 존속이란 미래를 잠식하며 나아갈수록 팽창하는 '과거의 연속적인 진보'이다. 과거 위에 과거를 쌓아 올리는 작업은 휴식 없이 계속된다. 실제로 과거는 그 자체로, 그리고 자동으로 보존된다. 아마도 과거는 그 전체로서 매 순간 우리를 뒤따를 것이다. …… 의심할 여지 없이 우리는 과거의 아주 일부분만을 가지고 생각하지만, 우리가 무언가를 갈망하고 의지하며 행동할 때 작용하는 것은 영혼의 본래적 성향을 포함한 우리 과거의 전체다."

우리는 인간의 역사를 축적해 간다. 인간 역사의 길이는 단순히 살아온 연수의 합이 아니라, 내면세계에서 얼마나 풍부하게 살아왔는지를 반영한다. 우리는 오늘의 우리가 어제의 우리와 동일하지 않다는 사실을 어렴풋이 느낀다. 세월은 점점 더 빠르게 흐르는 것처

　　　　　　　　인간이란 무엇인가

럼 보인다. 그러나 이러한 변화들 가운데 어느 하나도 정밀하게, 연속적으로 측정할 수는 없다. 의식의 본질적인 움직임은 정의하기 어렵다. 일부 심리적 활동은 수명과 무관하게 유지되며, 오직 뇌가 질병이나 노화에 굴복할 때에만 쇠퇴한다.

내면세계의 시간은 태양시 단위로 정확히 측정할 수 없다. 다만 일과 연 단위는 사용하기 편리하고 지구에서 발생하는 사건을 분류하는 데 유용하기 때문에 관습적으로 사용된다. 그러나 이러한 방식은 내면세계의 시간이 지닌 고유한 변화 과정을 충분히 설명하지 못한다.

분명히 말하자면, 실제 나이는 생리적 나이와 일치하지 않는다. 사춘기와 폐경기는 개인마다 서로 다른 시기에 나타난다. 실제 나이는 유기적 상태와 기능적 상태를 나타내며, 이러한 상태의 변화에 맞추어 측정되어야 한다. 그 변화의 속도는 개인마다 현저히 다르다. 어떤 사람의 신체 기관은 오랫동안 젊은 상태를 유지하지만, 어떤 사람은 생애 초기에 기능 저하를 겪는다. 물리적 시간의 가치는 수명이 긴 노르웨이인과 수명이 짧은 에스키모인에게 동일하지 않다. 실제 나이와 생리적 나이를 추산하려면, 평생 지속적으로 측정 가능한 현상을 조직이나 체액에서 찾아야 한다.

인간은 4차원 속에서 여러 단계가 서로 겹치고 뒤섞이며 구성된다. 난자기와 배아기, 유아기, 청소년기, 청년기, 중년기, 장년기, 노넌기는 형태학적 변화이자 화학적·유기적·심리적 사건을 포함한다. 이 변화들 대부분은 직접 측정하기 어렵고, 측정 가능하더라도 특정 시기에 한정된다. 수명은 이러한 전체 존속 기간을 구성하는 4차원의 한 측면이다. 성장 둔화, 사춘기와 폐경기, 기초 대사율 감소, 흰머리의 발생은 수명이 여러 단계로 나뉜다는 징후다.

조직의 성장 속도는 나이가 들수록 감소한다. 이 속도는 실험실에서 배양한 조직 조각을 통해 대략적으로 추정할 수 있지만, 생물체 전체의 나이를 판단하는 데에는 한계가 있다. 생리적 삶의 특정 시기에는 어떤 조직은 활발히 성장하고, 어떤 조직은 그렇지 않다. 각 기관은 신체 전체의 리듬과는 다른 고유한 리듬을 따른다. 그럼에도 불구하고 일부 현상은 유기체 전반의 변화를 반영한다.

겉으로 보이는 상처의 치유 속도는 환자의 나이와 기능 상태에 따라 달라진다. 프랑스 생물 물리학자이자 철학자 르콩트 뒤 노위 *Lecomte du Noüy* 는 반흔 형성을 설명하는 두 개의 공식을 제시했다. 첫 번째 공식은 상처 면적과 나이에 따라 반흔 계수를 산출한다. 두 번째 공식은 일정 간격으로 이 계수를 측정해 상처 회복의 경과를 예측한다.

상처가 작을수록, 그리고 환자가 젊을수록 반흔 계수는 높다. 이 계수를 통해 그는 연령별 재생 활성도를 나타내는 지표를 도출했다. 이 값은 계수에 상처 표면적의 제곱근을 곱한 값과 같으며, 20세 환자가 50세 환자보다 약 두 배 빠르게 치유된다는 사실을 보여준다.

인간이란 무엇인가

이러한 방정식을 적용한다면 상처가 치유되는 속도에서 인간의 생리적 나이를 추론할 수 있다. 그러나 이 방법은 대략 10세에서 45세까지 비교적 정확하게 적용되고, 이후에는 의미를 상실한다.

혈장은 전 생애에 걸쳐 노화를 가장 일관되게 반영하는 요소다. 혈장은 모든 조직과 기관에서 분비되는 물질을 포함하며, 조직과 혈장은 폐쇄된 시스템을 이루고 있기 때문에 이 시스템에서 일어나는 변화는 서로 반영된다. 이 시스템은 생애 동안 끊임없이 변화한다.

이러한 변화들 중 일부는 하하적 분석 연구와 생리적 반응 능력에 따라 감지될 수 있다. 노화된 동물의 혈장 또는 혈청은 세포 군체의 성장을 억제하는 능력이 증가한다. 혈청 속 세포 군체의 표면적과 대조군으로 식염수에서 배양된 동일한 세포 군집의 표면적 비율은 성장 지수라 불린다. 혈청의 주인인 동물이 노화될수록 성장 지수는 작아진다. 따라서 생리적 시간의 리듬을 측정할 수 있다.

생후 초기에는 혈청이 대조군인 식염수보다 세포 군체의 성장을 더 효과적으로 억제하지 못한다. 이때 성장 지수의 가치는 1에 가깝다. 동물이 노화될수록, 혈청은 세포 증식을 더욱 효과적으로 억제하게 되고, 지수는 감소한다. 생애 마지막 몇 년 동안은 일반적으로 성장 지수는 0에 가까워진다.

이 방법은 불완전하지만, 유아기처럼 노화 속도가 빠른 시기의 생리적 시간 리듬을 비교적 정확히 보여준다. 반면 노년기의 변화는 충분히 포착하지 못한다.

성장 지수가 변화할 경우, 개의 수명은 생리적 시간의 10단위로 구분할 수 있다. 이 동물의 수명은 연 단위가 아니라, 생리적 시간의 10단위로도 충분히 표현 가능하다. 이로써 생리적 시간과 태양시를 서로 비교하는 일이 가능해진다. 그러나 반복되는 생리적 시간의 리듬과 태양시의 리듬은 서로 현저하게 다르게 나타난다.

실제 나이를 산출하는 함수에서 성장 지수 값의 감소를 보여주는 곡선을 살펴보면, 그 곡선은 생후 첫해에 급격히 하강한다. 생후 두 번째와 세 번째 해에 이르면 곡선의 기울기는 점차 완만해지며, 성인기에 해당하는 구간에서는 거의 직선에 가까운 형태를 띤다. 반면 노년기에 해당하는 구간에서는 곡선이 거의 평평한 상태로 머문다.

즉, 노화가 진행되는 속도는 인생의 후기보다 초기 단계에서 훨씬 더 빠르다. 유아기와 노년기의 나이를 태양년으로 환산하면 유아기는 짧게, 노년기는 길게 나타난다. 그러나 이를 생리적 시간 단위로 측정할 경우 양상은 정반대로 드러난다. 유아기의 생리적 시간은 매우 길고, 노년기의 생리적 시간은 상대적으로 극히 짧다.

　　　　　인간이란 무엇인가

몸에 기록되는 삶의 흔적과 생리적 시간의 본질

우리는 앞서 생리적 시간이 물리적 시간과 본질적으로 다르다는 점을 언급했다. 만약 모든 시계가 자신의 움직임을 스스로 가속하거나 지연시키고, 지구 또한 반복되는 자전과 공전의 속도를 임의로 변화시킨다고 가정하더라도, 우리의 수명 자체는 변하지 않을 것이다. 다만 그것은 감소하거나 증가하는 것처럼 보일 뿐이다. 이러한 방식으로 태양시에 따른 변화는 분명하게 감지된다. 우리는 물리적 시간의 흐름에 휩쓸려 연속적으로 앞으로 나아가지만, 실제로는 생리적 존속 기간을 구성하고 조율하는 내면세계의 리듬에 따라 움직인다.

사실 우리는 강물 위를 떠다니는 먼지 알갱이에 불과하다. 그러나 동시에 물살에 떠밀려가면서도 스스로 움직이며, 수면 위로 널리 퍼지는 기름방울이기도 하다. 물리적 시간은 우리와 무관한 이질적인 존재이지만, 내면세계의 시간은 곧 우리 자신이다. 우리의 현재는 진자 추의 현재처럼 아무것도 없는 공간 속으로 떨어지지 않는다. 그것은 동시에 정신과 조직, 혈관 속에 기록된다. 우리는 인생에서 발생하는 모든 사건을 유기적 흔적과 체액적 흔적, 심리적 흔적으로 남기며, 그것들을 우리 자신의 내면세계에 지속적으로 축적한다.

국가와 고국, 고향, 도시, 공장, 농장, 경작지, 그리고 고딕 양식의 대성당이나 '유럽의 고대 로마 기념물로 남은 중세의 성'이 역사적 결과물로 남아 있듯이, 우리의 삶 또한 그러한 흔적의 축적물로 간직된다. 우리의 고유한 특성은 기관과 체액, 의식이 각기 겪은 새로운 경험에 따라 점점 풍부해진다. 각각의 생각과 행동, 그리고 질병마저도 우리가 결코 우리 자신을 과거로부터 분리할 수 없기 때문에 명확한 형태로 남는다. 우리는 질병이나 잘못된 행동으로부터 벗어나 완전히 회복될 수 있다. 그러나 그러한 사건들이 남긴 마음의 흉터는 끝내 평생 감당하며 살아가야 한다.

태양시는 일정한 속도로, 균등한 간격을 두고 흐른다. 태양시의 속도는 변하지 않는다. 반면 생리적 시간은 개인마다 다르다. 생리적 시간의 속도는 장수를 누리는 사람에게는 느리고, 수명이 짧은 사람에게는 빠르다. 또한 개인 내에서도 생애 주기에 따라 다른 양상으로 나타난다. 유아기에는 노년기보다 생리적, 정신적 사건이 훨씬 많이 발생한다. 이러한 반복적인 사건의 리듬은 처음에는 급격히 감소하다가, 이후에는 훨씬 느리게 감소한다.

생리적 시간 단위에 해당하는 물리적 시간 단위의 수는 점진적으로 증가한다. 간단히 말해서 신체는 유기적 움직임들의 총체이며, 그 리듬은 유아기에는 매우 빠르고, 청년기에는 훨씬 느리며, 중년기와 노년기에 이르러서는 매우 느리다. 흥미롭게도 우리의 생리적 활동이 약화되기 시작하는 시점은 정신이 단계적 발달 과정에서 최

인간이란 무엇인가

고점에 도달할 무렵이다.

생리적 시간은 정밀한 시계와는 거리가 멀다. 유기적 과정은 일정하지 않은 리듬 속에서 변화하며, 그 완화 과정은 불규칙한 곡선으로 나타난다. 이러한 불규칙성은 수명을 구성하는 생리적 현상들 위로 우발적인 사건들이 연속적으로 발생하기 때문이다. 어떤 순간에는 노화의 진행이 멈춘 것처럼 보이기도 하고, 다른 시기에는 급격히 가속되는 것처럼 보이기도 한다. 인간의 고유한 특성이 집중적으로 성장하는 단계가 있는가 하면, 소멸하는 단계도 존재한다.

앞서 설명했듯이, 내면세계의 시간과 그 유기적·심리적 본질은 태양시의 규칙적인 패턴을 따르지 않는다. 활기를 되찾거나 회춘하는 현상은 행복한 사건이 발생하거나 생리적 기능과 심리적 기능이 더 나은 균형 상태에 이를 때 나타날 수 있다. 정신적으로나 육체적으로 건강하고 행복한 삶의 특정 국면에서는, 실제로 활력 회복과 회춘을 동반하는 체액의 변화가 일어날 가능성도 있다.

반대로 도덕적 고통, 사업상의 걱정, 전염성 질병, 퇴행성 질병은 유기적 퇴화를 가속한다. 노화 현상은 개에게 무균 고름을 주입함으로써 인위적으로 유도될 수도 있다. 이러한 처치를 받은 동물은 수척해지고, 피로와 우울을 겪으며, 혈액과 조직은 노년기의 그것과 유사한 생리적 반응을 보인다. 그러나 이러한 변화는 되돌릴 수 있으며, 시간이 지나면 기능은 다시 정상적인 리듬을 회복한다.

인간의 외형은 해마다 조금씩 변한다. 질병이 없을 경우 노화 과정은 매우 완만하게 진행된다. 반대로 노화가 빠르게 진행된다면 생리적 요인 외의 다른 요소가 개입되었을 가능성을 의심해야 한다. 이러한 가속은 흔히 불안과 슬픔 같은 정서적 요인, 세균 감염에서 비롯된 화학 물질, 퇴화된 기관, 혹은 암 등으로 설명될 수 있다. 노화 속도의 증가는 언제나 노화된 육체 내부에 유기적 병변이나 도덕적 병변이 존재함을 시사한다.

물리적 시간과 마찬가지로, 생리적 시간 또한 이전 상태로 되돌릴 수 없다. 정확히 말하자면, 생리적 시간이 성립하는 원인이 되는 과정만큼이나 되돌릴 수 없다. 고등 동물의 수명은 진행 방향이나 목적에 따라 변화하지 않는다. 그러나 겨울잠을 자는 포유류의 경우, 이런 흐름은 부분적으로 중단된다.

몸이 건조된 담륜충‡과 같은 미생물은 수명의 흐름이 완전히 멈춘다. 체온을 스스로 조절하지 못하는 냉혈 동물의 유기적 리듬은 외부 환경의 온도가 높아지면 가속화된다. 자크 러브가 고온에서 사육한 파리는 더 빠르게 노화했고, 더 일찍 죽었다. 마찬가지로 악어의 경우에도 주변 온도가 20℃에서 40℃로 상승하면 생리적 시간의 가치가 달라진다.

이때 외상의 반흔 계수 역시 주위 온도에 따라 상승하거나 하강한다. 그러나 이러한 단순한 방법으로 인간에게 극단적인 조직 변화를

‡ 맨눈으로 보이지 않을 만큼 작은 미생물이자 다세포 생물

　　　　　인간이란 무엇인가

유도하는 것은 불가능하다. 반복되는 생리적 시간의 리듬은 특정한 근본적 과정과 그 결합 방식이 방해받지 않는 한 쉽게 변화하지 않는다. 우리가 수명의 본질을 이루는 메커니즘의 특성을 이해하지 못한다면 노화의 속도를 지연시키거나 그 방향을 근본적으로 되돌릴 수 없다.

노화 속도의 차이와 장기별 노화의 불균형

생리적 존속이 가능한 것은 생명체의 특정 조직 구성에 의한 것이며, 그 존재의 특징도 조직 구성에 의한 것이다. 이것은 살아 있는 세포를 포함하는 공간의 일부가 우주 세계에서 상대적으로 고립되는 순간부터 곧바로 나타난다. 세포체 수준에서든 인체에서든, 모든 조직 수준에서 생리적 시간은 영양 처리 과정에서 발생하는 환경 변화와 그러한 변화에 대한 세포의 반응에 따라 달라진다. 세포 군체는 노폐물이 축적되는 순간부터 시간을 기록하기 시작하며, 자신을 둘러싼 환경을 변화시킨다.

노화 현상이 관찰되는 가장 단순한 시스템은 영양분을 공급하는 매개체의 작은 공간 안에서 배양된 조직 세포 군체다. 이러한 단순한 시스템에서 매개체는 영양분을 생성하고 공급하는 과정에 따라 점진적으로 변화하며, 결국 조직 세포 군체 자체를 변화시킨다. 그 결과 조직 세포 군체는 노화하고, 마침내 사멸에 이른다. 생리적 시간의 리듬은 조직 세포 군체와 그것을 둘러싼 매개체 사이의 관계에 의해 좌우된다. 또한 배양 공간의 크기, 신진대사 활동의 강도, 조직의 본질적 특성, 유체성·기체성 매개체의 양과 화학적 구성 성분에 따라서도 달라진다.

조직 세포 군체 배양 기술은 그러한 배양물 속에서 살아가는 세포들의 생활 리듬을 분명히 보여준다. 예를 들어, 오목하게 만든 좁은 공간에 혈장 한 방울을 떨어뜨려 그 안에 조심스럽게 넣은 심장 조각과, 영양분을 제공하는 유체성·기체성 매개체가 풍부한 화학 실험용 플라스크에 완전히 잠긴 다른 심장 조각은 전혀 다른 운명을 맞이한다. 매개체 속에서 노폐물이 축적되는 속도와 그 노폐물이 생성하는 화학 물질의 본질적 특성은 조직 세포 군체의 존속 기간을 결정하는 핵심 요소다.

영양분을 제공하는 매개체의 구성 성분이 지속적으로 일정하게 유지된다면, 조직 세포 군체는 신진대사 활동을 무한히 동일한 상태로 유지한다. 이때 조직 세포 군체는 매개체의 질이 아니라 양에 따라 시간을 기록한다. 만약 과학 기술을 활용해 영양분을 제공하는 매개체의 부피가 증가하지 않도록 차단한다면 조직 세포 군체는 결코 노화하지 않을 것이다. 실제로 1912년 1월, 병아리 배아에서 분리한 심장 조각에서 얻은 조직 세포 군체는 23년 전과 다름없이 오

　　　　　　　　　　　　　인간이란 무엇인가

늘날까지도 활발히 성장하고 있다. 이 조직 세포 군체는 사실상 죽지 않는, 불멸의 존재에 해당한다.

그러나 육체 내부에서 조직 세포 군체와 이를 둘러싼 매개체의 관계는, 인위적인 배양 시스템과 비교할 수 없을 정도로 훨씬 더 복잡하다. 유기적 매개체를 이루는 혈액과 림프는 세포가 신진대사 과정에서 생성하는 노폐물에 따라 끊임없이 변화하지만, 폐·신장·간 등의 작용으로 그 구성 성분은 지속적으로 일정하게 유지된다. 그럼에도 불구하고 체액과 조직에서는 극히 느린 변화가 일어난다. 이러한 변화는 혈장의 성장 지수나 피부의 재생 활성 계수가 변동하는 양상을 통해 감지된다. 또한 체액의 화학적 구성 성분이 연속적으로 변하는 과정에서도 확인된다.

혈청 단백질은 점차 풍부해지며, 그 성질 또한 변화한다. 특정 세포 유형에 영향을 미치고 증식 속도를 저하시키는 혈청의 특성은 주로 지방에 의해 형성된다. 이러한 지방은 생애 동안 양적으로 증가하며, 특징적으로 변한다. 혈청이 변화하는 이유는 지방과 단백질이 단순히 축적되기 때문이 아니다. 실제로 개의 혈액 대부분을 제거한 뒤, 혈구와 혈장을 분리하고 혈장을 식염수로 대체하는 것은 어렵지 않다. 이후 단백질과 지방을 제거한 혈구를 다시 동물에게 주입하면, 2주도 채 되지 않아 혈장은 다시 재생되며 조직의 영향을 받아 원래의 특성을 회복한다.

이 사실은 혈장이 유해 물질의 축적 때문에 변화하는 것이 아니라, 혈장에 영향을 미치는 조직의 상태에 따라 변화한다는 점을 보여준다. 혈장의 변화 양상은 연령에 따라 뚜렷이 달라지며, 혈청은 여러 차례 제거되더라도 항상 해당 연령의 특성에 맞추어 재생된다. 따라서 노화 과정 동안 체액의 상태는 고갈되지 않는 저수지처럼, 신체 기관에 포함된 물질에 의해 결정되는 것으로 보인다.

조직은 생애 주기 동안 중대한 변화를 겪는다. 상당한 양의 수분을 상실하고, 무생물적 구성 성분과 신축성이나 탄력성이 없는 결합 조직 섬유로 점차 채워진다. 그 결과 장기는 경직되고, 동맥은 단단해진다.

혈액 순환은 둔화되며, 분비샘의 구조에서도 심대한 변화가 일어난다. 상피 세포는 우수한 특성을 서서히 잃고, 재생 속도는 느려지거나 아예 재생되지 않는다. 분비물의 양 또한 감소한다.

이러한 변화는 기관마다 서로 다른 속도로 진행된다. 어떤 기관은 다른 기관보다 훨씬 빠르게 노화하지만, 그 이유는 아직 명확히 밝혀지지 않았다. 국소적으로 진행되는 노화는 동맥, 심장, 뇌, 신장 등 특정 기관을 공격할 수 있다. 단일 시스템인 조직이 먼저 노화되는 것은 매우 위험하다. 육체를 구성하는 요소들이 균등한 속도로 노화될 때 수명은 더 길어진다. 만약 심장과 혈관이 기능을 상실한 상태에서 골격근만 활발하게 작동한다면, 그 근육은 오히려 육체 전체에 위험 요소가 된다.

노년기의 유기적 생물체에서 비정상적으로 활발하게 작동하는 기관은, 청년기의 유기적 생물체에서 기능이 저하된 노쇠한 기관만큼이나 해롭다. 노년기에 접어든 사람에게서 생식샘이나 소화 기관, 근육과 같은 시스템이 지나치게 활발하게 기능하는 것은 특히 위험하다. 요컨대 시간의 가치는 모든 조직에서 동일하지 않다. 인체 조직마다 서로 다른 이질적인 시간의 가치는 결국 수명을 단축시킨다. 특정 부위의 과로가 지속되면 전반적으로 균형 잡힌 신체를 지닌 사람이라 할지라도 노화는 가속된다. 기능이 과도하게 활성화되고, 독성 물질의 영향을 받으며, 비정상적 자극에 노출된 기관은 다른 기관보다 빠르게 쇠퇴하고, 그렇게 조기에 노화된 기관은 유기적 생물체를 죽음으로 이끈다.

물리적 시간과 마찬가지로 생리적 시간 또한 독립적으로 존재하지 않는다. 물리적 시간은 시계와 태양시의 구조에 따라 규정되며, 생리적 시간은 조직과 체액의 구조 및 상호작용에 의해 결정된다. 생리적 존속 기간의 특성은 유기적 생물체가 특정한 형태를 체계적으로 구성하는 구조적·기능적 과정의 특성에 해당한다. 수명은 인간이 우주 환경에서 독립적으로 존재하고 공간적으로 이동할 수 있도록 하는 메커니즘의 영향을 받는다. 동시에 혈액의 부피, 체액을 정화하는 시스템의 활동에도 좌우된다.

이러한 시스템은 조직과 혈청이 점진적으로 변화하는 것을 완전히 막지는 못한다. 조직은 혈류를 따라 이동하는 노폐물로부터 완전히 자유로울 수 없으며, 영양 공급 또한 불충분할 가능성이 있다. 만약 유기적 매개체의 부피가 훨씬 크고 노폐물이 더 완벽히 제거된다면 인간의 생명은 더 오래 지속될 수 있을 것이다. 그러나 그 대신 육체는 훨씬 더 크고 연약하며, 덜 단단해질 것이다. 이는 거대한 선사 시대 동물과 유사한 모습일 것이며, 우리는 현재의 민첩성과 속도, 기술을 상실하게 될 것이다.

생리적 시간과 마찬가지로 심리적 시간 역시 독립적이지 않다. 심리적 시간의 본질은 기억의 본질만큼이나 아직 충분히 알려져 있지 않다. 기억은 우리가 시간의 흐름을 인식하도록 돕지만, 심리적 시간은 기억 외의 요소들로도 구성된다. 인간의 고유한 특성은 부분적으로 기억으로 형성되지만, 동시에 인생에서 발생하는 모든 물리적·화학적·생리적·심리적 사건이 각 기관에 남긴 감각적 인상에서 비롯된다.

우리는 막연하게 존속 상태가 계속되고 있다는 것을 느낀다. 그리고 물리적 시간이라는 대략적인 기준을 적용함으로써 그것을 추정할 수 있다. 아마도 근육이나 신경의 요소가 느끼고 있는 것처럼 그 흐름을 느끼는 것이다. 각 세포 유형은 자신만의 방식으로 시간을 기록한다. 이미 언급했듯이, 근육과 신경은 시간의 가치를 크로낙시로 표현한다. 그러나 모든 해부학적 요소가 동일한 크로낙시를 갖는 것은 아니다. 세포의 동질성과 이질성은 기능 수행에 결정적인 역할을 한다.

    인간이란 무엇인가

조직별로 심리적 시간을 추정해 보면, 우리는 자극에 반응하기 시작하는 의식의 경계에 도달할 수도 있고, 혹은 조용히 흐르는 강물 속에서 무언가를 찾기 위해 어둡고 광대한 수면 위를 비추는 탐조등처럼, 의식의 깊은 곳을 떠도는 복잡하고 정의하기 힘든 감정을 어렴풋이 느낄 수도 있다. 우리는 현재의 우리가 과거의 우리와 동일하지 않으며 끊임없이 변화하고 있다는 사실을 인식한다. 동시에 현재의 우리와 과거의 우리가 동일한 존재라는 점 또한 깨닫는다.

우리는 내면세계의 시간을 완전히 이해하지 못하지만, 예외적으로 내면세계의 시간이 유기적 리듬에 의존하기도 하고 독립되기도 하며 나이가 들수록 점점 더 빠르게 흐른다는 사실만은 이해할 수 있다.

젊음에 대한 집착과 그 실패의 역사

인간의 가장 근원적인 욕구 가운데 하나는 젊음을 영원히 유지하고자 하는 갈망이다. 영국의 생물학자 멀린 셸드레이크*Merlin Sheldrake*에서부터, 이탈리아의 연금술사이자 사기꾼 알레산드로 칼리오스트로*Alessandro Cagliostro*, 모리셔스 출신의 생리학자 샤를 에두아르 브라운 세카르*Charles-Édouard Brown-Séquard*, 러시아 태생의 프랑스 외과 의사 세르주 보로노프*Serge Voronoff*에 이르기까지, 사기꾼과 과학자들은 동일한 꿈을 품고 동일한 패배를 반복해 왔다. 궁극적으로 젊음을 영원히 유지할 수 있는 비결을 발견한 사람은 아무도 없다. 그럼에도 불구하고, 젊음을 붙잡고자 하는 인간의 욕망은 시간이 흐를수록 오히려 더욱 간절해지고 있다.

과학 문명은 정신세계를 파괴했다. 그러나 물질세계의 영역은 인간에게 한층 더 넓게 개방되었다. 그 결과 인간은 육체적 활력과 지적 활력을 있는 그대로, 가능한 한 오래 유지해야만 하는 존재가 되었다. 오직 젊음만이 인간에게 생리적 욕구를 충족시키고 외부 세계를 정복할 수 있는 힘을 부여한다. 다만 우리는 조상들이 꿈꾸었던 이상을 어느 정도는 실현했다. 오늘날 우리는 아버지 세대보다 훨씬 오랫동안 젊음을 누리고, 젊은 외형을 유지한다. 그러나 청년기의 기간을 늘리는 데에는 여전히 실패했다. 45세인 사람이 80세까지 살 확률은 지난 세기든 지금이든 같다.

이러한 실패는 위생과 의학의 발전이라는 관점에서 볼 때 기묘한 사실로 다가온다. 주거 공간에는 난방과 환기 설비가 갖추어졌고, 전기 조명이 보편화되었으며, 식품 위생과 욕실·화장실 환경이 개선되었다. 스포츠 활동과 정기 건강 검진이 일반화되었고, 전문의의 수도 크게 증가했다. 그럼에도 불구하고 인간의 수명은 단 하루도 늘어나지 않았다. 그렇다면 정치인과 경제학자, 금융업자들이 국

    인간이란 무엇인가

민의 삶을 조직하는 방식이 잘못되었듯, 위생학자와 화학자, 의사들 역시 자신들의 원칙에 따라 삶의 질을 향상시키는 방식을 잘못 판단하고 있는 것일까? 혹은 도시에 적용되는 현대적이고 쾌적한 설비와 생활 습관 자체가 자연의 법칙과 조화를 이루지 못하고 있기 때문에 이러한 의문이 제기되는 것일까.

분명한 변화는 남성과 여성의 외형에서 나타난다. 위생의 개선, 스포츠 경기, 식품 규제, 미용실, 전화기와 자동차 등으로 인해 사람들은 이전보다 훨씬 더 자신에게 집중하고, 경계 태세를 유지하며 살아간다. 50세의 여성은 실제 나이보다 훨씬 젊어 보인다.

그러나 현대 문명과 과학 기술은 기차로 금뿐만 아니라 위조지폐 또한 실어나른다. 미용 성형외과 전문의의 시술로 한때 주름 없이 매끄럽고 탄력 있던 얼굴 피부는 다시 처지고 늘어진다. 마사지 역시 더 이상 밀려드는 지방을 이겨내지 못하고 효과를 상실한다. 그 결과 오랫동안 소녀 같은 외모를 유지하던 여성은, 같은 나이였던 과거의 할머니들보다 오히려 더 늙어 보이게 된다.

겉으로만 젊음을 가장하기 위해 이십 대 젊은이들처럼 테니스를 치고 춤을 추며, 나이 든 아내를 버리고 젊은 여성과 결혼한 사람들은 뇌연화증이나 심장 질환, 신장 질환에 걸리기 쉽다. 이들은 종종 조상들이 여전히 논밭을 일구거나 사업을 안정적으로 운영하던 바로 그 나이에, 침대나 사무실, 혹은 골프장에서 갑작스러운 죽음을 맞이한다.

현대 생활에서 이러한 실패가 발생하는 정확한 원인은 아직 명확히 밝혀지지 않았다. 그렇다고 위생학자나 의사들에게 그 책임을 돌릴 수는 없다. 아마도 현대인은 걱정거리와 경제적 불안정, 과로, 도덕적 규율의 부재, 그리고 지나치게 과도한 모든 유형의 활동으로 인해 정상보다 이른 시기에 노화되는 듯하다.

생리적 수명의 메커니즘을 명확히 이해할 수 있다면, 장수를 방해하는 문제를 해결할 수 있을 것이다. 그러나 인간을 연구하는 과학은 아직도 가장 기본적인 수준의 지식에 의존하고 있다. 따라서 우리는 경험적 연구 방법을 통해 현대 생활이 과연 장수에 도움이 되는지를 검증해야 한다. 각 나라에 소수의 100세 노인이 존재한다는 사실은 인간이 생리적 수명을 어느 정도 연장할 잠재력을 지니고 있음을 보여준다. 그러나 지금까지 이들을 관찰한 연구 결과는 그러한 잠재력이 실질적으로 입증되었다고 말하기 어렵다.

분명한 사실은 장수에 유전적 요인이 작용한다는 점이다. 동시에 장수는 환경과 발달 조건에 따라 달라진다. 장수로 알려진 가문의 후손이 대도시에 정착하면, 대개 한두 세대 안에 그 능력을 상실한다. 오염되지 않은 농장 환경에서 전통적인 방식으로 사육된 동물들을 관찰한 연구에 따르면, 깨끗한 환경은 수명을 증가시킬 가능성이 있다. 여러 세대에 걸쳐 형제자매 간 교배가 이루어진 특정 쥐 종의 경우, 수명은 비교적 일정하게 유지된다. 그러나 이 쥐들을 작은 우리에서 꺼내 언덕과 바람에 노출된 원시적인 환경, 즉 더 넓고 자유로운 공간에 풀어놓으면 오히려 훨씬 더 일찍 죽는다. 또한 식단

    인간이란 무엇인가

에서 특정 물질을 제거하면 수명은 감소한다. 반대로 특정 식품을 제공하거나, 여러 세대에 걸쳐 일정한 기간 단식을 허용하면 수명은 연장된다. 이처럼 생활 방식의 단순한 변화만으로도 수명은 영향을 받는다. 이러한 방법들이 인간에게도 적절히 적용된다면 인간의 수명 역시 연장될 가능성이 있다.

그러나 이러한 목적을 달성하기 위해 의약품에 의존하려는 유혹에는 저항해야 한다. 장수는 노년기의 기간이 늘어날 때가 아니라, 청년기가 연장될 때에만 가치가 있다. 노년기의 연장은 오히려 재앙이 될 수 있다. 노쇠하여 스스로를 돌볼 수 없는 인간은 가족과 공동체에 짐이 된다. 만약 모든 사람이 100세까지 산다면, 젊은 세대는 그러한 부담을 감당하지 못할 것이다. 수명을 연장하려 시도하기에 앞서, 우리는 생을 마감하기 전날 밤까지도 유기적 활동과 정신적 활동을 유지할 수 있는 방법을 먼저 발견해야 한다.

질병에 걸린 사람, 정신적·육체적으로 마비된 사람, 연약한 사람, 정신 질환을 앓는 사람의 수는 결코 증가해서는 안 된다. 더 나아가 모든 인간에게 장수의 능력을 부여하는 것이 과연 현명한 선택인지도 의문이다. 인간이 질적으로 성장하지 못한 채 양적으로만 증가하는 현상은 극히 위험하다. 지적 퇴화와 도덕적 쇠퇴, 그리고 노년기에 장기간 머무는 질병을 예방할 수 있을 때까지는 100세 노인의 수가 증가하지 않는 편이 오히려 바람직하다.

회춘과 불로장생을 꿈꾸는 인간

생리적·정신적 특성을 토대로 수명을 연장하려는 대책을 정당화하려는 사람들에게는, 회춘을 가능하게 하는 방법을 발견하는 편이 훨씬 더 유용할 것이다. 회춘이란 내면세계의 시간을 완전히 되돌려 놓을 때 비로소 발생할 수 있는 현상이다. 이론적으로 말하자면, 실험 연구 대상자는 특정한 수술을 통해 인생을 이전 단계로 되돌릴 수도 있을 것이다. 그러나 실제로 생명을 연장한다는 목적을 고려할 때, 회춘은 보다 제한적인 의미를 지니며, 시간의 불완전한 역전으로 간주되어야 한다.

심리적 시간의 방향은 바뀌지 않을 것이다. 기억은 계속 유지될 것이다. 다만 조직과 체액은 회춘할 수 있다. 젊음을 유지하는 장기들의 도움으로, 대상자는 긴 삶을 통해 얻은 경험을 활용할 수 있을 것이다. 오스트리아의 생리학자 오이겐 슈타이나흐*Eugen Steinach*와 프랑스 외과 의사 세르주 보로노프 등 여러 과학자들이 수행한 실험 연구와 수술에서 사용된 '회춘'이라는 표현은, 환자들의 전반적인 건강 상태 개선, 체력 향상, 활력 증진, 성 기능 회복과 같은 변화를 가리킨다. 그러나 이러한 변화가 나타났다고 해서 실제로 회춘 현상이 발생했다고 말할 수는 없다.

혈청의 화학적 조성과 그 생리학적 반응을 연구하는 것만이 생리학적 연령의 역행을 감지할 수 있는 유일한 수단이다. 혈청의 성장 지수가 지속적으로 증가한다면 외과 의사들이 주장한 실험 결과를 현실적으로 입증할 수 있을 것이다. 회춘은 혈장에서 측정 가능한 특정한 생리적·화학적 변화로 정의될 수 있기 때문이다. 그럼에도 불구하고, 그러한 변화가 입증되지 않았다고 해서 실험 대상자의 생리적 나이가 감소하지 않았다고 단정할 수는 없다. 우리의 기술은 여전히 완벽과는 거리가 멀다. 노인에게서 일어난 몇 년 미만의 생리학적 시간 역행은 현재의 기술로 포착해 낼 수 없다. 가령 열네 살 된 개를 열 살의 상태로 되돌려 놓았다 하더라도, 그 개가 지닌 혈청의 성장 지수 변화는 거의 식별하기 어려울 것이다.

고대의 의학적 미신 가운데에는 젊은 혈액이 노쇠한 육체에 젊음을 불어넣을 수 있다는 믿음이 오랫동안 지속되어 왔다. 교황 인노첸시오 8세*Pope Innocent VIII*는 수술 도중 세 명의 젊은이가 기증한 혈액을 정맥 주입 방식으로 수혈받았다. 그러나 그는 수술 이후 사망했다. 그의 죽음은 과학 기술적 사고로 인한 것이었을 가능성이 크다. 이 사건은 다시 한 번 숙고해 볼 가치가 있다. 젊은 혈액을 노쇠한 유기체의 혈관에 주입하면, 그 혈액이 유익한 변화를 일으킬 수도 있기 때문이다. 그럼에도 이러한 수혈은 다시 시도되지 않았다. 아마도 내과 의사들이 내분비샘을 지나치게 신중하게 다루었기 때문일 것이다.

프랑스 생리학자이자 내분비학의 창시자 가운데 한 명인 브라운 세카르는 번식력이 뛰어난 젊은 동물의 고환 추출물을 자신에게 투여한 뒤, 젊은 시절의 원기와 활력을 회복했다고 믿었다. 이 주장은 그에게 상당한 명성을 안겨 주었다. 그러나 그는 그 실험 이후 얼마 지나지 않아 사망했다. 그럼에도 젊은 동물의 고환 추출물이 회춘과 원기 회복에 중요하다는 믿음은 사라지지 않았다.

생리학자 오이겐 슈타이나흐는 정관을 묶어 고환에서 분비되는 남성 호르몬을 보존하면 회춘이 가능하다고 주장했고, 많은 노년 남성에게 정관 수술을 시행했다. 그러나 그 결과는 신뢰하기 어려울 정도로 불확실했다. 브라운 세카르의 개념은 다시 받아들여져 보로노프에게로 이어졌다. 보로노프는 노년 남성이나 조기 노화가 진행된 남성에게 젊은 침팬지의 고환 추출물을 주입하는 데서 나아가, 실제로 젊은 침팬지의 고환을 이식했다. 이식 이후 환자들의 성 기능과 전반적인 건강 상태가 향상되었다는 점은 부정하기 어렵다. 그러나 침팬지의 고환을 이식받은 남성들은 오래 살지 못했다.

이식된 고환은 특정 분비물을 생성해 혈액 순환 속으로 흘려보내고, 그 결과 수혜자의 생식샘과 다른 내분비샘을 일시적으로 활성화했을 가능성이 있다. 하지만 이러한 수술은 성 기능과 건강 상태를 지속적으로 개선하지는 못했다. 노화는 단일 분비샘의 결함으로 발생하는 현상이 아니다. 그것은 육체 전체의 조직과 체액이 극심하게 변화한 결과다. 생식샘 기능의 저하는 노화의 원인이 아니라 노화의

 인간이란 무엇인가

결과 중 하나에 불과하다. 따라서 슈타이나흐와 보로노프가 진정한 의미의 회춘을 관찰하지 못했을 가능성은 매우 크다. 그러나 그들의 실패가 회춘이 영원히 불가능하다는 것을 의미하지는 않는다.

우리는 생리적 시간을 부분적으로 되돌릴 수 있을 것이라 믿을 수 있다. 앞서 언급했듯, 생리적 수명은 구조적·기능적 과정의 집합체다. 실제 나이는 조직과 체액이 점진적으로 변화하는 정도에 따라 달라진다. 이들은 하나의 체계로 작동한다. 만약 노인에게 젊은 혈액을 수혈하고 사산아의 분비샘을 이식할 수 있다면, 그는 아마도 원기와 활력을 되찾을 것이다. 그러나 이를 실현하기 위해서는 여전히 극복해야 할 기술적 난제가 많다. 적합한 이식 기관을 선택할 방법도, 이식된 기관이 수혜자의 육체에 적응하도록 만드는 명확한 수술 기법도 아직 존재하지 않는다. 그럼에도 과학 기술은 빠르게 발전하고 있다. 우리는 기존의 수술 기법과 앞으로 발견될 새로운 방법을 통해, 수혈과 이식 수술을 성공으로 이끌 길을 끊임없이 모색해야 한다.

인간은 결코 지치지 않고 죽지 않는 불멸을 계속 추구할 것이다. 그러나 인간은 유기적 구조의 법칙에 얽매인 존재이기에, 완전한 불멸에는 도달하지 못할 것이다. 우리는 다만 거침없이 흐르는 생리적 시간을 늦추고, 어느 정도 되돌리는 데까지는 성공할 수 있다. 죽음은 인간이 자신의 고유한 특성과 건강한 뇌를 유지하기 위해 치러야 하는 대가다. 그러나 언젠가 의학은 인간에게 육체적·정신적 질병으로부터 자유로워진다면 노화를 두려워할 필요가 없다고 가르쳐줄 것이다. 우리가 괴로워하며 걱정하는 대부분의 고통은 노화 자체가 아니라 질병에서 비롯되기 때문이다.

아이와 어른의 시간은 다르게 흐른다

인간에게 중대한 영향을 미치는 물리적 시간의 특성은 자연스럽게 내면세계의 시간의 본질과 연결되어 있다.

이미 살펴보았듯이, 생리적 시간은 조직과 체액의 비가역적 변화의 흐름이다. 이 변화는 혈청이 기능적으로 변화하는 양상이라는 특수한 단위를 통해서도 대략적으로 가늠할 수 있다. 생리적 시간의 성격은 유기적 생물체의 구조와 그 구조에 결부된 생리학적 과정에 의해 규정된다. 다시 말해 생리적 시간은 인종과 개인, 그리고 각 개인의 연령에 따라 서로 다르게 흐른다.

인간은 부분적으로 물질세계에 속해 있기 때문에, 생리적 시간은 보통 시계가 표시하는 물리적 시간의 형태로 인식된다. 인간의 수명은 자연스럽게 일과 연 단위로 계산된다. 유아기와 아동기를 지나 청소년기에 이르는 시기는 대략 18년 정도 지속된다. 반면 성년기를 거쳐 노년기에 이르는 기간은 50년에서 60년에 달한다. 인간의 생은 이렇게 짧은 발달의 시기와, 길고 완만한 성숙과 퇴화의 시기로 구성되어 있다.

그러나 시각을 바꾸어, 물리적 시간을 생리적 시간의 관점에서 바라보면 낯선 현상이 나타난다. 이 경우 물리적 시간은 고유한 가치를 잃는다. 생리적 시간 단위에서 1년이라는 시간은 내용적으로 크게 달라진다. 동일한 1년이라 하더라도, 그것이 지니는 의미와 밀도는 각 개인의 생애 단계와 전체 수명 속에서 차지하는 비율에 따라 전혀 달라지기 때문이다.

삶을 살아가면서 인간은 물리적 시간의 가치가 생성되고 변화하는 과정을 비교적 분명하게 인식한다. 우리는 아동기의 나날들이 유난히 느리게 흘러가는 것처럼 느끼고, 성년기의 나날들은 당황스러울 만큼 빠르게 지나가는 것처럼 느낀다. 아마도 우리는 무의식적으로 물리적 시간을 자신의 수명이라는 틀 안에 끼워 맞추기 때문에 이러한 감각을 경험하는지도 모른다. 동시에 반대의 현상도 발생한다. 우리의 시간 자체의 리듬은 점점 느려진다. 물리적 시간은 언제나 일정한 속도로 흐른다. 그것은 마치 넓은 평원을 따라 유유히 흐르는 거대한 강과도 같다.

인생의 새벽 무렵, 인간은 강둑을 따라 힘차게 달려 나간다. 그 속도는 강물이 흐르는 속도보다 훨씬 빠르다. 정오에 이르면 달리는 속도는 조금 느려지고, 강물은 인간의 속도와 비슷한 속도로 흐르는 듯 보인다. 해가 저물어 밤이 되면 인간은 지치고 피곤해진다. 강물은 갑자기 속도를 높인 것처럼 느껴진다. 그러나 실제로 강물의 속도가 빨라진 것은 아니다. 인간이 달리는 속도가 점점 느려졌을 뿐이다. 결국 인간은 제자리에 멈추고, 더 이상 달리기를 포기하며 자신을 내려놓는다. 그럼에도 강물은 변함없이 흐른다.

유아기의 시간이 느리게 흐르는 것처럼 느껴지고, 노년기의 시간은 빠르게 흐르는 것처럼 느껴지는 이유는 또 다른 설명으로도 이해할 수 있다. 어린아이에게 1년은 지금까지 살아온 전체 생애의 상당 부분을 차지하지만, 노인에게 1년은 이미 지나온 긴 생애 속에서 차지하는 비율이 극히 작기 때문이다. 그러나 우리의 의식은 이러한 비율 계산보다는 생리적 시간, 즉 생리학적 과정의 속도가 느려지는 현상을 더 애매모호하게 감지하는 쪽에 가깝다. 우리는 자신이 강둑을 따라 달리며 바라보는 강물의 흐름을 물리적 시간으로 착각한다.

인생의 초기 단계인 아동기의 나날들은 생리적 가치가 극도로 높다. 이 시기의 모든 순간은 교육의 기회로 활용되어야 한다. 아동기를 허비하면 그 손실은 결코 회복될 수 없다. 어린이는 식물이나 가축처럼 단순히 '기르는' 존재가 아니라, 가장 정교한 지능을 갖추도록 훈련되어야 할 존재다. 그러나 이러한 훈련에는 깊은 생리학적·심리학적 지식이 필요함에도 불구하고, 현대의 교육자들은 아직 그러한 방법을 충분히 습득하지 못하고 있다.

반대로 성년기 후반과 노년기의 퇴화 과정은 생리적 가치가 거의 없다. 이 시기에는 유기적 변화와 정신적 변화가 의미 없이 반복된다. 따라서 퇴화하는 시기는 인위적인 활동으로 채워져야 한다. 노화된 사람은 직장을 그만두거나 완전히 은퇴해서는 안 된다. 활동이 부족해질수록 시간의 내용은 더욱 빈약해진다. 한가한 여가 시간은 젊은 사람보다 노년층에게 훨씬 더 위험하다. 활력이 줄어드는 사람일수록 적절한 노동이나 업무를 수행해야 한다. 다만 이 시기에 휴식에 지나치게 몰두해서는 안 되며, 생리적 과정을 억지로 활성화해서도 안 된다. 느려진 생리적 리듬은 수많은 심리적 사건들 속에 감춰두는 편이 낫다.

우리의 나날들이 정신적 모험과 영적 모험으로 채워질수록, 시간은 더 천천히 흘러간다. 어쩌면 우리는 그렇게 해서 젊은 시절의 시간을 부분적으로나마 되찾을 수 있을지도 모른다.

개인의 수명을 넘어선 인류의 시간

대리석을 새기고 깎아 입체적 형상을 만들어내는 조각상과 마찬가지로, 시간은 인간과 불가분의 관계에 있다. 인간은 세상의 모든 사건을 언제나 자기 자신을 기준으로 인식한다. 인간은 자신의 수명을 시간 단위로 삼아 지구의 나이와 인종의 나이, 문명의 나이, 그리고 자신이 떠맡은 일의 기간을 가늠한다. 그럼에도 불구하고 개인과 국가는 동일한 시간적 규모로 간주될 수 없다. 사회적 문제는 개인적 문제와 동일한 관점에서 다루어져서는 안 된다.

사회적 문제는 극히 서서히 진화한다. 우리가 개인적으로 관찰하고 경험하는 시간은 언제나 너무 짧다. 그렇기 때문에 개인이 관찰하고 경험하는 사건들은 세계 역사 전체에 거의 중대한 영향을 미치지 않는다. 인구가 존속하는 과정에서 물질적 조건과 정신적 조건이 변화하는 현상은 결과적으로 보아도 100년 이내에는 좀처럼 분명하게 드러나지 않는다. 반면, 중대한 생물학적 문제에 대한 조사와 연구는 각 개인의 생애에 국한되어 이루어진다. 개인이 세상을 떠난 후, 그 개인이 수행하던 연구나 업무를 누군가 반드시 이어가야 한다는 사회적 규칙은 존재하지 않는다.

이와 마찬가지로 과학적 규칙과 정치적 규칙 또한 개인의 수명이라는 관점에서 인식된다. 고대 로마 가톨릭 교회는 인간의 발달 속도가 극히 느리며, 한 세대가 일시적으로 소멸하는 현상은 세계사의 흐름 속에서 그다지 중요하지 않은 사건에 불과하다는 사실을 깨달았던 거의 유일한 조직이었다. 인류가 진화하는 과정을 고려할 때, 개인의 수명은 시간의 단위로 삼기에는 현저히 불충분하다.

과학 문명이 출현하고 발달할수록, 모든 근본적인 주제들은 필연

 인간이란 무엇인가

적으로 다시 논의되어야 한다. 우리는 우리 자신의 도덕적 실패와 지적 실패, 사회적 실패를 직접 목격하고 있다. 그럼에도 불구하고 우리는 오랫동안 민주주의가 미래의 전체상이나 장기적인 결과를 내다보지 못한 채, 눈앞의 부분적 현상에만 매달리는 무지하고 나약한 사람들의 노력만으로도 유지될 수 있으리라는 착각 속에 살아왔다. 이제 우리는 민주주의가 쇠퇴하고 있다는 사실을 이해하기 시작한다.

위대한 인간의 미래와 관련된 문제들은 더 이상 방치될 수 없으며, 명확한 해결책을 요구한다 이제 우리는 시간적으로 먼 사건들에 대비해야 하고, 서로 다른 이상을 지닌 젊은 세대를 새롭게 구성해야 한다. 잘 알려져 있듯이, 오직 자신의 수명만을 기준으로 시간을 기능적으로 판단하는 사람들이 통치하는 국가의 정부는 결국 혼란과 실패로 귀결된다. 우리는 우리 자신을 넘어, 우리의 시간적 관점을 더욱 넓게 확장해야 한다.

반대로, 어린이 집단이나 노동자 집단처럼 일시적으로 구성된 사회적 집단 조직에서는 오로지 개인의 시간만이 고려되어야 한다. 하나의 집단을 이루는 구성원들은 동일한 리듬에 따라 업무를 수행해야 한다. 학교에서 한 학급을 이루는 어린이들은 현실적으로 동일한 기준에 따라 지적 활동을 수행해야 하며, 공장과 은행, 상점, 대학교 등에서 근무하는 노동자들 또한 특정한 시간에 특정한 업무를 수행해야 한다. 나이나 질병으로 인해 활력이 저하된 사람들은 전반적으로 모든 업무의 진행 속도를 늦추게 된다.

지금까지 인간은 실제 나이에 따라 분류되어 왔다. 같은 나이의 어린이들은 동일한 학급에 배정되고, 노동자의 은퇴 시점 또한 나이에 따라 정해진다. 그러나 개인의 건강 상태가 실제 나이에 의해 결정되지 않는다는 사실은 이미 잘 알려져 있다. 특정한 유형의 직업에 종사하는 사람들은 실제 나이가 아니라 생리적 나이에 따라 분류되어야 한다. 사춘기는 일부 뉴욕 학교에서 어린이들을 분류하는 기준으로 활용된 바 있다. 하지만 근로자가 어느 시점에 퇴직 연금을 지급받아야 하는지를 판단할 수 있는 명확한 수단은 여전히 존재하지 않는다. 또한 개인에게서 나타나는 유기적 쇠퇴와 정신적 쇠퇴의 속도를 일반적으로 측정할 수 있는 방법 역시 아직 마련되지 않았다. 다만 비행 조종사의 건강 상태를 비교적 정확하게 추정할 수 있는 생리학적 검사는 이미 개발되었다. 비행 조종사들의 은퇴 시점은 실제 나이가 아니라 생리적 나이에 따라 결정된다.

젊은 사람들과 나이 든 사람들은 공간적으로는 동일한 지역에서 살아가지만, 시간적으로는 서로 다른 세계에 속해 있다. 우리는 냉혹할 정도로 나이에 따라 서로 분리된다. 어머니는 자기 딸의 언니나 여동생으로 존재하는 데 결코 성공할 수 없다. 어린이들이 부모를 온전히 이해하는 것은 불가능하며, 조부모를 이해하는 일은 그보다 훨씬 더 어렵다. 분명히 말하자면, 여러 세대를 거친 후손들 사이에는 부모나 조부모, 증조부모와는 본질적으로 다른 이질적인 요소

　　　　　　　　　인간이란 무엇인가

들이 존재하게 된다.

두 세대를 가르는 시간적 거리가 짧을수록, 나이 든 세대가 젊은 세대에 미치는 도덕적 영향력은 오히려 더 강해질 수 있다. 이러한 이유로 여성들은 가능한 한 더 젊은 나이에 어머니가 되는 편이 바람직하다. 매우 젊은 나이에 어머니가 된 여성들은 시간적 간극에도 불구하고 자녀들로부터 고립되어 홀로 분리되는 일을 피할 수 있을 것이다.

점진적으로 형성되는 인간의 형태

생리학적 시간 개념으로부터 인간 활동의 특정한 규칙들을 도출할 수 있다. 유기적, 정신적 발달은 바꿀 수 없는 것이 아니다. 우리가 각자 고유한 틀 안에서 특정한 행동 패턴을 형성하고 그 패턴에 따라 연속적으로 움직이기 때문에, 그것들은 어느 정도까지는 우리의 의지에 의해 변화될 수 있다.

인간은 닫힌 세계 속에서 살아가지만, 그 닫힌 세계를 외부 세계와 내면세계로 구분하는 경계 영역은 수많은 물리적·화학적·심리적 힘에 의해 끊임없이 열리고 있다. 이러한 힘들은 우리의 조직과 정신에 실제적인 변화를 일으킬 수 있다. 우리에게 나타나는 특정한 시기와 기분, 그리고 리듬은 생리적 시간의 구조에 따라 달라진다.

우리의 시간적 차원은 주로 기능적 과정이 가장 활발하게 작동하는 아동기에 확장된다. 이 시기에 장기와 정신은 형태를 형성하며, 그 형성을 효과적으로 도울 수 있다. 유기적인 사건들이 매일 수없이 발생하며, 그렇게 축적된 정보는 개인에게 영구적으로 각인될 만한 적절한 형태로 자리잡을 수 있다.

유기적 생물체가 자신만의 고유한 틀 안에서 선택적으로 형성한 특정 행동 패턴에 따라 연속적으로 움직이기 위해서는, 존속 기간의 본질적인 특성과 시간적 차원의 구조를 반드시 고려해야 한다. 우리에게 나타나는 특정한 시기와 기분, 리듬은 내면세계의 시간에 흐르는 움직임에 맞추어 형성되어야 한다.

인간은 점착성이 있는 액체와 유사한 존재로, 흐르는 동안 형태가 있는 것으로 변해간다. 방향을 즉시 바꿀 수는 없다. 망치를 세게 내려쳐 대리석 조각상을 만드는 것처럼, 거친 절차로 인간의 정신적·구조적 형태를 성급하게 변화시키려 해서는 안 된다. 오직 외과 수술만이 조직에 갑작스럽고도 유익한 변화를 일으킬 수 있으며, 그마저도 회복 속도는 수술칼이 움직이는 속도보다 훨씬 느리다. 신체 전체에 걸친 심오한 변화는 빠르게 얻을 수 없다.

따라서 우리의 행동은 각자가 지닌 고유한 리듬에 따라, 내면세계 시간의 근본을 이루는 생리적 과정과 조화를 이루어야 한다. 예컨대 어린아이에게 어간유‡를 한꺼번에 다량 복용시키는 것은 아무런 유

　　　　　　　　　　인간이란 무엇인가

익을 주지 못한다. 그러나 어린아이가 수개월에 걸쳐 매일 어간유를 소량씩 복용한다면, 골격의 크기와 형태는 실제로 변화할 수 있다.

이와 마찬가지로 정신적 변화 역시 오직 점진적인 방식으로만 작용한다. 육체와 정신을 구축하는 과정에서 우리가 개입하는 방식은 그것이 존속의 법칙을 따를 때에만 그 효력을 온전히 발휘한다.

어린아이는 강바닥에 따라 흐름을 바꾸는 시냇물과 같다. 시냇물은 형태가 바뀌더라도 고유한 특성은 계속 유지된다. 그것은 때로는 호수가 되기도 하고, 급류가 되기도 한다. 시냇물은 환경의 영향을 받으면서 고유한 특성이 옅어질 수도 있고, 반대로 더욱 선명하고 강력해질 수도 있다.

우리의 고유한 특성을 성장시키는 일은 우리 자신을 끊임없이 다듬는 과정과 깊이 연결되어 있다. 인간은 인생의 초기 단계에서 실로 막대한 잠재력을 지니고 있다. 동시에 인간은 조상 대대로 물려받은 타고난 능력과 기질이 허용하는 범위 안에서만 자신을 발달시킬 수 있다는 제한도 함께 지닌다. 그럼에도 인간은 매 순간 자신을 발달시키는 방법을 선택해야 한다. 그리고 그 선택의 순간마다, 자신이 지니고 있던 수많은 잠재력 가운데 하나를 허공 속으로 던져버린다.

인간은 다른 모든 길을 배제한 채, 일상 속에서 자신에게 열려 있

‡ 물고기의 간장에서 추출한 지방유로서 비타민 A와 비타민 D를 다량 함유하고 있다.

는 여러 경로 가운데 하나를 필연적으로 선택하며 살아간다. 그 결과, 다른 길을 따라 여행할 수도 있었던 가능성들, 나아가 그 길을 택했을 경우 도달할 수 있었던 국가와 세계를 직접 경험할 기회를 스스로 박탈한다. 유아기에는 이렇게 하나씩 소멸해 가는 수많은 가상적 존재들을 내면에 품고 살아간다. 그리고 노년기에 이르면, 우리는 발휘할 수도 있었으나 끝내 실현하지 못한 모든 잠재력에 둘러싸인 채 살아가게 된다.

모든 인간은 유동체가 단단한 고체로 굳어 가는 정도, 귀한 보물이 보잘것없는 것으로 가치가 전락하는 과정, 역사가 형성되는 방식, 그리고 고유한 특성이 형성되는 양상에 따라 서로 다르다. 우리의 건강이 향상되거나 쇠약해지는 상태 또한 물리적·화학적·생리학적 요소, 바이러스와 박테리아, 심리적 영향, 그리고 마지막으로는 우리 자신의 의지력에 의해 좌우된다. 우리는 우리 자신과 우리를 둘러싼 환경에 의해 끊임없이 만들어져 간다.

이러한 이유에서 생명의 존속이란 유기적, 정신적 삶의 본질적인 요소이다. 이는 곧 "완전히 새로운 것을 끊임없이 발명하고, 형상을 창조하고, 그것을 부단히 노력하여 형성해 나가는 것"[‡]을 의미하기 때문이다.

‡ 프랑스 철학자 앙리 베르그송(Henri Bergson)이 저술한 글에서 인용한 문장

 인간이란 무엇인가

6장

†

적응 기능

Man, The Unknown

고도로 발달한 과학 문명이 형성한

현대 생활 방식은,

인간이 존재해 온 수천 년 동안

한 번도 멈춘 적 없던 수많은 생리적 메커니즘을

쓸모없는 상태로 만들어 버렸다.

연약한 물질로 강철 같은 내구성을 만드는 적응의 힘

육체의 내구성과, 육체를 구성하는 물질이 지닌 일시적인 성질 사이에는 분명한 대비가 존재한다. 인간의 몸은 몇 시간 만에도 쉽게 분해될 수 있는 부드럽고 연한 물질로 이루어져 있다. 그럼에도 불구하고 인간은 강철로 만들어진 구조물보다 훨씬 더 오래 지속된다. 인간은 험난하고 위험한 외부 세계를 단지 견뎌내는 데 그치지 않고, 끊임없이 그것을 극복해 왔다. 더 나아가 변화하는 환경 조건에 스스로를 맞추는 능력은 다른 동물들에 비해 월등히 뛰어나다.

인간은 물리적 상황, 경제적 상황, 사회적 상황이 갑작스럽고 극심하게 변화하는 가운데서도 지속적으로 삶을 이어간다. 이러한 인내력과 내구력은 인간의 조직과 체액이 매우 독특한 방식으로 작동하기 때문에 가능하다. 육체는 사건에 반응하며 마치 스스로를 단단하게 형성하는 것처럼 보인다. 그것은 쉽게 지치지 않으며, 동시에 사건에 따라 유연하게 변화한다. 우리의 신체 기관은 새로운 상황이 주어질 때마다 이를 즉흥적으로, 그러나 만족스러운 방식으로 처리한다. 이러한 즉흥적인 처리 방식은 인간에게 가능한 한 가장 긴 수명을 제공하는 방향으로 작동하는 경향이 있다.

내면세계의 시간적 기반을 이루는 생리적 과정은 언제나 인간이 가장 오래 생존할 수 있는 방향으로 전개된다. 인간이 장기간 생존하도록 자동적으로, 그리고 세심하게 조정하는 이러한 이상하고도 낯선 기능은 인간이 특수한 성질을 지닌 존재로 실존할 수 있도록 돕는다. 우리는 이 기능을 '적응 기능'이라 부른다.

모든 생리적 활동은 선천적으로 적응 기능의 특성을 내포하고 있다. 그 결과, 적응 기능은 셀 수 없이 많은 구체적인 방식으로 나타난다. 그러나 이 기능은 크게 두 가지 측면, 즉 유기적 생물체의 내부 세계와 외부 세계라는 관점에서 구분할 수 있다. 내부 세계의 측면에서 적응 기능은 조직과 체액의 관계를 조정하고, 유기적 매개체의 상태를 일정하게 유지하는 역할을 수행한다. 또한 장기들 사이의 상관관계를 결정하며, 자동적으로 조직을 회복하고 질병을 치유하는 방향으로 작동한다.

외부 세계의 측면에서 적응 기능은 인간이 물리적 세계와 심리적 세계, 나아가 경제적 세계에 적응하도록 조정한다. 동시에 인간이 유해한 환경 조건 속에서도 오랜 기간 생존할 수 있도록 돕는다. 이

두 가지 측면에서 적응 기능은 인간의 전 생애에 걸쳐, 매 순간 즉각적으로 작동한다. 이러한 적응 기능은 인간의 수명을 최대화하는 데 필수적인 기본 요소라 할 수 있다.

흔들리지 않는 내면세계의 리듬

우리가 세상을 살아가며 고통과 기쁨, 불안을 경험하더라도, 우리 몸의 장기들은 내부의 리듬을 크게 바꾸지 않는다. 세포와 체액 사이에서 이루어지는 화학적 교환은 변함없이 계속된다. 혈액은 동맥 속에서 활기차고 빠른 속도로 흐르지만, 셀 수 없이 많은 조직의 모세혈관 속에서는 거의 일정한 속도로 천천히 흐른다. 육체 내부에서 규칙적이고 일정하게 일어나는 현상과, 우리를 둘러싼 환경에서 불규칙하고 예측할 수 없이 발생하는 현상 사이에는 인상적인 대비가 존재한다.

유기적 생물체인 인간의 몸은 매우 안정된 상태를 유지한다. 그러나 이 안정 상태는 휴식이나 정지, 혹은 평형 상태를 의미하지 않는다. 오히려 그 반대로, 유기적 생물체는 전반적으로 끊임없이 활동하고 있기 때문이다. 혈액의 구성 성분과 규칙적인 순환 작용을 일정하게 유지하기 위해서는 실로 방대한 생리적 과정이 지속적으로 작동해야 한다. 조직의 안정 상태 또한 모든 기능적 시스템이 동시에, 그리고 집중적으로 작동하려는 노력이 있을 때에만 확실하게 유지된다. 우리가 무리하게, 그리고 더욱 불규칙한 방식으로 생활할수록 이러한 노력은 더욱 강도 높게 수행되어야 한다. 우리가 우주와 맺는 관계의 잔혹함이 우리 내부 세계에 존재하는 세포와 체액의 평화를 교란해서는 안 된다.

혈액의 압력과 부피는 대체로 크게 변하지 않는다. 그러나 혈액은 불규칙한 방식으로 다량의 수분을 받아들이기도 하고, 잃기도 한다. 음식물을 섭취한 뒤에는 혈액이 음식물과 소화액에서 장 점막을 통해 흡수된 유동체를 받아들인다. 반면, 다른 순간에는 혈액 내 수분의 부피가 감소하는 경향을 보인다. 소화 과정 동안 혈액은 위와 장, 간, 췌장에서 분비물을 생성하는 데 사용되는 수분을 수 리터에 걸쳐 소실한다. 이와 유사한 현상은 땀샘이 활발히 작동하는 경우, 예컨대 격렬한 근육 운동을 동반한 권투 시합과 같은 상황에서도 발생한다. 또한 이질이나 콜레라처럼 소장과 대장을 침범하는 급성 감염성 질환에 걸려 다량의 수분이 모세혈관에서 장 내강으로 이동할 때에도 혈액의 수분 부피는 감소한다. 설사를 유발하는 설사약을 복용한 이후에도 마찬가지다. 그럼에도 불구하고 혈액이 수분을 받아들이고 소실하는 정도는 혈액의 부피를 조절하는 메커니즘에 의해 정확한 균형을 이룬다.

    인간이란 무엇인가

이러한 메커니즘은 혈액에만 국한되지 않고 육체 전체로 확장된
다. 그것은 혈액의 압력과 부피를 일정하게 유지하는 역할을 한다.
혈액의 압력은 단순히 혈액량에 의해 결정되는 것이 아니라, 혈액량
과 순환 기관의 용량 사이의 관계에 따라 달라진다. 그러나 순환 기
관은 물을 펌프로 끌어올리는 단순한 파이프 시스템과는 전혀 다르
며, 인간이 조립한 기계와도 유사하지 않다. 동맥과 정맥은 자신의
지름을 자동으로 변화시키며, 근육을 둘러싼 신경의 영향에 따라 수
축하거나 확장한다. 더 나아가 모세혈관의 벽은 투과성을 지니고 있
어, 혈액에 포함된 수분은 순환 기관을 자유롭게 오가며 이동한다.
이 수분은 신장과 피부의 모공, 장 점막, 폐를 통해 육체 밖으로 배출
된다.

이처럼 용량과 투과성이 끊임없이 변화하는 심혈관 시스템 속에
서, 심장은 기적에 가까운 방식으로 혈액의 압력을 일정하게 유지한
다. 혈액이 오른쪽 심장에 과도하게 축적되는 경향을 보일 경우, 우
심방에서 시작되는 반사 작용은 심박수를 증가시켜 혈액이 심장에
서 혈관으로 더 빠르게 이동하도록 한다. 동시에 혈청은 모세혈관
벽을 통과해 결합 조직과 근육으로 밀려든다. 이와 같은 방식으로
순환계는 자동적으로 다량의 유동체를 배출한다.

반대로 혈액의 압력과 부피가 감소할 경우, 이러한 변화는 경동맥
동 벽에 숨겨진 신경 말단을 통해 감지된다. 이 반사 작용은 혈관을
수축시키고 순환 기관의 용량을 감소시키며, 그와 동시에 조직과 위
에 포함된 유동체가 모세혈관 벽을 통해 여과되어 혈관계로 다시 유

입되도록 한다. 이러한 메커니즘은 혈액의 양과 표면 장력을 거의 완벽하게 일정한 상태로 유지한다.

혈액의 구성 성분 또한 놀라울 만큼 안정적으로 유지된다. 정상적인 조건에서 적혈구와 혈장, 염분, 단백질, 지방, 당분의 양은 극히 소량만 변화한다. 그리고 일반적으로 조직에 요구되는 최소 조건을 넘어서는, 보다 우수한 상태가 항상 유지된다.

이 때문에 영양 결핍이나 출혈, 장기간에 걸친 극심한 근육 활동과 같은 예측 불가능한 사건들조차 유기적 유동체의 상태를 치명적으로 변화시키지는 못한다. 조직은 수분과 염분, 지방, 단백질, 당분을 충분히 저장하고 있다. 그러나 산소만큼은 어디에도 저장되지 않는다. 따라서 산소를 얻기 위해 혈액은 끊임없이 폐로 공급되어야 한다. 유기적 생물체는 화학적 교환 활동에 따라 산소의 소비량을 변화시키고, 그에 따라 이산화탄소를 생성한다. 그럼에도 불구하고 혈관 내에서 산소와 이산화탄소의 장력은 일정하게 유지된다.

이러한 현상은 물리·화학적 메커니즘과 생리학적 메커니즘이 함께 작용하기 때문에 가능하다. 물리·화학적 평형 상태는 적혈구가 폐를 통과할 때 흡수하는 산소의 양과, 조직으로 운반하는 산소의 양을 결정한다. 적혈구가 말초 모세혈관을 따라 이동하는 동안, 혈액은 조직에서 방출된 이산화탄소를 흡수한다. 이 이산화탄소는 산소를 운반하는 헤모글로빈의 산소 친화력을 감소시키고, 그 결과 산

     인간이란 무엇인가

소가 적혈구에서 기관의 세포로 이동하는 과정을 촉진한다. 조직과 혈액 사이에서 이루어지는 산소와 이산화탄소의 교환은 전적으로 혈장의 염분과 단백질, 그리고 헤모글로빈이 지닌 화학적 특성에 의해 결정된다.

혈액이 조직으로 운반하는 산소의 양은 생리적 과정에 의해 조절된다. 공기가 흉부로 유입되어 폐로 침투하는 속도와 정도를 조정하는 호흡근의 활동은 척수 상부에 위치한 신경 세포의 작용에 의해 조절된다. 이러한 중추 신경계의 활동은 혈액 속 이산화탄소이 장력에 따라 변화하며, 과도하거나 부족한 산소 순환 상태와 체온에 의해서도 영향을 받는다. 이와 마찬가지로 물리·화학적 메커니즘과 생리학적 메커니즘은 혈장의 이온 알칼리도를 조절한다.

유기적 생물체의 내부 세계에 존재하는 유기적 매개체는 결코 산성 상태로 기울지 않는다. 이는 조직이 지속적으로 생성하는 다량의 탄산과 젖산, 황산이 림프를 통해 자유롭게 배출된다는 사실을 고려할 때 더욱 놀라운 일이다. 이러한 산성 물질들은 중탄산염과 인산염에 의해 중화되거나, 보다 정확히 말하면 완충되어 혈장의 반응을 변화시키지 않는다. 혈장은 이온 산성도를 증가시키지 않으면서도 다량의 산성 물질을 받아들일 수 있다. 그러나 그럼에도 이러한 산성 물질들은 결국 제거되어야 한다. 이산화탄소는 폐를 통해 체외로 배출되고, 비휘발성 산은 신장을 통해 제거된다. 흉부와 폐의 호흡 운동, 그리고 신장의 배설 작용에는 생리적 과정이 개입되지만,

이산화탄소가 폐 점막 상피를 통해 배출되는 현상 자체는 순수한 물리·화학적 현상에 불과하다. 결국 유기적 매개체의 상태가 일정하게 유지되는 물리·화학적 평형 상태는 신경계의 자동적인 개입에 달려 있다.

부분은 전체를 알고 있다

기관은 유기적 유동체, 신경계와 밀접하게 연관되어 있다. 육체를 구성하는 각 요소는 스스로 다른 요소들에 적응하며, 동시에 다른 요소들 역시 그 요소에 적응한다. 이러한 상호 적응의 방식은 근본적으로 특정한 목적을 실현하기 위해 존재한다. 만약 기계론자나 생기론자들처럼, 우리 역시 조직이 인간과 유사한 형태의 지능을 지니고 있다고 가정한다면, 생리학적 과정들은 하나의 목적을 달성하기 위해 서로 연합하는 것처럼 보일 수 있다.

유기적 생물체의 내부 세계에 명확한 목적성이 존재한다는 사실은 분명하다. 유기적 생물체의 각 부분은 전체를 이해하는 데 필요한 현재와 미래를 인지하고, 그에 맞추어 작용하는 듯하다. 우리의 조직과 정신은 시간과 공간에 따라 중요성이 달라지며, 육체는 가까

     인간이란 무엇인가

운 현재뿐 아니라 먼 미래까지도 인식하는 것처럼 보인다.

임신 후기에 이르면 외음부와 질의 조직은 유동체가 침투하면서 점차 부드럽게 확장된다. 이러한 변화는 며칠 뒤 태아가 통과할 수 있는 환경을 미리 마련하고, 그 상태를 견고하게 유지해 준다. 이와 동시에 젖샘은 자신의 세포 수를 크게 증가시키며, 분만 이전부터 이미 기능을 시작한다. 젖샘은 태어날 아기에게 젖을 제공할 준비를 마친 채 기다린다. 이 모든 과정은 분명히 미래의 사건을 대비하는 준비 단계에 해당한다.

갑상샘의 절반이 제거되면, 제거되지 않은 나머지 절반은 부피가 증가한다. 때로는 그 증가가 정상적인 필요를 넘어설 정도로 과도해지기도 한다. 영국의 정신분석학자 도널드 멜처*Donald Meltzer*가 "방어 기제란 우리가 고통을 피하기 위해 자기 자신에게 하는 거짓말"이라고 말했듯이, 유기적 생물체 역시 위험한 상황에서 스스로를 보호하기 위한 안전 장치를 풍부하게 갖추고 있다.

예로 신장의 소변 분비 기능은 정상적인 신장 하나만으로도 충분히 수행되지만 한쪽 신장이 제거되면 남아 있는 다른 하나의 신장은 크게 확장된다. 만약 유기적 생물체가 갑상샘이나 신장에게 언제든지 이례적으로 뛰어난 능력을 발휘하라고 요구한다면, 이들 기관은 예측하지 못한 요구에도 응답할 수 있을 것이다.

배아 발생 전 과정에 걸쳐, 조직들은 마치 미래를 미리 준비하는 듯하다. 유기적 상관관계는 서로 다른 시간대 사이에서도, 서로 다른 공간 영역 사이에서도 쉽게 발생한다. 이러한 사실들은 관찰 연구에 있어 핵심적인 자료가 된다. 그러나 이 현상들은 단순히 기계론적 개념이나 생기론적 개념을 적용하는 방식으로는 설명될 수 없다. 유기적 과정들 사이에 존재하는 목적론적 상관관계는 출혈 이후 혈액이 재생되는 과정에서 분명히 드러난다.

출혈이 발생하면, 우선 모든 혈관이 수축한다. 이때 수축된 혈관 안에 남아 있는 혈액의 상대적 부피는 자동적으로 증가하며, 그 결과 동맥 혈압은 혈액이 계속 순환하는 동안 일정 수준으로 회복된다. 조직과 근육에 존재하던 유동체는 모세혈관 벽을 통과해 순환계로 유입된다. 환자는 강렬한 갈증을 느끼고, 혈액은 위로 들어온 유동체를 즉시 흡수하여 정상적인 부피를 되찾는다. 혈액 속에 남아 있던 적혈구는 자신을 붙잡고 있던 기관에서 빠져나오고, 마지막으로 골수는 혈액을 완전히 재생하기 위한 새로운 적혈구의 생성을 시작한다. 요컨대, 육체를 구성하는 모든 부분은 생리적 현상과 물리·화학적 현상, 구조적 현상이 연속적으로 일어나도록 작용하며, 이 모든 과정은 출혈 이후 혈액을 재생하기 위한 하나의 적응 기능을 이룬다.

신체 기관인 눈을 예로 들어보자. 눈을 구성하는 요소들 역시 비록 미래의 사건과 관련되어 있지만, 특정한 목적을 달성하기 위해

　　　인간이란 무엇인가

서로 긴밀히 연관되어 있는 것처럼 보인다. 앞서 언급했듯이, 아직 충분히 발달하지 않은 망막을 덮고 있는 피부는 속이 비칠 정도로 투명해지며, 각막과 수정체를 형성하고, 다른 조직들과 결합하여 우리가 '눈'이라 부르는 경이로운 광학계를 구축하는 놀라운 변화를 겪는다. 이러한 변화는 장차 눈을 이루게 될 부분으로서, 전뇌의 양쪽 측면 일부가 주머니 모양으로 바깥쪽으로 팽출되어 형성된 한 쌍의 포낭체, 즉 눈소포(안포)에서 방출되는 화학 물질에 의해 일어나는 것으로 여겨진다.

그러나 이러한 설명만으로는 눈의 구성 요소들이 서로 어떻게 연관되는지에 대한 문제를 충분히 해명하지 못한다. 눈소포에서 분비되는 화학 물질이 아직 덜 발달된 망막을 덮고 있는 반투명한 피부를 투명하게 만드는 성질을 획득하게 되는 과정은 어떻게 가능한가? 미래에 형성될 망막은 아직 미성숙한 자신을 덮고 있는 피부가 외부 세계의 이미지를 신경 말단에 투영할 수 있는 투명한 수정체로 변화하도록 어떻게 유도하는가?

수정체 앞에 위치한 홍채는 눈으로 들어오는 빛의 양을 조절하는 조리개 역할을 수행하도록 스스로 형성된다. 이 홍채는 빛의 강도에 따라 확장하거나 수축하고, 그와 동시에 망막의 민감도 역시 증가하거나 감소한다. 더 나아가 수정체는 근거리 시력과 원거리 시력에 맞추어 자신의 형태를 자동적으로 조절한다.

이러한 상관관계는 분명히 관찰 가능한 사실이다. 그러나 눈의 구성 요소들이 어떻게 이토록 정교하게 서로 연관되는지에 대해서는 여전히 명확한 해답을 제시할 수 없다. 어쩌면 눈의 구성 요소들 사이에서 이루어지는 상관관계는 우리가 겉으로 인식하는 방식과는 전혀 다를지도 모른다. 그 과정은 근본적으로 매우 단순할 수도 있으며, 동일한 목적을 향해 작동하는 눈의 구성 요소들이 이미 하나의 단일성을 이루고 있다는 사실을 우리가 인식하지 못하고 있는 것일 수도 있다. 우리는 전체를 부분으로 나누고, 그렇게 분리된 부분들을 다시 결합했을 때 정확히 맞아떨어진다는 사실에 놀라곤 한다. 아마도 우리는 인위적으로 모든 사물에 개별적인 특성을 부여하고 있는지도 모른다.

어쩌면 육체와 기관의 경계는 우리가 생각하는 지점에 존재하지 않을 수 있다. 더 나아가 우리는 서로 다른 개체들 사이의 상관관계, 이를테면 음경과 질 사이의 관계를 온전히 이해하지 못할 수도 있다. 난자와 정자가 수정하듯, 생리적 과정에 따라 두 개체가 협력하는 현상 역시 충분히 인식하지 못하고 있을 가능성이 있다. 이러한 현상들은 우리가 지니고 있는 고유한 특성, 구조, 공간과 시간의 개념을 적용하더라도 여전히 명확하게 이해되지 않는다.

　　　　　　　　　　　인간이란 무엇인가

손상 부위를 재생하는 신체의 치유 메커니즘

적군이 발사한 탄알이나 폭탄, 미사일에 맞아 피부나 근육, 혈관, 뼈 등이 손상되면 유기적 생물체는 즉시 그 새로운 상황에 적응한다. 모든 현상은 마치 육체가 조직의 병변을 치유하기 위해 지체 없이 조치를 취하거나, 혹은 일정한 시간차를 두고 대응하는 것처럼 전개된다. 혈액이 재생되는 메커니즘과 마찬가지로, 원래는 서로 다른 목적을 위해 작동하던 여러 메커니즘들이 하나의 특정 목적을 향해 집중되기 시작한다. 그 목적은 단 하나, 파괴된 구조를 원래의 상태로 재구성하는 것이다.

예컨대 동맥이 절단되면 혈액은 대량으로 분출되고, 동맥 혈압은 급격히 저하되며, 환자는 실신한다. 그 결과 출혈량은 감소한다. 이어 상처 부위에는 혈전이 형성되고, 피브린은 찢어진 혈관 벽에 자발적으로 부착되어 출혈을 멈추게 한다. 이 시점에서 출혈은 확실하게 억제된다. 이후 며칠에 걸쳐 백혈구와 조직 세포들이 혈전과 피브린으로 봉합된 상처 부위로 침투하여, 손상된 동맥벽을 점진적으로 재생시킨다.

유기적 생물체는 이와 유사한 방식으로 소장과 대장에 발생한 작은 상처들 또한 치유할 수 있다. 장이 손상되면, 고리 모양으로 구부러진 대장은 가장 먼저 운동성을 상실하고 일시적으로 마비된다. 그 결과 대변이 복부로 이동하는 것이 차단된다. 동시에 소장이나 장막과 같은 다른 내장 기관의 표면은 상처 부위에 가까워지며, 복막 표면이 지닌 고유한 성질에 따라 상처에 자발적으로 부착된다. 이렇게 하여 네다섯 시간 이내에 소장이나 장막의 표면과 찢어진 상처 사이에 존재하던 틈은 메워진다. 외과 전문의가 수술 바늘로 상처의 가장자리를 당겨 봉합하지 않더라도, 복막 표면의 자발적 부착 특성만으로도 치유 현상은 발생한다.

탄알에 맞아 팔다리가 골절되면, 부러진 뼈의 날카로운 끝부분은 주변의 근육과 혈관을 찢는다. 그 직후, 상처 부위는 피브린 섞인 혈전과 골절된 뼈, 찢어진 근육의 파편들로 둘러싸인다. 이어 혈액 순환은 한층 활발해지며 환부는 부어오른다. 조직 재생에 필요한 영양 물질들은 혈류를 따라 손상 부위로 집중적으로 공급되는 것이다. 골절 부위와 그 주변에서는 모든 구조적·기능적 과정이 치유를 향한 방향으로 재편된다. 각 조직은 공통된 과업을 달성하기 위해, 자신이 맡아야 할 역할에 맞는 준비 태세를 갖춘다.

예를 들어, 골절된 뼈의 날카로운 끝에 의해 찢어진 근육 조직은 연골로 전환된다. 연골은 연골 세포와 연골 기질로 이루어진 조직으로, 뼈에 부착되어 뼈와 뼈 사이를 보호하며 관절의 일부를 이룬다. 이 연골은 골절된 뼈의 끝에 붙어 임시로 봉합하며, 부드러운 뼈 덩

 인간이란 무엇인가

어리를 형성한다. 이후 이 부드러운 구조는 점차 완전한 뼈 조직으로 전환된다. 이로써 골격은 자신과 본질적으로 동일한 성질을 지닌 물질을 통해 재생된다.

완전한 치유에 이르기까지 수 주에 걸쳐, 수많은 화학적·신경적·순환적·구조적 현상들이 동시에 발생한다. 이 모든 현상은 서로 긴밀하게 연결되어 있다. 사고 당시 찢어진 근육과 골수에서 흘러나온 유동체, 그리고 손상된 혈관에서 유출된 혈액은 재생 현상을 유도하는 생리적 과정을 즉각적으로 작동시킨다. 각각의 현상은 직전에 발생한 현상으로부터 비롯되며, 조직에서 방출된 유동체의 화학적 구성과 물리화학적 조건에 따라 잠재되어 있던 특정한 성질들을 현실화한다. 그리고 이러한 잠재적 성질들이 해부학적 구조에 재생 능력을 부여한다. 각 조직은 예측할 수 없는 미래의 어느 순간이라도, 유기체 내부 매개체의 물리·화학적 혹은 화학적 변화에 대하여 신체 전체의 이익에 부합하는 방식으로 반응할 역량을 갖추고 있다.

겉으로 드러나는 상처에 형성되는 반흔, 즉 흉터는 적응 기능이 실제로 작동하고 있음을 명확하게 보여주는 증거다. 이러한 상처는 정량적으로 측정될 수 있다. 상처가 치유되는 속도는 프랑스의 생물물리학자인 르콩트 뒤 노위가 정립한 두 가지 공식으로 계산할 수 있으며, 이에 따라 반흔 형성의 과정 역시 분석이 가능하다.

우리는 여기서 중요한 사실 하나를 확인하게 된다. 상처는 오직 육체에 유익할 때에만 치유된다는 점이다. 피부가 제거되어 드러난

상처 조직이 미생물과 공기, 기타 자극 요인으로부터 완전히 차단되면 재생 현상은 오히려 발생하지 않는다. 그러한 완전한 보호 상태에서 재생은 무용하기 때문이다. 따라서 상처는 치유되지 않은 채 초기 상태로 유지된다. 이 상태는 조직이 외부 세계의 공격을 받지 않는 동안 지속된다. 반대로, 소량의 혈액이나 일정한 미생물, 혹은 상처 치료제가 손상된 피부 표면을 자극하면 치유 과정은 즉시 시작되며, 반흔이 완전히 형성될 때까지 중단되지 않고 진행된다.

피부는 여러 겹으로 겹쳐진 편평 상피 세포로 이루어져 있으며, 이 상피층은 수많은 미세 혈관을 포함한 부드럽고 탄력 있는 결합 조직층인 진피 위에 놓여 있다. 피부 일부가 제거되면, 상처의 바닥은 지방 조직과 근육으로 이루어져 있는 것을 볼 수 있다. 3~4일이 지나면 상처 표면은 매끈하고 번들거리며 붉은 빛을 띤다. 이후 이러한 증상은 갑작스럽게 빠른 속도로 감소한다. 이는 상처를 덮고 있는 새로운 조직이 수축하기 때문이다.

동시에 상피 세포는 상처 가장자리의 피부가 하얗게 변할 즈음, 붉어진 상처 표면 위로 미끄러지듯 이동하기 시작한다. 그리고 마침내 그 표면 전체를 덮는다. 그 결과 상처 부위에는 반흔이 형성된다. 이 반흔 형성은 두 가지 조직, 즉 상처 내부를 채우는 결합 조직과 상처 가장자리에서 이동해 오는 상피 조직이 협력함으로써 가능해진다. 결합 조직은 상처를 수축시키는 역할을 담당하고, 상피 조직은 상처 표면을 덮는 피부막의 기능을 수행한다.

          인간이란 무엇인가

치유 과정에서 상처 크기가 점차 감소하는 양상은 반흔 계수 곡선으로 표현할 수 있다. 흥미롭게도 상피 조직이나 결합 조직 중 어느 하나가 제 기능을 제대로 수행하지 못하더라도 반흔 계수 곡선은 변화하지 않는다. 치유에 관여하는 두 요인 가운데 하나가 기능을 상실하면 나머지 하나가 그 속도를 가속화하여 부족한 부분을 보완하기 때문이다. 이러한 과정의 진행 정도는 달성해야 할 특정 목적에 의해 조절된다. 하나의 재생 메커니즘이 실패하면 그 기능은 다른 재생 메커니즘으로 대체된다. 그러나 최종 결과는 변하지 않으며 절차 또한 본질적으로 달라지지 않는다.

출혈 이후 동맥 혈압과 혈액량이 회복되는 과정 역시 마찬가지다. 한편으로는 혈관 수축과 순환 기관의 용량 감소에 의해 회복이 이루어지고, 다른 한편으로는 조직과 소화 기관에서 분비되는 유동체의 양에 의해 회복이 진행된다. 이 두 메커니즘은 서로 융합되어 작동하며, 어느 하나가 충분히 기능하지 못할 경우 다른 하나가 그 결핍을 보완한다.

수술은 치유를 거스르지 않는다

치유 과정을 이해하는 지식은 현대 수술이 가능해지는 데 결정적인 역할을 했다. 외과 의사들은 적응 기능이 존재하지 않는다면 상처를 치료할 수 없다는 사실을 잘 알고 있다. 그들은 치유 메커니즘을 직접 만들어내는 것이 아니라, 자발적으로 작동하는 치유 메커니즘을 방해하지 않도록 돕는다. 외과 의사들이 자신의 작업에서 느끼는 만족감 역시, 이러한 자발적 치유 메커니즘이 성공적으로 작동하는 모습을 확인하는 데서 비롯된다.

예컨대 외과 의사들은 유해한 반흔이나 기형이 생기지 않고 재생이 이루어질 수 있도록, 상처 부위의 가장자리나 골절된 뼈의 끝부분을 정교하게 서로 맞닿게 한다. 깊게 형성된 피부 농양을 절개하거나, 세균에 감염된 골절을 치료하거나, 제왕절개 수술을 시행하거나, 자궁을 제거하거나, 위나 장의 일부를 적출하거나, 두개골의 윗부분을 들어 올리거나, 뇌종양을 제거하는 경우, 외과 의사들은 상처 부위를 길고 넓게 절개할 수밖에 없다. 그러나 외과 의사가 아무리 정밀하게 절개 부위를 봉합하더라도, 유기적 생물체가 스스로 치유할 수 있는 능력을 지니고 있지 않다면 그 상처는 결코 확실하게 아물지 않는다.

수술은 바로 이러한 치유 현상을 기반으로 성립한다. 외과학은 적응 기능을 활용하는 방법을 학습해 왔으며, 그것을 극도로 기발하고도 대담한 방식으로 발전시켜 왔다. 그 결과 수술은 의학이 오랜 세월 꿈꾸어 왔던 가장 야심 찬 희망의 범위를 훌쩍 넘어섰다. 수술이 거둔 성과는 생물학이 이룩한 가장 완벽한 성공 가운데 하나라 할 수 있다.

수술 기술을 완벽하게 숙달하고, 수술 정신을 명확히 이해하며, 인간에 대한 깊은 통찰과 질병 연구의 과학적 토대를 확실히 갖춘 외과 의사는 거의 신적인 존재가 된다. 그는 환자를 거의 위험에 빠뜨리지 않은 상태에서 육체를 절개하고, 신체 기관을 탐구하며, 생체 기관에 생긴 병변을 치료할 수 있다. 그 결과 수많은 사람이 활력을 되찾고 건강을 회복하며 삶의 기쁨을 다시 누릴 수 있다. 심지어 치유가 불가능한 극심한 질병에 시달리는 사람들조차도 고통을 덜 느끼며 보다 편안한 삶을 살아갈 수 있도록 돕는다. 이러한 유형의 외과 의사들은 매우 드물지만, 보다 체계적인 전문 기술 교육과 도덕 교육, 과학 교육이 이루어진다면 그 수는 충분히 늘어날 수 있을 것이다.

이러한 성공의 이유는 사실 단순하다. 수술은 정상적인 치유 과정이 방해받지 않도록 해야 한다는 사실을 깨달았고, 동시에 미생물이 상처 부위에 접근하지 못하도록 차단하는 데 성공했다. 프랑스 화학자 루이 파스퇴르와 영국의 외과 의사 조지프 리스터*Joseph Lister*가 무균 수술법을 확립하기 전까지, 수술 후 상처는 거의 예외 없이 박테리아의 공격을 받았다. 이러한 감염은 피부 농양과 가스 괴저[‡], 그리고 각종 전염병을 유발했고, 종종 생물체를 죽음에 이르게 했다.

현대 과학 기술은 수술 후 상처 부위에서 미생물을 사실상 제거하는 데 성공했다. 그 결과 환자의 생명을 구하고 회복을 빠르게 촉진할 수 있게 되었다. 미생물이 제거된 이유는 명확하다. 미생물은 적응 기능과 회복 과정을 방해하거나 지연시킬 수 있기 때문이다. 상처 부위가 박테리아로부터 보호되자, 수술은 비약적으로 발전하기 시작했다.

수술 기법은 외과 의사 테오도어 빌로트*Theodor Billroth*와 코커*Kocher*, 올리에*Ollier*, 그리고 그들과 동시대의 외과 의사들에 의해 빠르게 발전했다. 이후 25년 동안 축적된 수술의 진보는 미국의 외과 의사 윌리엄 홀스테드*William Halsted*, 하비 쿠싱*Harvey Cushing*, 메이요*Mayos*, 그리고 수많은 위대한 현대 외과 의사들의 손에서 하나의 예술로 꽃피웠다.

이러한 성공적인 수술 기법들은 특정한 적응 현상을 명확히 이해하는 지식에서 비롯된다. 그것은 상처를 피부 농양이나 가스 괴저, 전염병으로부터 보호하는 데 그치지 않고, 수술 과정 전반에서 조직의 구조적 상태와 기능적 상태를 세심하게 고려해야 한다는 원칙으

[‡] 조직을 괴사시키면서 가스를 만드는 세균에 의한 감염 질환

로 이어진다. 조직은 소독제에 의해 쉽게 손상될 수 있으므로, 의료용 지혈 겸자‡에 의해 으스러지거나, 소독 기구에 과도하게 압박되거나, 외과 의사의 손가락에 거칠게 당겨지는 일이 없어야 한다.

윌리엄 홀스테드와 그가 속했던 의과 대학의 외과 의사들은 상처가 온전한 재생 능력을 유지하려면 얼마나 섬세하게 다루어져야 하는지를 분명히 보여주었다. 수술의 결과는 상처 부위를 덮는 조직의 상태와 환자 자신의 상태에 따라 달라진다. 현대 의학은 이러한 위험 요인들을 종합적으로 고려함으로써 생리적 활동과 정신적 활동에 영향을 미칠 수 있다. 환자는 전염병과 정신적 충격, 출혈뿐만 아니라 공포, 추위, 마취와 같은 요인으로부터도 보호된다. 만약 예기치 않은 실수로 감염이 발생하더라도, 현대 의학은 이를 효과적으로 치료할 수 있다.

앞으로 치유 과정의 본질적인 특성이 더욱 명확히 밝혀진다면 환자의 회복 속도는 한층 더 빨라질 가능성이 있다. 우리가 잘 알고 있듯이 치유 속도는 체액의 특성, 특히 체액이 얼마나 활발하게 기능하는가에 크게 좌우된다. 만약 이러한 특성이 일시적으로 혈액이나 조직에 부여될 수 있다면 외과 수술 이후의 회복은 훨씬 더 수월해질 것이다.

특정 화학 물질이 세포 증식을 가속화한다는 사실은 이미 알려져 있으며, 언젠가는 이러한 물질들이 수술 후 빠른 회복을 돕는 데 활

‡ 외과 수술에서 지혈을 하거나 물체를 고정시킬 때 사용하는 도구

용될지도 모른다. 재생 메커니즘에 대한 이해가 한 걸음씩 깊어질수록 수술 역시 그에 비례해 더욱 발전할 것이다. 그러나 사막이나 원시림에서와 마찬가지로, 최첨단 의료 장비와 과학 기술을 갖춘 병원에서도 상처 치유의 속도를 최종적으로 결정하는 것은 무엇보다도 우리 몸의 적응 기능이 얼마나 효율적으로 작동하느냐에 달려 있다.

저항하고 투쟁하는 면역 체계

모든 유기적 기능은 미생물이나 바이러스가 육체의 경계 영역을 가로질러 조직 안으로 침입하는 순간 즉각적인 변화를 겪는다. 유기적 생물체는 이때부터 질병에 감염되기 시작한다. 질병의 성격은 병리학적 변화를 유발하는 유기적 매개체에 대해 조직이 어떤 방식으로 적응하느냐에 따라 달라진다. 예를 들어 발열은 위협적인 박테리아나 바이러스에 육체가 대응할 때 나타나는 가장 기본적인 경고 반응이다. 그 밖의 적응 반응은 유기적 생물체가 독성 물질을 생성하는 정도, 영양 작용에 필수적인 특정 화학 물질이 결핍되는 정도, 그리고 다양한 분비샘의 활동이 방해받는 정도에 따라 결정된다.

 인간이란 무엇인가

브라이트병[‡], 괴혈병, 안구 돌출 갑상샘종의 증상은 질병에 걸린 신장이 더 이상 특정 화학 물질을 제거하지 못하고, 비타민이 결핍되며, 갑상샘이 독성 화학 물질을 생성·분비하는 병리학적 변화에 유기적 생물체가 적응하고 있음을 보여준다. 병원체에 대한 적응은 두 가지 상이한 측면을 지닌다. 한편으로 유기적 생물체는 육체를 침입한 병원체에 저항하고 그것을 말살하려는 경향을 보인다. 다른 한편으로는 고통스러운 병변을 치유하고, 박테리아나 조직이 만들어낸 독성 화학 물질을 스스로 소멸시키려 한다. 질병은 바로 이러한 적응 과정이 전개되는 현상에 불과하다. 다시 말해, 질병은 유기적 생물체가 육체를 침입하고 기능을 방해하는 병원체에 대해 지속적으로 저항하고 투쟁하려는 노력의 표현이다. 그러나 암이나 정신 질환의 경우에는 육체와 정신이 저항을 못 한 채 파괴되고 있는 상태일 것이다.

미생물과 바이러스는 공기와 물, 음식물 등 모든 환경에 존재하며, 피부 표면과 호흡기 점막, 소화기 점막에도 항상 자리하고 있다. 그럼에도 불구하고 많은 사람에게 이들은 여전히 해를 끼치지 않는 존재로 남아 있다. 어떤 사람들은 질병에 쉽게 걸릴 정도로 면역력이 약한 반면, 다른 사람들은 거의 질병의 영향을 받지 않을 만큼 강한 면역력을 지닌다. 이러한 차이는 육체를 침입한 병원체에 저항하

[‡] 단백뇨·부종·혈뇨가 나타나는 신장염

거나 그것을 제거하는 조직과 체액의 구조가 개인마다 서로 다르기 때문이다.

이러한 면역력은 인간이 태어날 때부터 지니고 있는 자연 면역력에 해당한다. 자연 면역력은 특정 개인을 수많은 질병으로부터 보호할 수 있으며, 인간이 지닐 수 있는 가장 소중하고 뛰어난 자질 가운데 하나다. 그러나 우리는 아직 자연 면역력의 본질을 충분히 이해하지 못하고 있다. 면역력은 조상 대대로 물려받은 고유한 특성뿐 아니라, 발달 과정에서 획득한 다른 특성들에 따라서도 달라지는 것으로 보인다. 실제로 어떤 가족은 폐결핵, 맹장염, 암, 정신 질환에 쉽게 노출되는 반면, 다른 가족은 노년기의 퇴행성 질환을 제외하고 거의 모든 질병에 저항하는 것으로 관찰된다.

하지만 면역력이 전적으로 유전적 체질에서만 비롯되는 것은 아니다. 미국의 약리학자 레이드 헌트_Reid Hunt_가 오래전에 보여주었듯, 자연 면역력은 생활 방식과 식습관에서도 형성될 수 있다. 일부 식단은 실험용 쥐가 장티푸스에 걸릴 취약성을 증가시키며, 폐렴에 자주 걸리는 경향 또한 식습관에 따라 달라질 수 있음이 밝혀졌다. 록펠러 의학 연구소의 실험용 쥐 사육장에서 표준 식단을 섭취한 집단은 약 52퍼센트가 폐렴으로 사망했다. 반면 다른 식단을 제공받은 집단에서는 폐렴으로 인한 사망률이 32퍼센트나 14퍼센트까지 감소했다.

이러한 사실은 전염병에 저항하는 자연 면역력이 생활 방식과 식습관에 따라 인간에게 부여되는 정도가 달라질 수 있음을 시사한다.

　　　　인간이란 무엇인가

각 질병에 맞는 백신이나 혈청을 주입하고, 전 인구를 대상으로 반복적인 의학 실험을 수행하며, 대규모 병원을 건설하는 방식은 비용이 많이 들 뿐 아니라 국가의 건강을 증진하는 데도 근본적인 해결책이 되지 못한다. 건강은 자연적으로 형성되어야 한다. 개인의 생존이 의사에게 전적으로 의존할 때, 그 개인은 스스로 활력을 갖추지 못한다. 반면 선천적 자연 면역력은 개인에게 강력한 생명력을 부여한다.

질병에 저항하는 면역력에는 선천성 면역력뿐 아니라 후천성 면역력도 존재한다. 후천성 면역력은 자연적으로 형성되기도 하고, 인위적으로 만들어지기도 한다. 유기적 생물체는 육체를 침입한 박테리아나 바이러스를 직접 혹은 간접적으로 파괴하는 화학 물질을 생성하며, 이러한 방식으로 병원체에 적응한다. 따라서 디프테리아, 장티푸스, 천연두, 홍역을 앓은 환자들은 일정 기간 동안 동일한 질병의 공격에 저항하는 면역력을 얻게 된다. 이러한 자발적 면역 형성은 유기적 생물체가 새로운 환경에 적응하는 현상의 한 표현이다.

예컨대 닭에게 토끼의 혈청을 주입하면 며칠 후 닭의 혈청은 토끼 혈청에 풍부한 알부민의 기능을 약화시키는 특성을 획득한다. 이로써 닭은 토끼 혈청 알부민에 저항하는 면역력을 갖추게 된다. 마찬가지로 동물에게 세균 독소를 주입하면, 동물은 이에 대항하기 위해 항독성 혈청을 생성한다. 박테리아 자체를 주입할 경우 면역 형성 과정은 더욱 복잡해진다. 주입된 박테리아는 동물로 하여금 그것을 응집·파괴하는 화학 물질을 생성하도록 만들며, 동시에 혈액 속 백혈구와 조직은 러시아의 동물학자이자 세균학자인 엘리 메치니코프 *Élie Metchnikoff*가 밝혔듯, 박테리아를 집어삼키고 파괴하는 능력을 발휘한다. 이처럼 병원체에 의해 유발되는 독립적인 반응들은 육체에 침입한 미생물을 제거하는 데 집중되며, 합목적성과 단순성, 그리고 동시에 복잡성을 지닌다.

유기적 생물체의 적응 반응은 특정 화학 물질에 의해 발생한다. 박테리아에 존재하는 특정 다당류는 단백질과 결합할 때 세포와 체액의 반응을 결정한다. 이에 대응하여 우리 육체의 조직은 이러한 다당류와 유사한 특성을 지닌 탄수화물과 지방질을 생성한다. 이러한 화학 물질은 유기적 생물체가 이질적인 외부 단백질이나 외부 세포를 공격할 수 있도록 한다. 이와 같은 원리로, 유기적 생물체 내부에 다른 동물 세포가 등장하면 항체가 형성되고, 결국 그 세포는 파괴된다. 이러한 이유로 침팬지의 고환을 인간에게 이식하는 수술은 성공할 수 없다.

이러한 적응 반응에 대한 이해는 전염병 예방을 위한 백신 주사와 치료용 혈청 주사로 이어졌고, 나아가 인위적인 후천성 면역력의 형성으로 발전했다. 사멸되었거나 약화된 미생물, 바이러스, 혹은 박테리아 독소를 동물에게 주입하면 혈액 속에 다량의 항체가 형성된다. 이렇게 면역력을 획득한 동물의 혈청은 때때로 질병에 시달리는 환자를 치료하는 데 사용되며, 환자의 혈액에 부족한 항독성·항균 물

     인간이란 무엇인가

질을 공급한다. 그 결과 이러한 혈청은 대부분의 사람들이 갖추지 못한 능력, 즉 전염병을 극복할 수 있는 능력을 환자에게 부여한다.

질병 진행 속에 숨은 적응의 논리

환자는 특이 혈청과 비특이적 화학 약물, 혹은 비특이적 물리 치료의 도움을 받아 육체를 침입한 미생물과 끊임없이 싸운다. 그와 동시에 림프와 혈액은 질병에 걸린 유기적 생물체가 만들어낸 노폐물, 그리고 박테리아로부터 해방된 독소의 영향에 따라 변형된다. 이 과정에서 육체 전반에는 극심한 변화가 일어난다. 발열과 섬망‡이 나타나고, 화학적 교환 과정은 가속화된다.

전염병이나 장티푸스, 폐렴, 패혈증과 같은 위험한 질병에 시달리는 환자의 경우, 심장과 폐, 간을 비롯한 여러 기관에서 병변이 발생한다. 이후 세포는 일상 속에 잠재되어 있던 특정한 특성을 현실화하기 시작한다. 체액은 유해한 박테리아에 불리한 환경으로 변화하

‡ 갑작스러운 의식 변화와 주의력 장애, 인지 기능의 저하를 동반하는 일시적인 정신 착란 상태

며, 모든 유기적 활동은 활성화되는 경향을 보인다. 백혈구는 증식하고, 새로운 화학 물질을 분비하며, 필요에 따라 조직에서 일어나는 변화를 정확히 감지한다. 그리고 병원성 요인, 신체 기관의 기능 결함, 독성 물질과 그 국부적 축적 등으로 인해 발생한 예기치 못한 상태에 스스로 적응한다.

이러한 백혈구는 감염 부위에 농양을 형성하고, 농양 속 고름에 포함된 효소는 미생물을 소화한다. 동시에 이 효소들은 살아 있는 조직을 용해시키는 능력 또한 지니고 있다. 그 결과, 농양의 고름에 포함된 효소는 농양이 피부나 일부 중공기관[‡]쪽으로 이동할 수 있는 길을 열어준다. 이와 같은 과정을 통해 고름은 결국 육체 밖으로 배출된다. 박테리아성 질병의 증상은 조직과 체액이 새로운 환경에 적응하고, 질병에 저항하며, 다시 정상 상태로 되돌아가려는 노력을 보여주는 징후라 할 수 있다.

동맥 경화증이나 심근염, 신장염, 당뇨병과 같은 퇴행성 질환, 그리고 영양 결핍으로 인해 발생하는 질환에서도 이와 유사한 적응 기능이 작동한다. 생리적 과정은 유기적 생물체가 생존에 가장 적합한 방향으로 변화한다. 특정 분비샘에서 분비되는 화학 물질이 부족해지면, 다른 분비샘들이 그 기능을 보완하기 위해 활동량과 분비량을 증가시킨다. 좌심방과 좌심실 사이에 위치한 판막이 제 기능을 하지

---

‡ 위, 장관, 담낭, 방광과 같은 낭상이나 관상의 기관

     인간이란 무엇인가

못해 혈액이 역류하게 되면, 심장은 크기와 수축 강도를 키워 거의 정상에 가까운 혈액량을 대동맥으로 내보낸다. 이러한 적응 현상 덕분에 환자는 수년간 비교적 정상적인 생활을 유지할 수 있다.

신장이 손상될 경우, 더 많은 혈액이 결함 있는 사구체를 통과할 수 있도록 동맥 혈압이 상승한다. 당뇨병의 초기 단계에서도 유기적 생물체는 췌장에서 분비되는 인슐린의 감소를 보완하려고 시도한다. 이처럼 많은 질병은 육체가 결함 있는 기능에 스스로 적응하려는 노력의 결과로 나타난다.

그러나 조직이 적응 메커니즘을 거의 일으키지 못하고, 의미 있는 화학 반응조차 유발하지 않는 병원체도 존재한다. 그 대표적인 예가 매독균인 트레포네마 팔리듐이다. 이 균은 일단 육체에 침투하면 자발적으로 그 육체를 떠나지 않으며, 피부와 혈관, 뇌와 뼈에 거처를 마련한다. 이때 세포와 체액은 트레포네마 팔리듐을 파괴하지 못한다. 매독은 오직 장기적인 치료를 통해서만 대응할 수 있다.

암 역시 마찬가지다. 유기적 생물체가 어떤 형태의 저항을 시도하더라도 암은 좀처럼 굴하지 않는다. 양성 종양이든 악성 종양이든, 종양은 정상 조직과 놀라울 정도로 유사하여 육체가 그 존재를 인지하지 못하는 경우가 많다. 이러한 종양은 흔히 장기간 동안 겉으로 드러나는 건강상의 이상이 거의 없는 개인에게서 발생한다. 종양이 형성되는 과정에서 나타나는 증상은 유기적 생물체의 적극적인 반응을 거의 보여주지 않는다. 그 결과, 종양은 직접적으로 건강에 해를 끼치거나, 독성 화학 물질을 생성하거나, 기관을 본질적으로 파괴하거나, 신경을 압박함으로써 문제를 드러낸다. 조직과 체액이 침입한 병든 세포에 저항하지 못하기 때문에, 암은 제지받지 않은 채 계속해서 성장한다.

질병이 진행되는 동안 육체는 이전에 한 번도 경험하지 못한 새로운 상황에 놓인다. 그럼에도 불구하고 육체는 질병을 일으킨 병원체를 제거하고, 병변을 치료하며, 이러한 새로운 조건에 스스로 적응하려는 경향을 보인다. 만약 이러한 적응 능력이 존재하지 않는다면 살아 있는 유기적 생물체는 바이러스와 박테리아의 공격, 그리고 수많은 요소로 이루어진 유기적 시스템의 구조적 실패 앞에서 도저히 버틸 수 없을 것이다.

과거에는 개인의 생존이 거의 전적으로 개인의 적응 능력에 달려 있었다. 그러나 위생과 편의 시설, 개선된 식습관, 쾌적한 생활환경, 병원과 의사, 간호사를 두루 갖춘 현대 문명사회는 역설적으로 신체적으로 취약한 인간을 대량으로 존속시키는 데 기여해 왔다. 이러한 나약한 개인들과 그 후손들은 결과적으로 인간 종 전체를 쇠약하게 만드는 데 일조한다. 우리는 어쩌면 이러한 인위적인 건강 상태를 내려놓고, 뛰어난 적응 능력과 질병에 저항하는 선천적 면역력을 갖춘 보다 자연스러운 건강 상태를 회복하기 위해 지속적으로 노력해야 할지도 모른다.

　　　　　　　인간이란 무엇인가

외부 자극에 적응하는 인간

유기적 생물체가 외부 세계와 맺는 관계에서 나타나는 적응 기능은 육체의 내부 상태를 환경 변화에 맞추어 조정하는 역할을 수행한다. 이러한 조정은 생리적 활동과 정신적 활동을 안정화시키고, 육체 전체에 통합된 목적성을 부여하는 메커니즘을 통해 이루어진다. 따라서 주변 환경이 변화할 때마다 적응 기능이 적절하게 작동한다면 인간은 외부 세계의 변화 속에서도 생존할 수 있다.

대기의 온도는 언제나 피부의 온도보다 높거나 낮다. 그럼에도 불구하고 조직을 둘러싸고 있는 체액과 혈관을 순환하는 혈액의 온도는 비교적 일정하게 유지된다. 이러한 현상은 유기적 생물체가 끊임없이 작동하는 기능 체계에 의해 가능해진다. 예를 들어, 육체에서 화학적 교환 현상이 활발해지거나 열이 발생하면 유기적 생물체의 온도는 대기의 온도와 더불어 상승하는 경향을 보인다. 이때 폐순환과 호흡 운동의 속도는 가속화되고, 폐포에서는 더 많은 양의 수분이 증발한다. 그 결과 폐를 통과하는 혈액의 온도는 낮아진다.

동시에 피하 혈관은 확장되고 피부는 붉어지며, 혈액은 육체의 표면으로 몰려들어 대기의 공기와 접촉함으로써 열을 방출한다. 대기의 온도가 지나치게 높아지면, 피부는 땀샘에서 생성된 가느다란 땀 줄기로 덮인다. 이 땀은 증발하면서 피부의 온도를 떨어뜨린다. 중추 신경계와 교감 신경계는 이러한 상황에서 작동하여 심박수를 증가시키고, 혈관을 확장시키며, 갈증을 유발한다.

반대로 외부 온도가 낮아지면 피부의 혈관은 수축하고 피부는 창백해진다. 혈액은 모세혈관을 느리게 순환하며, 대신 혈액 순환과 화학적 교환이 활발해지는 내부 기관으로 집중된다. 이처럼 우리는 신경적 변화와 순환적 변화, 영양적 변화에 의해 육체 내부에서 생성되는 열을 활용함으로써 외부의 추위에 맞서 싸운다. 피부뿐 아니라 모든 기관은 열, 추위, 바람, 햇빛, 비에 노출됨으로써 끊임없이 활동한다. 만약 우리가 혹독한 기후에서 보호받는 환경에서만 생활하게 되면 혈액의 온도와 부피, 알칼리도를 조절하는 이 모든 정교한 과정은 무의미해질 것이다.

인간은 외부 세계에서 발생하는 자극이 감각 기관의 신경 종말에 지나치게 강하거나, 혹은 지나치게 약하게 작용할 때에도 그러한 자극에 적응한다. 지나치게 강한 빛은 분명 위험하다. 원시적 환경에서 인간은 본능적으로 강한 빛을 피했다. 유기적 생물체를 태양 광선으로부터 보호하는 메커니즘은 여러 겹으로 존재한다. 눈은 눈꺼풀과 홍채를 통해 안구로 들어오는 빛의 양을 조절하며, 동시에 망막의 민감도는 낮아진다. 피부는 색소를 생성하여 태양 복사의 침투를 막는다.

이러한 자연적 방어 기능이 불충분할 경우, 망막이나 피부에 병변이 생기고 내장과 신경계에도 기능 장애가 발생한다.

신경계는 태양 광선뿐 아니라 우주 공간에서 방출되는 다양한 자극에도 반응한다. 이러한 자극의 강도는 때로는 강하고 때로는 약하다. 인간은 빛에 반응하는 매질로서 서로 다른 강도의 빛을 동일한 원리로 기록해야 하는 사진 건판에 비유될 수 있다. 사진 건판에 미치는 빛의 영향은 조리개가 유입되는 빛의 양을 조절하는 방식과, 빛에 노출되는 시간의 길이에 따라 결정된다. 그러나 유기적 생물체는 다른 방식을 취한다.

유기적 생물체가 강도가 일정하지 않은 자극에 적응하는 방식은, 그러한 자극을 받아들이는 수용 능력이 증가하거나 감소하는 정도에 따라 형성된다. 잘 알려져 있듯이, 망막은 극도로 강렬한 빛에 노출되면 민감도가 현저히 감소한다. 이와 마찬가지로 코 점막은 매우 강한 냄새에 노출된 뒤 얼마 지나지 않으면 더 이상 그 냄새를 불쾌하게 인식하지 못한다. 극심한 소음 역시 지속되거나 주기적으로 반복되면 우리에게 거의 불편을 주지 않는다. 바닷물이 바위를 거칠게 두드리는 소리나 기차가 느리고 무겁게 덜커덩거리며 이동하는 소리는 우리의 수면을 방해하지 않는다.

우리는 자극 그 자체보다 자극의 강도가 변화하는 정도를 인식한다. 감각 기능에 대한 체계적인 실험을 수행한 독일 생리학자 에른스트 하인리히 베버*Ernst Heinrich Weber*는, 자극이 기하급수적으로 증가하더라도 감각은 산술급수적으로만 증가한다고 설명했다. 즉 감각의 강도는 자극의 강도에 비해 훨씬 더 완만하게 증가한다. 우리는 하나의 자극 절대값이 아니라, 연속적으로 발생하는 두 자극 사이의 차이에 의해 영향을 받는다. 이러한 메커니즘은 신경계를 효과적으로 보호한다. 베버의 법칙은 자극의 양을 엄밀하게는 아니지만 대략적으로 정량화한다.

그러나 인간의 신경계 적응 메커니즘은 다른 유기적 기관의 적응 메커니즘만큼 충분히 발달하지는 않았다. 현대 문명은 우리가 방어할 수 없는 새로운 자극을 대량으로 만들어냈다. 대도시와 공장의 소음, 사회적 불안, 일상의 걱정과 혼잡은 유기적 생물체로 하여금 끝없는 적응을 강요한다. 우리는 수면 부족에 익숙해지지 못하며, 아편이나 코카인과 같은 최면성 독극물에도 저항하지 못한다. 그럼에도 불구하고 인간은 이러한 환경 속에서 고통 없이 살아가는 것처럼 보인다.

그러나 이러한 적응은 특정한 목적을 성공적으로 달성하기 위한 적응과는 거리가 멀다. 이러한 방식으로 유기적 변화와 정신적 변화를 겪는 인간은, 진보한 존재라기보다 오히려 격하된 문명인에 해당한다.

환경이 육체와 정신에 남기는 영구적인 흔적

육체와 의식이 영구적으로 변화하는 현상은 적응 기능을 통해 형성될 수 있다. 이러한 방식으로 환경은 인간에게 자신의 흔적을 남긴다. 젊은 시절에 오랜 기간 지속적으로 특정한 환경의 영향을 받는다면, 인간은 그 환경에 따라 장기적이고 지속적인 변화를 겪게 된다. 그 결과 새로운 구조적 특성과 정신적 특성은 개인 차원을 넘어 집단, 더 나아가 인종의 차원에서도 나타난다. 환경은 생식샘의 세포에조차 서서히 영향을 미치는 것으로 보인다. 이러한 변화는 물론 유전의 형태로 나타난다. 사실 각 개인이 살아가며 획득한 고유한 특성이 그대로 자손에게 전해지지는 않는다. 그러나 삶의 과정에서 체액이 환경에 따라 변화할 경우, 생식샘의 조직은 그에 상응하는 구조적 변화를 통해 체액 환경의 상태에 적응할 수 있다.

이를테면 프랑스 북서부에 위치한 노르망디의 식물과 나무, 동물, 인간은 같은 지역권에 속한 브리타니의 그것들과 현저히 다르다. 두 지역은 토양의 성질 또한 서로 구별된다. 과거에는 마을 주민들이 섭취하는 식품이 전적으로 지역 생산물로만 이루어졌기 때문에 인구의 신체적·기질적 특성은 지역마다 지금보다 훨씬 뚜렷한 차이를 보였다.

동물이 갈증과 배고픔에 적응하는 현상은 비교적 쉽게 관찰할 수 있다. 미국 애리조나 사막의 소는 물을 마시지 않고도 3~4일을 견딜 수 있다. 개 역시 일주일에 두 차례 정도만 음식을 섭취해도 체내 지방을 유지하며 건강한 상태를 온전히 보존할 수 있다. 동물은 간혹 물을 대량으로 섭취하는 법을 학습하기도 하지만, 대부분의 경우 갈증을 완전히 해소하지 않은 상태에 익숙해진다. 더 나아가 오랜 기간 동안 조직이 다량의 수분을 저장하는 방식에 적응한다.

이와 유사하게, 단식을 실천하는 사람들은 일주일 중 하루나 이틀 동안 전혀 음식을 섭취하지 않고 나머지 기간에 충분히 섭취하는 간헐적 단식에 익숙해진다. 수면 역시 마찬가지다. 인간은 어떤 시기에는 거의 잠을 자지 않거나, 또 어떤 시기에는 극히 적은 수면만 취하거나, 반대로 매우 많은 수면을 취하는 상태로 스스로를 훈련시킬 수 있다. 더 나아가 음식과 음료를 과도하게 섭취하는 상황에도 놀라울 만큼 쉽게 적응한다. 어린아이는 자신이 섭취할 수 있는 만큼의 많은 음식을 지속적으로 제공받을 경우, 과도한 섭취에 빠르게 익숙해진다. 이후에는 그러한 식습관을 스스로 교정하기가 매우 어려워진다.

과도한 음식 섭취가 초래하는 유기적·정신적 결과는 아직 정확히 규명되지 않았다. 다만 그 결과는 신체의 길이와 부피가 증가하고, 전반적인 활동량이 감소하는 형태로 나타나는 듯하다. 이와 유사한

인간이란 무엇인가

현상은 야생 토끼가 집토끼로 길들여지는 과정에서도 관찰된다. 표준화된 현대 생활 방식이 인간을 최고의 상태로 발달시킨다고 단정할 수는 없다. 현대의 생활 양식은 인간에게 편안함과 쾌락을 제공하기 때문에 채택되었을 뿐이다. 그것은 우리 조상들의 삶과는 근본적으로 다르다. 우리는 아직 현대 생활 방식이 인간에게 이로운지, 아니면 해로운지 정확히 알지 못한다.

인간은 혈액과 순환계, 호흡계, 골격계, 근육계의 변화를 통해 고도가 높은 환경에 적응한다. 적혈구는 증식하며 낮아진 대기압에 적응력을 높인다. 이러한 적응은 비교적 빠르게 일어난다. 몇 주 만에 군인들은 평지에서와 마찬가지로 걷고, 오르고, 달리며 알프스 산맥의 정상에 도달할 수 있다. 동시에 피부는 눈 위에서 강하게 반사되는 빛으로부터 자신을 보호하기 위해 다량의 색소를 생성한다. 흉부와 가슴 근육은 현저히 발달하고, 몇 달이 지나면 근육계는 더욱 큰 노력을 요구하는 활동적 생활에 익숙해진다.

그 과정에서 신체의 형태와 자세는 변화하고, 순환계와 심장은 지속적으로 요구되는 작업에 적응한다. 체온 조절 능력은 향상되며, 유기체는 추위와 혹독한 기후를 견뎌내는 법을 학습한다. 산악 지대에서 평야로 내려오면 적혈구와 백혈구 수치는 정상으로 돌아온다. 그러나 흉부와 폐, 심장과 혈관이 희박한 공기와 극심한 추위, 그리고 매일 반복되는 고강도의 활동에 적응한 흔적은 영구적으로 신체에 남는다.

격렬한 근육 활동 또한 지속적인 변화를 일으킨다. 예를 들어 서부 목장에서 소를 몰며 생활하는 소몰이꾼들은, 안락한 현대 대학 환경에서 생활하는 운동선수들이 결코 얻지 못하는 체력과 저항력, 유연성을 획득한다. 지적인 활동 역시 마찬가지다. 인간은 장기간에 걸쳐 치열하고 열정적으로 수행한 정신적 투쟁의 정도에 따라 평가된다. 이러한 유형의 지적 활동은 교육이 기계화된 환경에서는 실행되기 어렵다. 그것은 루이 파스퇴르의 초기 제자들처럼, 강한 의지와 열렬한 이상에 의해 움직이는 소규모 집단에서만 가능하다. 미국의 병리학자이자 세균학자인 윌리엄 헨리 웰치*William Henry Welch*가 존스 홉킨스 대학교에서 사회적 경력을 시작할 당시 그의 주위에 모였던 젊은이들은 그의 지도 아래 받은 지적 훈련을 통해 평생에 걸쳐 더욱 강인해지고 위대한 인물로 성장했다.

유기적 활동과 정신적 활동이 환경에 적응하는 현상에는 아직 충분히 이해되지 않았고 잘 알려지지 않은 미묘한 측면들이 더 존재한다. 이러한 적응은 신체가 음식에 포함된 화학 물질에 반응하는 과정에서 이루어진다. 예컨대 물에 칼슘이 풍부한 지역에 사는 사람들은 상대적으로 물이 순수한 지역에 사는 사람들보다 골격이 더 두꺼운 경향을 보인다. 또한 우리는 우유와 달걀, 채소, 곡물을 주로 섭취하는 사람들과 고기를 주로 섭취하는 사람들이 다르다는 것, 그리고 많은 물질들이 신체의 형태와 의식에 영향을 미칠 수 있다는 것을 알고 있다. 그러나 우리는 이러한 적응 메커니즘을 대체로 무시해 왔다.

　내분비샘과 신경계는 음식의 형태에 따라 변화할 가능성이 크다. 정신 활동 역시 조직의 구조에 영향을 받는 것으로 보인다. 의사나 위생학자들이 자신의 전문 분야, 즉 인간의 한 측면에 국한된 지식만을 바탕으로 제시하는 원칙을 맹목적으로 따르는 것은 현명하지 않다. 인간의 발달은 단순히 체중이나 수명의 증가에서 비롯되지 않는다.

　제대로 작동하는 적응 메커니즘은 모든 유기적 기능을 활성화시키는 듯하다. 일시적인 기후 변화는 허약한 사람이나 요양 중인 환자에게 유익할 수 있다. 생활 방식과 식습관, 수면 습관, 생활 환경에 다소 변화를 주는 일은 인간에게 긍정적인 영향을 미친다. 새로운 환경에 적응하는 과정은 생리적·정신적 활동을 일시적으로 증대시킨다. 적응의 속도는 생리적 시간의 리듬에 따라 달라진다. 아이들은 변화에 즉각 반응하는 반면, 성인은 훨씬 더 느리게 반응한다.

　지속적인 효과를 얻기 위해서는 환경 변화에 따른 활동을 장기간 수행해야 한다. 젊은 시절에 접하는 새로운 국가와 새로운 습관은 적응의 정도를 영구적으로 결정할 수 있다. 이러한 이유에서 국가가 국민에게 병역 의무를 부과하는 징병제는 개인에게 새로운 생활 방식과 신체 활동, 일정한 규율을 강요함으로써 신체 발달에 크게 기여한다. 더 혹독한 생활 환경과 더 무거운 책임은 대다수의 사람이 상실한 도덕적 에너지와 대담성을 회복시킬 것이다. 보다 역동적인 생활 방식은 획일적이고 반복적인 학교와 대학의 생활 패턴을 대체하게 될 것이다.

개인이 생리적·지적·도덕적 규율에 적응하는 정도는 신경계와 분비샘, 그리고 정신을 변화시키는 깊이를 결정한다. 이러한 과정을 통해 유기체는 더욱 잘 통합되고, 더 큰 활력을 획득하며, 힘들고 위험한 환경을 극복할 수 있는 뛰어난 능력을 갖추게 된다.

사회는 어떻게 인간을 단련하거나 퇴화시키는가

인간은 물리적 환경에 적응하는 것만큼이나 사회적 환경에도 스스로를 맞춘다. 생리적 활동과 마찬가지로 정신 활동 또한 육체가 생존에 가장 적합한 방식으로 기능하도록 변화하는 경향을 보인다. 정신 활동은 우리가 사회적 환경에 얼마나 잘 적응하는지를 결정한다. 개인은 특별한 노력을 기울이지 않는 한, 자신이 속한 집단 안에서 갈망하는 위치를 획득할 수 없다. 인간은 부와 지식, 능력, 쾌락을 원하며 탐욕과 야망, 호기심, 성욕에 의해 움직인다. 그러나 대체로 인간은 특별히 좋지도 나쁘지도 않은 평범한 환경, 혹은 때로는 어렵고 고통스러운 환경 속에서 쉽게 벗어나지 못한다.

인간은 자신이 원하는 사회적 환경에서 살아가기 위해서는 투쟁이 불가피하다는 사실을 곧 깨닫는다. 사회적 환경에 대한 적응 방식은 개인의 독특한 구조에 따라 달라진다. 어떤 사람들은 세상을 정복함으로써 세상에 적응하고, 어떤 사람들은 세상으로부터 도피함으로써 적응한다. 또 어떤 사람들은 세상의 규칙을 받아들이기를 거부한다. 개인이 동료들을 향해 자연스럽게 취하는 태도는 투쟁이다. 의식은 환경의 적대감에 대해 그에 맞서는 노력으로 대응한다. 그 과정에서 배우려는 야망과 발전하려는 의지, 소유하고 지배하고자 하는 욕구, 지능을 갖추려는 노력과 두각을 드러내려는 교활함이 발달한다.

정복을 향한 열정은 개인과 환경에 따라 서로 다른 모습으로 나타나며, 모든 위대한 모험에 영감을 불어넣는다. 이 열정은 루이 파스퇴르가 의학에 혁신을 일으키게 했고, 알베르트 아인슈타인이 우주에 관한 이론을 정립하도록 이끌었다. 현대 사회에서 인간을 강도와 살인, 그리고 현대 문명을 특징짓는 거대한 금융 기업과 경제 기업의 창출로 몰아넣는 것도 바로 그 정신이다. 하지만 동시에 그 정신은 병원과 연구소, 대학교, 교회를 세우기도 한다. 그것은 인간을 운명과 죽음, 영웅적 행위와 범죄로 이끈다. 그러나 결코 행복으로 이끌지는 않는다.

사회적 환경에 대한 두 번째 적응 방식은 도피다. 어떤 사람들은 투쟁을 포기하고 더 이상 경쟁하지 않아도 되는 사회적 수준으로 내려앉는다. 그리고 자본주의 사회에서 생산 수단을 소유하지 않은 채 노동력을 판매하며 살아가는 프롤레타리아 계층의 공장 노동자가 된다. 또 다른 사람들은 자기 내부에 도피처를 구축한다. 이들은 사회 집단에 어느 정도 적응할 수 있으며, 때로는 자신이 지닌 우월한 지능으로 그 집단을 지배할 수도 있다. 그러나 이들은 투쟁하지 않는다. 단지 존재함으로써 공동체의 일원이 된다. 실제로 이들은 대부분 자신의 내면세계 속에서 살아간다.

다른 이들은 끊임없이 오랜 시간 힘겹게 노동함으로써 주변 환경을 잊는다. 생계를 위해 어쩔 수 없이 노동해야 하는 사람들은 모든 사건을 자기 내부 세계에 차곡차곡 쌓아둔다. 어린 자식을 잃고도 남은 아이들을 돌봐야 하는 여성은 비탄에 잠길 시간조차 없다. 육체 노동은 불행한 상황을 견뎌야 하는 이들에게 알코올이나 모르핀보다 더 효과적인 진통제가 된다.

또 어떤 사람들은 부와 건강, 행복을 꿈꾸며 살아간다. 환상과 희망은 적응을 돕는 강력한 수단이 된다. 희망은 행동을 촉발하며, 기독교 윤리에서는 위대한 미덕으로 간주된다. 이러한 희망은 개인이 불리한 환경에 적응하는 데 매우 효과적으로 작용한다. 습관 또한 적응의 중요한 측면이다. 슬픔은 기쁨보다 더 빠르게 잊히지만, 아무런 활동도 하지 않는 사람은 고통을 오히려 증폭시킨다.

많은 사람들은 사회적 집단에 적응하지 못한다. 그중에는 마음이 약한 사람들과 정신 질환을 앓는 이들이 포함된다. 이들은 특정 보호 기관을 제외하고는 현대 사회 집단 안에서 자리를 확보하지 못한다. 수많은 정상적인 아이들이 퇴폐적인 범죄자의 가정에서 태어나고, 그로부터 강한 악영향을 받으며 육체와 의식을 형성한다. 이러한 환경에서 자란 아이들은 정상적인 사회생활에 적응하지 못하고, 결국 교도소에 가게 되는 경우가 많다. 교도소를 거친 사람들은 절도와 살인을 반복하며 자유롭게 떠도는 위험 인구 집단을 더욱 크게 형성한다. 이 위험 인구 집단은 산업 문명이 초래한 생리적·도덕적 퇴화의 치명적인 결과다. 이들은 무책임하다.

노력, 지적 집중, 도덕적 규율의 필요성을 알지 못하는 교사들에 의해 현대 학교에서 교육받는 젊은이들 또한 무책임하다. 이들은 세상의 무관심과 물질적·정신적 곤궁에 직면하면 보호 기관을 찾아 구호품이나 실업 수당을 요청하지만, 만약 이를 받지 못하면 범죄를 저지르게 된다. 그들은 강한 근육을 가졌지만 신경적 저항력과 도덕적 저항력이 결여되어 있다. 그들은 노력을 회피하고 빈곤에 빠지며, 스트레스가 심해지면 부모나 공동체에 음식과 거처를 요구한다. 범죄자의 자손과 마찬가지로, 이들 역시 도시 환경에 적응하기에는 부적합하다.

어떤 유형의 현대 생활 방식은 인간을 직접적으로 퇴화의 길로 이끈다. 인간에게는 온난하거나 습윤한 기후만큼이나 치명적인 사회적 조건이 존재한다. 우리는 노동과 투쟁, 빈곤과 불안, 슬픔에 대응할 수 있으며, 폭정과 혁명, 전쟁에 저항할 수도 있다. 그러나 행복이나 불행 그 자체에 성공적으로 맞서 싸우지는 못한다. 개인과 인종은 극심한 빈곤 속에서 약화되지만, 부 역시 마찬가지로 위험하다. 그럼에도 수 세기 동안 부와 권력을 유지해 온 가문들이 존재한다. 과거의 부와 권력은 토지 소유에서 비롯되었고, 토지를 소유하기 위해서는 투쟁과 행정 능력, 지도력이 필요했다. 이러한 필수적 노력은 퇴화를 억제하는 역할을 했다.

오늘날의 부는 사회적 공동체에서 맡은 임무를 성실히 수행하려는 책임감을 자동으로 동반하지 않는다. 심지어 부가 없는 상태에서도 무책임은 인간을 해친다. 가난한 사람뿐 아니라 부유한 사람과 여가만 즐기는 사람 역시 퇴화한다. 영화와 연주회, 라디오 프로그램, 자동차, 스포츠는 지적 노동을 대체할 수 없다. 우리는 경제적 번영과 현대 기계, 실업이 만들어낸 게으름과 나태함이라는 중대한 문제를 해결하지 못하고 있다. 고도로 발달한 과학 문명은 인간에게 여가를 강요하며 거대한 불행을 안겼다. 우리는 암이나 정신 질환처럼 나태함과 무책임의 결과에 맞서 싸울 능력이 없다.

인간이란 무엇인가

사용하는 만큼 성장하는 몸과 정신의 적응 법칙

적응 기능은 수많은 새로운 상황에 직면하는 조직과 체액만큼이나 다양한 측면으로 나타난다. 그러나 그것은 특정한 하나의 유기적 시스템에 국한되지 않는다. 적응 기능은 오직 스스로 설정한 특정 목적에 따라서만 그 작동 범위를 규정한다. 이 기능을 실현하는 수단은 상황에 따라 달라지지만, 적응 기능이 지향하는 목적 자체는 언제나 변함이 없다. 그 목적은 바로 개인의 생존이다.

이 동일한 목적의 관점에서 바라볼 때, 적응 기능은 여러 모습으로 드러난다. 그것은 안정적인 유기적 회복을 유도하는 작용제이자, 기능적 요구에 따라 신체 기관에 강한 영향을 미치는 원인 제공자이며, 외부 세계로부터의 공격을 받으면서도 전반적으로 유기체가 견뎌낼 수 있도록 조직과 체액을 통합하는 연결 고리이기도 하다. 이처럼 적응 기능은 하나의 실체를 지닌 독립체처럼 이해될 수 있다. 이러한 다소 추상적인 표현 방식은 적응 기능의 특성을 설명하는 데 유용하다. 사실 적응 기능은 모든 생리적 과정의 측면을 아우르며, 동시에 그 모든 과정들을 구성하는 물리·화학적 요소의 측면을 함께 나타낸다.

어떤 시스템이 평형 상태에 있을 때 그 평형을 변화시키려는 요인이 작용하면, 그 요인에 대항하는 반응이 일어난다. 예를 들어 설탕을 물에 녹일 때 온도가 낮아지면 설탕의 용해도는 감소한다. 이러한 현상은 화학 평형 상태에 있는 물질의 외부 조건이 변할 때 나타나는 반응을 예측하는 르 샤틀리에의 원리*principle of Le Chatelier*에 해당한다.

생리적 현상에서도 유사한 예를 찾을 수 있다. 격렬한 근육 운동으로 인해 심장으로 유입되는 정맥혈의 양이 크게 증가하면, 우심방의 신경은 이 사건을 중추 신경계에 알린다. 그러면 중추 신경계는 즉각적으로 심장의 박동수를 가속화시켜, 초과된 정맥혈이 신속히 이동하도록 한다. 겉보기에는 르 샤틀리에의 원리와 이러한 생리적 적응 현상이 유사해 보이지만, 양자 사이에는 본질적인 차이가 있다. 르 샤틀리에의 원리는 물리적 수단에 의해 평형 상태가 유지되는 반면, 중추 신경계가 심장 박동을 조절하는 경우는 생리적 과정을 통해 '평형'이 아닌 '정상 상태'가 유지되는 것이다.

이와 유사한 현상은 혈액뿐 아니라 조직에서도 관찰된다. 피부 조각이 제거된 상처 부위에서는 하나의 목적에 집중된 여러 메커니즘이 작동하여 복잡한 반응을 일으키고, 병변을 치유하며 반흔을 형성한다. 이 두 사례에서 초과된 정맥혈과 상처는 모두 유기적 생물체

  인간이란 무엇인가

의 상태를 변화시키려는 요인에 해당한다. 그리고 이 요인들은 연속적으로 진행되는 생리적 과정에 의해 저지된다. 즉, 중추 신경계가 심장의 박동을 가속화하는 과정과, 상처 부위가 치유되는 과정은 모두 적응 기능이 작동한 결과이다.

근육은 많이 사용할수록 더욱 발달한다. 신체적 활동은 근육을 약화시키지 않고 오히려 강화한다. 반대로 신체 기관은 사용되지 않으면 기능이 쇠퇴한다. 생리적 기능과 정신적 기능 역시 마찬가지로, 더 많이 작동할수록 그 기능은 향상된다. 이러한 사실은 관찰 연구가 축적해 온 주요한 결과이자, 개인을 최고 수준으로 발달시키기 위한 필수 조건이다. 근육이나 장기와 마찬가지로, 지능과 도덕관념 또한 활동이 부족할수록 점차 감퇴해 왔다.

유기적 상태를 지배하는 것은 불변의 법칙보다 노력의 법칙이다. 기능을 안정적으로 작동시키는 내부 매개체가 생존에 필수적이라는 점에는 의심의 여지가 없지만, 개인의 생리적·정신적 발달은 그가 기능적 활동을 얼마나 수행하고 노력하는지에 따라 결정된다. 우리는 우리의 유기적 시스템과 정신적 시스템이 충분히 작동하지 못한 채 점차 퇴화되는 현상에조차 스스로 적응해 버린다.

적응 기능은 특정 목적을 달성하기 위해 수많은 생리적 과정을 동원하며, 어느 한 영역이나 기관에만 국한되지 않는다. 그것은 육체 전체를 총체적으로 작동시킨다. 예컨대 분노라는 감정은 모든 유기적 기관을 변화시킨다. 근육은 수축하고, 교감 신경계와 부신은 활성화된다. 그 결과 혈압은 상승하고, 심장의 박동은 빨라지며, 근육의 에너지원으로 사용될 포도당이 간에서 방출된다.

마찬가지로 육체가 극심한 추위에 맞서 싸울 때에도 순환 기관, 호흡 기관, 소화 기관, 근육 기관, 신경 기관이 모두 작동한다. 유기적 생물체는 이처럼 외부 세계의 변화에 대응하기 위해 모든 유기적 활동을 동원한다. 우리가 근육을 발달시키기 위해 신체적 훈련을 하듯, 육체와 의식을 발달시키기 위해서도 적응 기능을 작동시키는 활동을 반드시 수행해야 한다. 혹독한 기후, 수면 부족, 피로, 배고픔에 맞서는 적응 기능은 모든 생리적 과정을 자극한다. 인간은 최적의 상태에 도달하기 위해 자신의 모든 잠재력을 최대한 발휘해야 한다.

적응 현상은 언제나 특정 목적을 향해 발생하지만, 그렇다고 해서 그 목적이 항상 달성되는 것은 아니다. 적응 기능은 모든 범위에서 완벽하게 작동하지 않으며, 일정한 한계 내에서만 효과를 발휘한다. 각 개인이 견뎌낼 수 있는 박테리아의 수와 독성에는 분명한 한계가 있다. 그 한계를 넘어서면 적응 기능은 더 이상 육체를 보호하지 못하고, 질병이 발생한다. 피로, 더위, 추위에 대한 저항력 역시 마찬가지이다.

그러나 다른 생리적 활동과 마찬가지로, 신체적 운동을 통해 적응 능력을 향상시킬 수 있다는 점은 의심할 여지가 없다. 우리는 오직 적응 기능이 자연스럽게 작동하기를 기다리며 자신을 보호하려 해서는 안 된다. 오히려 운동을 통해 적응 기능의 효율성을 인위적으로 증대시킴으로써, 스스로를 보호하고 질병을 예방해야 한다.

요약하자면, 우리는 지금까지 영양분을 제공하는 매개체와 조직의 본질적 특성이라는 관점에서 적응 기능을 살펴보았다. 생리적 과정은 예기치 않게 발생하는 수많은 새로운 상황에 따라 다양한 방식으로 변화한다. 그럼에도 불구하고 이러한 과정들은 특정 목적을 향해 스스로 독특한 형태를 형성한다. 그것은 마치 우리의 지능처럼 시간과 공간을 계산하지는 못하지만, 이미 존재하는 공간적 구성과 아직 존재하지 않는 구성 모두에 대해 똑같이 쉽게 조직화된다.

배아가 성장하는 동안 망막과 수정체가 아직 존재하지 않는 '눈'이라는 기관에 유익하도록 결합하는 현상은 이를 잘 보여준다. 적응성은 유기적 생물체 전체의 고유한 특성이자, 조직 자체와 그 구성 요소 각각의 고유한 특성에 해당한다. 벌집을 완성하기 위해 자신의 역할을 충실히 수행하는 꿀벌처럼, 각 세포 또한 육체 전체에 이익이 되도록 적극적으로 활동하는 것처럼 보인다. 그리고 마치 미래를 예견하는 듯, 자신의 구조와 기능이 변화할 가능성을 미리 대비하며 작동한다.

편리함이 앗아간 현대인의 적응 메커니즘

우리는 조상들에 비해 적응 기능을 훨씬 덜 활용하며 살아간다. 특히 지난 25년 동안 인간은 생리적 메커니즘이 아니라, 자신의 지능으로 고안한 인공적 메커니즘을 통해 환경에 적응해 왔다. 과학은 자연적인 과정보다 더 적절하고 덜 고된 수단을 제공했으며, 유기적 생물체의 내부 세계가 평형 상태를 유지하도록 돕는 다양한 장치를 마련해 주었다. 우리는 이미 일상생활 속에서 신체 건강이 변하지 않도록 예방하는 방법을 제시했고, 근육 운동 습관과 식습관, 수면 습관을 일정한 기준에 따라 관리하는 방식도 설명했다. 더 나아가 현대 문명사회가 어떻게 노력과 도덕적 책임을 점차 저버리며, 근육 기관과 신경 기관, 순환 기관, 분비 기관이 작동하는 방식을 변화시켜 왔는지도 살펴보았다.

또한 우리는 현대 도시에 거주하는 사람들이 더 이상 대기 온도의 변화에 시달리지 않는다는 사실을 지적했다. 현대인은 주택과 의복, 자동차라는 문명의 산물로 보호받는다. 겨울 내내 조상들처럼 장기간 지속되는 혹독한 추위와, 벽난로에서 뿜어져 나오는 뜨거운 열에

    인간이란 무엇인가

번갈아 노출되지 않는다. 유기적 생물체는 화학적 교환 속도를 증가시키고, 모든 조직의 순환을 변화시키는 수많은 생리적 과정을 결합하여 연속적으로 작동시킬 때 추위와 맞서 싸울 수 있다.

개인이 충분한 옷을 갖춰 입지 않은 상태에서 격렬한 신체 활동을 수행하며 체온을 일정하게 유지해야 할 경우, 육체의 모든 유기적 시스템은 극도로 활발하게 작동한다. 반대로, 따뜻한 털옷을 입고 문이 닫힌 자동차 안에서 난방 장치를 작동시키거나, 방 안의 난방 시설에 의존해 겨울 추위를 견딜 때에는 육체의 모든 유기적 시스템이 지속적으로 휴식 상태에 머문다. 현대인의 피부는 바람에 자극받지 않으며, 눈이나 비, 태양으로부터 오랜 시간 피부를 방어할 필요도 없다.

과거에는 혈액과 체액의 온도를 조절하는 메커니즘이 혹독한 기후와 맞서 싸우는 동안 일정한 수준으로 활발히 작동했다. 오늘날 이러한 메커니즘은 거의 끊임없이 휴식 상태에 머문다. 그러나 바로 이러한 메커니즘이야말로 육체와 정신을 최고 수준으로 발달시키는 데 필수적인 조건일 가능성이 크다. 우리는 적응 기능이 필요하지 않을 때에도 제공되는 고정된 구조가 아니라는 점을 인식해야 한다. 적응 기능은 특정한 기관에 국한되지 않고, 육체 전체에서 전반적으로 작동한다.

근육을 강화하려는 신체적 노력은 현대 생활에서 완전히 사라지지는 않았지만, 빈번하게 실행되지는 않는다. 그 대신 이러한 노력은 일상생활 속의 자연스러운 활동이 아니라, 기계적이고 인위적인 운동으로 대체되었다. 근육은 이제 거의 오직 스포츠 경기에서만 활용된다. 근육 강화 방식은 임의적인 규칙에 따라 표준화되며, 이러한 인공적 운동이 현대 생활 속에서 요구되던 보다 원초적이고 고강도의 근육 활동을 완전히 대체할 수 있을지는 의문이다.

여성이 매주 몇 시간 동안 춤을 추거나 테니스를 즐기며 운동을 한다고 해도, 이는 기계의 도움 없이 가사 노동을 수행하고 계단을 오르내려야 했던 과거의 신체 활동과 동일하지 않다. 오늘날 여성들은 엘리베이터가 설치된 주택에서 생활하며, 굽이 높은 뾰족구두를 신고 이동하고, 자동차와 지하철을 거의 끊임없이 이용한다. 남성 또한 다르지 않다. 주말에 즐기는 골프는 평일 내내 거의 수행되지 않았던 신체 활동의 결핍을 보완해 주지 못한다.

우리는 일상생활 속에서 근육 강화 운동을 사실상 제거했고, 유기적 시스템이 내부 매개체를 일정하게 유지하도록 요구하는 신체 활동을 무의식적으로 지속적으로 억제해 왔다. 잘 알려져 있듯, 근육은 작동하는 동안 포도당과 산소를 소비하고, 열을 발생시키며, 젖산을 혈액 순환으로 방출한다. 이러한 변화에 적응하기 위해 유기적 생물체는 심장과 호흡 기관, 간과 췌장, 신장, 땀샘, 뇌척수 신경계, 교감 신경계를 함께 작동시켜야 한다. 요컨대, 골프나 테니스처럼 현대인이 간헐적으로 수행하는 운동은 조상들이 일상 속에서 지속적으로 수행해야 했던 근육 활동과 동일하지 않다. 오늘날 근육을 사용하는 노력은 특정한 순간과 특정한 날에만 국한된다. 그 결과 유기적 시스템과 혈관, 땀샘, 내분비샘은 반복적으로 휴식 상태에 머무는 습관적 조건에 놓이게 되었다.

소화 기능을 활용하는 방식 역시 크게 변화했다. 오래된 빵이나 질긴 고기처럼 단단한 음식은 더 이상 식단에 포함되지 않는다. 이와 함께 의사들조차 턱이 저항성 있는 물질을 분쇄하도록 형성되었고, 위가 음식물을 자연스럽게 소화하도록 만들어졌다는 사실을 잊어버렸다. 앞서 언급했듯, 어린아이들은 주로 부드럽게 으깬 음식이나 걸쭉한 식품, 우유를 섭취한다. 어린아이들의 턱과 치아, 근육, 얼굴 구조는 단단한 음식을 섭취하기에 충분히 발달하지 않았으며, 소화 기관과 분비샘 또한 마찬가지이다.

정기적으로 풍부한 식사를 반복하는 식습관은, 인간이 식량 부족에 적응하며 생존하는 데 핵심적인 역할을 했던 적응 기능을 무력화한다. 인간은 원시적 생활 조건 속에서 장기간 단식을 해야 했으며, 때로는 굶주림을 강요받지 않았음에도 자발적으로 음식을 섭취하지 않았다. 모든 종교는 단식의 필요성을 강조해 왔다. 단식은 처음에는 배고픔을 유발하고, 때로 현기증이나 두통과 같은 신경성 자극을 동반하며, 이후에는 쇠약감과 피로감을 초래한다. 그러나 그 이면에는 훨씬 더 중요하고 신비로운 현상이 존재한다. 간에 저장된 지방은 포도당으로 전환되고, 근육과 분비샘에 저장된 단백질은 분해되어 에너지원으로 사용된다. 모든 기관은 혈액과 심장, 뇌를 정상 상태로 유지하기 위해 자신이 보유한 화학 물질을 희생한다. 단식은 육체 조직을 정화하며, 전반적으로 신체를 새롭게 변화시킨다.

현대인은 수면을 지나치게 많이 취하거나, 반대로 지나치게 적게 취한다. 그리고 과도한 수면 습관에는 쉽게 적응하지 못한다. 장기적으로 수면이 부족할 경우 건강 상태가 급격히 악화될 수 있지만, 졸릴 때에도 깨어 있으려는 훈련은 개인에게 유익할 수 있다. 수면과 맞서 싸우는 투쟁은 신체적 운동을 통해 강하게 발달되는 유기적 기관을 작동시키며, 의지력을 발휘하도록 요구한다. 이러한 꾸준한 투쟁은 수많은 다른 투쟁과 함께 현대 문명사회가 만들어낸 습관들에 의해 억압되었다.

제대로 쉬지 못하는 생활 방식, 잘못된 스포츠 활동, 지나치게 빠른 교통수단으로 인해 인간은 불안정한 상태에 놓여 있음에도 불구하고, 거대한 유기적 시스템은 여전히 적응 기능을 충분히 작동시키지 않는다. 요컨대 고도로 발달한 과학 문명이 형성한 현대 생활 방식은 인간이 존재해 온 수천 년 동안 한 번도 멈춘 적 없던 수많은 생리적 메커니즘을 쓸모없는 상태로 만들어버렸다.

　　　　　　　인간이란 무엇인가

자신을 강인한 인간으로 단련하는 법

적응 기능의 발휘는 인간이 최고로 발달하는 데 필수적인 조건으로 보인다. 우리의 몸은 끊임없이 변화하는 물리적 환경 속에 놓여 있으며, 내부 상태는 끊임없이 수행되는 유기적 활동을 통해 항상 일정하게 유지된다. 이러한 유기적 활동은 특정 기관에만 국한되지 않고, 신체 전체에 걸쳐 일어난다. 우리 몸의 모든 해부학적 기관은 생존에 가장 유리한 방식으로 외부 세계에 반응하도록 구성되어 있다. 그런데 이러한 본질적 특성이 우리 몸에 아무런 불편도 느끼지 않는 상태로 계속 유지될 수 있을까? 인간은 불규칙하게 변화하는 상황 속에서 살아가도록 체계적으로 조직화된 존재가 아닌가.

인간은 혹독한 계절의 변화에 노출되고, 때로는 전혀 잠을 자지 못하나 때로는 장시간 잠을 자며, 때로는 풍족한 식사를 하고 때로는 부족한 식사를 하며, 힘든 노력의 대가를 치르고 식량과 머물 곳을 쟁취할 때 가장 크게 발달한다. 최고로 발달하기 위해서 인간은 근육을 훈련하고, 스스로를 피로하게 만든 뒤 휴식을 취하며, 고통스러운 상황과 맞서 싸워야 한다. 괴로움과 행복을 모두 경험하고, 사랑과 증오의 감정을 표현해야 하며, 긴박한 순간과 여유로운 순간이 번갈아 나타나는 삶 속에서 의지력을 발휘해야 한다. 더 나아가 인간은 동료들과, 때로는 자기 자신과도 맞서 싸워야 한다.

위가 음식을 소화하도록 형성되어 있듯, 인간은 이러한 삶의 조건을 감당하도록 구성되어 있다. 적응 과정이 가장 격렬하게 전개될 때 인간은 자신의 활력을 최대한으로 발달시킨다. 어렵고 힘든 환경이 불안정한 저항력과 건강을 오히려 강화한다는 사실은 관찰 연구가 제공하는 핵심적인 자료에 해당한다. 우리는 신체적으로나 도덕적으로 강한 사람들이 어린 시절부터 지적 규율을 따르고, 궁핍한 상황을 견뎌내며, 불리한 환경에 스스로 적응해 왔다는 사실을 잘 알고 있다.

부유함으로 인해 환경과 투쟁할 필요가 없었음에도 자기 자신을 완벽하게 발달시킨 사람들도 존재한다. 그러나 이들 또한 적응 기능이 다양한 방식으로 작동하는 영향 아래에서 스스로를 변화시켜 왔다. 이들은 일반적으로는 해로운 영향을 미치는 부유한 생활과 여가로부터 자신을 보호하기 위해 자발적으로 절제하거나, 금욕적 규율을 따르는 타인의 규범을 수용했다. 봉건 영주의 자손들은 혹독한 신체적·도덕적 훈련을 의무적으로 수행했다. 브르타뉴의 영웅으로 알려진 군 지도자 베르트랑 뒤 게클랭*Bertrand du Guesclin*은 매일 험한 날씨에 몸을 내맡기고 또래들과의 투쟁을 스스로에게 강요했다. 그는 비록 체격이 왜소하고 신체 조건이 뛰어나지 않았지만, 이러한 환경을 견뎌내며 인내력과 내구력을 길렀다. 이러한 이야기는 오늘날까

　　　　　　　　　　　인간이란 무엇인가

지도 전설로 남아 있다.

미국이 발전하던 초기, 철도를 건설하고 대규모 산업 기반을 다지며 서부를 문명사회로 전환시킨 사람들 역시 강한 의지력을 발휘해 수많은 장애를 극복하고 눈부신 성취를 이루었다. 그러나 오늘날 이 위대한 개척자들의 자손들 중 다수는 부를 획득해야 한다는 의무감 없이 풍족한 삶을 누리고 있다. 그들은 한 번도 주변 환경과 진지하게 투쟁한 적이 없다. 그 결과 조상 대대로 이어져 온 인내력과 내구력은 대체로 약화되었다. 이와 유사한 현상은 19세기 유럽의 봉건 귀족이나 위대한 금융업자, 제조업자들의 후손에게서도 반복적으로 관찰된다.

결함 있는 적응 기능이 인간 발달에 미치는 영향은 아직 완전히 밝혀지지 않았다. 대도시에는 적응 활동이 영구적으로 중단된 채 살아가는 사람들이 다수 존재한다. 때로 이러한 현상의 결과는 매우 명확하게 드러난다. 특히 부유한 가정에서 태어난 아이들에게서 그러한 결과가 자주 나타나며, 동일한 방식으로 양육된 아이들에서도 반복된다. 이들은 기능이 쇠퇴한 적응 시스템이 작동하는 환경 속에서 성장한다. 따뜻한 방에서 생활하며, 외출할 때에는 마치 작은 에스키모인처럼 두툼한 옷을 입는다. 음식은 충분히 섭취하고, 원하는 만큼 수면을 취하며, 책임을 부여받지 않는다. 지적 노력이나 도덕적 노력을 거의 요구받지 않은 채, 흥미가 있는 것만 배우고 어떠한 상황에서도 투쟁하지 않는다.

그 결과는 잘 알려져 있다. 이 아이들은 흔히 체격이 건강하고 외모가 단정하며 사교적인 경우가 많다. 그러나 대체로 지적인 예리함과 도덕관념, 강한 저항력이 결여되어 있고, 쉽게 피로해지며, 매우 이기적인 성향으로 성장한다. 이러한 결함은 유전적 퇴화의 결과가 아니다. 이는 미국 산업 문명사회를 구축한 사람들의 자손뿐 아니라, 새로운 문명사회를 형성한 집단의 후손에게서도 동일하게 관찰된다. 분명히 말해, 적응 기능만큼 중요한 기능은 작동하지 않으면 유지될 수 없다. 특히 행복한 삶을 위해서조차 우리는 투쟁의 법칙을 따라야 한다. 투쟁의 법칙이 존재한다는 사실을 망각한 개인과 인종은 육체와 정신의 퇴화라는 대가를 치르게 된다.

인간이 최고로 발달하기 위해서는 모든 유기적 시스템을 작동시키는 신체적 활동이 필수적이다. 쇠퇴한 적응 기능에 의존하는 인간은 가치가 저하되고, 완전한 발달에 도달하지 못한다. 교육 과정 속에서 적응 기능은 지속적으로 작동해야 한다. 수많은 적응 기능은 모두 동등하게 중요하다. 근육이 뇌보다 더 중요한 것은 아니며, 근육은 단지 육체를 강하고 조화롭게 구성하는 데 기여할 뿐이다. 우리가 만들어야 할 대상은 훈련된 운동선수가 아니라 현대인이다. 현대인은 근력보다 더 강한 저항력과 지능, 도덕적 에너지를 갖추어야 한다.

이러한 저항력과 지능, 도덕적 에너지는 노력과 투쟁, 규율에 따른 훈련을 통해서만 형성된다. 동시에 인간은 적응할 수 없는 생활 환경에 노출되어서는 안 된다. 끊임없는 불안, 지적 분산, 알코올 중독, 과도하고 조숙한 성적 행위, 소음, 오염된 공기, 불량한 식품과 같은 조건은 인간이 적응할 수 없는 환경에 해당한다. 만약 이러한 환경에 놓이게 된다면, 우리는 파괴적인 혁명이라는 대가를 치르더라도 생활 방식과 주변 환경을 변화시켜야 한다. 결국 현대 문명사회를 구축하는 궁극적인 목적은 과학이나 기계가 아니라, 인간 그 자체를 발달시키는 데 있기 때문이다.

인간을 발달시키고 보호하는 적응 시스템

결론적으로 적응은 모든 유기적 및 정신적 과정의 존재 방식이다. 그러나 적응 기능은 결코 완전한 독립체로 존재하지 않는다. 적응 기능은 개인의 생존을 보장하기 위해 집단을 형성하는 현상과 마찬가지로, 우리가 신체적 활동을 수행하는 과정에서 자동적으로 구성되는 하나의 체계에 해당한다. 우리가 끊임없이 적응 활동을 수행하기 때문에 유기적 매개체는 지속적으로 일정한 상태를 유지하고, 육체는 조화로운 개체로 보존되며, 질병으로부터 회복될 수 있다. 조직이 일시적으로 취약해지는 특성을 지니고 있더라도, 인간은 이러한 적응 활동을 통해 힘겨운 상황을 견뎌낸다.

적응 기능은 영양 기능에 못지않게 육체에 필수적인 조건에 해당한다. 사실상 적응 기능은 영양 기능의 한 측면이라고 볼 수도 있다. 그럼에도 불구하고 현대적인 생활을 누리는 사회에서는 이러한 중요한 기능의 필요성에 대해 제대로 설명해 온 적이 거의 없었다. 현대인은 적응 기능을 사용하는 일을 거의 완전히 포기해 버렸다. 그리고 그 결과, 적응 기능을 무시함으로써 육체와 정신이 점차 쇠약해졌다.

적응 기능을 작동시키는 신체적 활동은 인간이 온전하게 발달하기 위해 반드시 갖추어야 할 조건이다. 적응 기능의 결함은 영양과 정신 기능까지 함께 위축시킨다. 적응 기능은 예측할 수 없이 변화하는 환경과 생리적 시간의 리듬에 따라 수많은 유기적 과정을 동시에 가동시킨다. 어떤 경우에는 모든 생리적 과정과 정신적 과정이 변화하는 환경에 반응하도록 이끌어낸다.

이처럼 환경의 변화에 따라 작동하는 적응 시스템은 인간이 외부 세계에서 실제로 경험하는 불안감을 반영한다. 이러한 적응 시스템은 물질적 충격과 심리적 충격을 끊임없이 받아들이는 인간을 보호하는 완충 장치의 역할을 수행한다. 그것은 인간이 불안정한 상황을 견뎌내도록 도울 뿐만 아니라, 인간을 특정한 방식으로 형성하고 발달시키는 데에도 중요한 역할을 한다. 더 나아가, 이 적응 시스템은 극히 뛰어난 특성을 지니고 있다.

이처럼 우수한 특성을 지닌 적응 시스템은 우리가 그 작동 방식을 인지하고 있는 특정한 화학적 요인, 물리적 요인, 심리적 요인에 따라 비교적 쉽게 변화한다. 인간은 이러한 화학적·물리적·심리적 요인들을 도구로 활용함으로써 인간의 활동을 보다 성공적으로 발달시킬 수 있다. 결국 적응 메커니즘을 이해하는 지식은 인간에게 스스로 원기를 회복하고, 자신을 특정한 방향으로 구성해 나갈 수 있는 능력을 제공한다.

7장

인간과 개인

의사는 교과서 속의 '병든 인간'과
지금 눈앞에 있는 구체적인 환자,
즉 치료받아야 하고 격려받아야 할 개인을
분명히 구별해야 한다.

인간은 없다, 개인만이 존재한다

인간은 자연 속 어디에서도 발견되지 않는다. 존재하는 것은 오직 개인뿐이다. 개인은 하나의 구체적인 사건에 해당하며, 그 점에서 인간이라는 개념과 구별된다. 개인은 행동하고, 사랑하고, 고통을 느끼며, 투쟁하고, 사망하는 존재다. 반면 인간은 우리의 정신과 책 속에서 살아가는 플라톤의 이데아[‡]에 속한다. 인간은 생리학자와 심리학자, 사회학자들이 연구 대상으로 삼아 온 추상적 개념들의 집합이기도 하다. 인간의 특성은 시간이나 공간의 변화에도 불구하고 본질이 변하지 않는 형이상학적 실체로 표현된다.

[‡] 이데아는 현상 세계 밖의 세상이고 모든 사물의 원인이자 본질이며, 오로지 인간의 이성으로만 알 수 있고 인간이 원래 존재하던 곳이라고 주장하는 형이상학 이론

오늘날 우리는 다시금 이데아의 실체성, 곧 일반 관념의 실재성이라는 문제와 마주하고 있다. 이는 중세 시대의 철학적 정신을 관통했던 핵심 쟁점이기도 하다. 형이상학적 실체의 존재를 옹호했던 이탈리아의 신학자이자 철학자 안셀무스 칸투아리엔시스*Anselmus Cantuariensis*는 프랑스의 신학자이자 철학자 피에르 아벨라르*Pierre Abelard*와 역사적인 논쟁을 벌였으며, 이 논쟁은 800년이 지난 오늘날에도 여전히 남아 있다. 당시 논쟁에서는 피에르 아벨라르가 패배한 것으로 기록되었다. 그러나 개별적인 대상들과 독립적으로 존재하는 추상적이고 보편적인 속성이 있다고 믿는 실재론자인 안셀무스의 주장과, 세상에는 오직 구체적이고 개별적인 대상들만 존재한다고 믿는 명목론자인 아벨라르의 주장은 사실상 동등하게 옳았다.

실제로 우리는 보편성과 특수성, 인간과 개인을 모두 필요로 한다. 개인과 독립적으로 존재하는 보편적인 속성, 즉 형이상학적 실체는 과학을 구성하는 데 필수적인 조건이 된다. 왜냐하면 우리의 정신은 추상적 개념들 사이에서만 쉽게 움직이기 때문이다. 현대의 과학자들에게 있어, 플라톤에게 그랬듯이, 이데아는 유일하게 실재이다. 이러한 추상적 실재는 우리의 정신을 구체적인 사건으로서의 개인을 이해하는 지식으로 이끈다. 보편성은 특수성을 파악할 수 있도록 돕는다.

인간 과학이 만들어낸 추상적 개념 덕분에, 각 개인은 핵심만을 간결하게 정리한 형이상학 이론을 비교적 편리하게 적용할 수 있다.

　　　　　　　인간이란 무엇인가

이러한 이론들은 본래 각 개인이 직접 판단하도록 정립된 것은 아니지만, 대체로 개인들에게 적용하기에 적합한 틀을 제공한다. 동시에 구체적인 사실로서의 개인을 고려하는 경험적 연구는 형이상학 이론과 이데아, 그리고 형이상학적 실체에 대한 이해를 점진적으로 발전시킨다. 이러한 연구는 추상적 개념을 지속적으로 강화하고 정교화한다. 수많은 개인을 탐구하는 과정 속에서 인간 과학은 점점 더 완전한 체계를 갖추게 된다. 플라톤이 말했듯이, 이데아는 자신의 아름다움에 고정된 채 머무르지 않는다. 우리의 정신이 경험적 실체, 곧 끊임없이 흐르는 현실의 물속에 잠기는 순가, 이데아는 이동하고 확장한다.

우리는 사실의 세계와, 그 사실을 나타내는 상징의 세계라는 서로 다른 두 세계 속에서 살아간다. 또한 우리 자신을 이해하기 위해 과학적 추상 개념과 관찰에 기반한 경험 연구를 동시에 활용한다. 그러나 추상적 개념은 때때로 구체적이고 명확한 실체로 오해되기도 한다. 이러한 경우 사실은 사실을 가리키는 상징으로 전락하고, 개인은 인간이라는 개념에 비유된다. 교육자와 의사, 사회학자들이 저지르는 많은 오류는 바로 이러한 혼동에서 비롯된다.

과학자들은 역학, 화학, 물리학, 생리학처럼 과학 기술적으로 발달한 학문 분야에는 익숙하다. 그러나 서로 다른 학문 분야의 개념을 조합하고, 각 학문에서 정립된 일반 개념을 명확히 구분해 내는 철학적·지적 문화에는 상대적으로 익숙하지 않다. 그럼에도 인간이라는 개념을 다룰 때에는 인간적인 요소와 개인적인 요소를 정확히 구분하는 일이 무엇보다 중요하다. 교육과 의학, 사회학은 본질적으로 개인과 관련된 학문이다. 이들 학문은 인간을 단지 인간이라는 상징으로만 다룰 때 치명적인 오류에 빠진다.

사실 독립된 각 개인이 지닌 고유한 성질, 곧 개체성은 인간이 가진 근본적인 특성에 해당한다. 이 개체성은 유기적 생물체의 일부 측면에만 국한되지 않으며, 인간의 유기적 존재 전체에 스며든다. 개체성은 각 개인을 세계사 속에서 단 하나뿐인 사건으로 만든다. 그것은 육체 전체와 의식에 흔적을 남기며, 비록 분리할 수는 없지만 육체를 구성하는 각 요소에도 고유한 표지를 새긴다. 다만 우리는 분석의 편의를 위해 개인을 완전한 전체로서가 아니라, 유기적 측면과 체액적 측면, 정신적 측면으로 나누어 부분적으로 살펴볼 것이다.

세포와 체액에 새겨진 개인의 흔적

각 개인은 얼굴의 형태와 몸짓, 걸음걸이, 지적 특성, 도덕적 특성에 따라 서로 쉽게 식별된다. 시간은 개인의 외양을 다양한 방식으로 변화시키지만, 이러한 변화에도 불구하고 각 개인의 정체성은 일정한 범위 안에서 지속된다. 프랑스 경찰관이자 생체 인식 연구원이었던 알퐁스 베르티옹*Alphonse Bertillon*이 오래전에 보여주었듯이, 개인은 자신이 지닌 골격의 특정한 부분적 특성에 따라 언제나 확인될 수 있다.

손가락 끝마디 안쪽에 존재하는 피부의 무늬, 즉 지문은 인위적으로 제거할 수 없는 고유한 특성에 해당한다. 그러나 피부의 형태는 피부 조직이 지닌 개체성의 여러 측면 중 하나에 불과하다. 일반적으로 피부 조직의 개체성은 단순한 형태학적 특성만으로는 입증되지 않는다. 한 개인의 갑상샘, 간, 피부를 이루는 세포들은 다른 개인의 세포와 거의 동일해 보인다. 심장 박동 수 또한 개인마다 큰 차이를 보이지 않는다. 신체 기관의 구조와 기능은 표면적으로는 개인의 고유한 특성에 따라 명확히 구별되지 않는 것처럼 보인다. 그러나 보다 섬세한 조사 방법을 적용한다면, 신체 기관의 특수한 구조와 기능 역시 형태학적 특성으로 입증될 수 있을 것이다. 특정한 개가 수많은 사람들 속에서 자기 주인의 독특한 냄새를 구별해 내듯, 한 개인의 조직 또한 자신을 둘러싼 체액의 특수한 성질과 다른 체액의 이질적인 성질을 감지할 수 있다.

조직이 지닌 개체성은 여러 방식으로 스스로를 드러낸다. 예를 들어, 환자 자신의 피부 조각과 친구나 친척에게서 제공받은 피부 조각을 동시에 환자의 상처 난 피부 표면에 이식하는 경우를 생각해 보자. 며칠이 지나면, 환자 자신에게서 떼어낸 피부 조각은 상처 부위에 단단히 부착되어 성장하는 반면, 친구나 친척에게서 떼어낸 피부 조각은 느슨하게 부착된 채 점차 축소된다. 결국 자가 이식된 피부 조직은 생존하지만, 타인에게서 이식된 피부 조직은 괴사한다. 피부 조직을 안전하게 교환할 수 있을 만큼 유사한 두 사람을 발견하는 경우는 극히 드물다.

외과의사 크리스티아니*Cristiani*는 갑상샘 기능이 불완전한 어린 소녀에게 그녀의 어머니에게서 떼어낸 갑상샘 조각을 이식했다. 그 결과 소녀는 치유되었고, 약 10년 후 결혼하여 임신에 이르렀다. 이식된 갑상샘 조각은 여전히 활력을 유지하며, 정상적으로 기능하는 갑상샘과 유사한 정도로 성장했다. 이러한 결과는 매우 이례적이며, 특히 우수한 사례에 속한다. 그러나 일란성 쌍생아 사이에서 시행된 갑상샘 이식 수술은 의심할 여지 없이 성공할 것이다.

일반적으로 한 개인의 조직은 다른 개인의 조직을 받아들이기를 거부한다. 혈관이 봉합되고 이식된 신장에서 혈액 순환이 재개되면, 이식된 신장은 즉시 노폐물을 소변으로 배출한다. 초기에는 기능이 정상적으로 작동하는 듯 보인다. 그러나 몇 주가 지나면 소변에서 알부민과 혈액이 검출되고, 신장염과 유사한 질환이 급격히 발생하여 결국 신장은 위축된다. 반면 동일한 개체 내에서 장기를 다른 부위로 옮기는 자가 이식의 경우, 이식된 기관의 기능은 영구적으로 회복된다. 이는 체액이 다른 어떤 검사로도 드러나지 않는 이질적인 조직 구조의 미세한 차이를 인식하고 있음을 분명히 보여준다. 세포

   인간이란 무엇인가

는 오직 자신이 속한 개인에게만 존재하는 특유한 성질을 지닌다. 이러한 육체의 고유성은 지금까지 치료 목적의 장기 이식 수술이 광범위하게 시행되지 못하도록 가로막아 왔다.

세포와 마찬가지로 체액 역시 개인에게 특유한 성질을 지닌다. 이 특성은 한 개인의 혈청이 다른 개인의 적혈구에 미치는 영향을 통해 분명하게 드러난다. 혈청의 작용을 받은 적혈구는 흔히 응집되며, 수혈 후 발생한 사고들은 바로 이 현상에서 비롯된다. 따라서 헌혈자의 적혈구는 환자의 혈청에 의해 응집되어서는 안 된다.

미국의 병리학자이자 혈청학자인 카를 란트슈타이너*Karl Landsteiner*는 수혈의 안전성을 가능하게 한 결정적 발견, 즉 인간의 혈액형을 A형, B형, AB형, O형의 네 집단으로 구분하는 ABO식 혈액형 체계를 제시했다. 특정 집단의 혈청은 다른 집단의 적혈구를 응집시킨다. 이 가운데 O형 혈액형 집단은 다른 집단의 혈청에 의해 응집되지 않는 적혈구를 지니며, 그 결과 O형 혈액은 다른 혈액형과 섞이는 데 큰 문제가 없다. 이러한 특성은 평생 지속되며, 멘델*Gregor Johann Mendel*이 완두의 잡종 교배 실험을 통해 밝혀낸 유전 법칙에 따라 세대를 넘어 전달된다.

더 나아가 란트슈타이너는 특수한 혈청학적 방법을 통해 약 30개의 하위 그룹을 발견했다. 이들 하위 그룹이 수혈에 미치는 영향은 실질적으로 무시할 수 있는 수준이다. 그러나 이러한 하위 그룹보다 더 작은 단위의 개인들 사이에는 여전히 유사점과 차이점이 존재한다. 적혈구 응집 반응 검사는 매우 유용하지만, 여전히 불완전하다. 이 검사는 ABO 식 혈액형 집단 간의 관계만을 드러낼 뿐, 같은 혈액형에 속한 개인들 사이의 더욱 미묘한 차이를 밝혀내지는 못한다.

각 동물이 지닌 고유한 특성은 장기 이식 수술의 결과를 통해서 확인할 수 있다. 하지만 이러한 특성을 쉽게 탐지할 수 있는 방법은 존재하지 않는다. 같은 혈액형에 속한 한 개인의 혈청을 다른 개인의 정맥에 반복적으로 주입하더라도, 뚜렷한 반응이나 측정 가능한 항체 형성은 일어나지 않는다. 따라서 수혈은 연속적으로 여러 차례 시행되더라도 위험하지 않을 수 있다. 환자의 체액은 헌혈자의 적혈구, 백혈구, 혈청에 반응하지 않는다. 그러나 장기 이식을 가로막는 개인 고유의 차이점들은 보다 정밀한 검사 방법이 개발됨에 따라 점차 드러날 것이다.

조직과 체액의 특이성은 단백질, 그리고 란트슈타이너가 '합텐'이라 명명한 화학 그룹들에 달려 있다. 합텐은 분자량이 너무 작아 단독으로는 면역 반응을 일으키지 못하지만 항원성을 지닌 물질로, 주로 탄수화물과 지방질로 구성된다. 합텐이 단백질과 결합해 고분자 화합물을 형성하면, 항체의 혈청에서 면역 반응을 유도한다. 개인의 특유한 성질은 바로 이러한 고분자 화합물의 내부 구조에 따라 결정된다. 동일한 인종에 속한 개인들은 다른 인종에 속한 개인들보다 서로 더 유사하다.

단백질과 탄수화물은 수많은 원자 집단으로 구성되어 있다. 이러

    인간이란 무엇인가

한 결합은 사실상 무한한 조합을 허용한다. 지구상에 존재했던 방대한 인간 집단 가운데, 화학 구조가 완전히 동일한 두 개인은 아마도 존재하지 않았을 것이다. 조직의 고유한 특성은 아직 완전히 밝혀지지 않은 방식으로 세포와 체액의 분자 구조와 연관되어 있으며, 우리의 개체성은 바로 이러한 깊은 층위에 뿌리를 두고 있다.

인간의 고유한 특성은 육체를 구성하는 모든 요소에 부분적으로 흔적을 남긴다. 그것은 세포와 체액의 화학적 구조뿐만 아니라 생리적 과정 전반에 걸쳐 나타난다. 모든 인간은 소음과 위험, 음식, 추위와 더위, 미생물과 바이러스의 공격과 같은 외부 세계의 사건들에 각기 다른 방식으로 반응한다. 순종 동물들에게 동일한 양의 이질적인 단백질이나 박테리아 현탁액을 주입하더라도, 그 반응은 결코 동일하지 않다. 일부는 아무런 반응을 보이지 않는다.

전염병이 유행할 때도 마찬가지다. 어떤 사람은 감염되어 사망하고, 어떤 사람은 감염되지만 회복하며, 또 어떤 사람은 거의 영향을 받지 않는다. 또 다른 사람들은 감염되더라도 뚜렷한 증상을 보이지 않는다. 각 개인은 전염병에 대응하는 적응력을 서로 다른 방식으로 드러낸다. 프랑스의 생리학자 샤를 리셰*Charles Richet*가 말했듯이, 고유한 정신적 특성이 존재하듯 고유한 체액적 특성 또한 존재한다.

수명 역시 개인의 고유한 특성을 반영한다. 수명의 가치는 모든 인간에게 동일하지 않으며, 일생 동안 일정하게 유지되지도 않는다.

삶의 각 사건이 육체에 기록될수록, 기관적 특성과 체액적 특성은 노화가 진행되는 과정 속에서 점점 더 개별화된다. 이러한 특성은 내면세계에서 일어나는 모든 사건에 의해 강화된다. 정신이 기억을 갖듯, 세포와 체액 또한 기억을 획득한다. 질병을 앓거나, 백신이나 혈청을 통해 항원이 체내에 주입되거나, 박테리아와 바이러스, 이질적인 화학 물질이 조직에 침입할 때마다 육체는 영구적으로 변화한다. 이러한 변화들은 알레르기 상태, 즉 항원에 대한 반응도의 변화를 결정한다. 이 과정을 통해 조직과 체액은 점점 더 강한 고유성을 획득한다. 나이가 든 사람들은 어린아이들보다 훨씬 더 서로 다르다. 모든 인간은 각자, 누구와도 같지 않은 역사를 살아간다.

유형으로 분류할 수 없는 인간

개인이 지닌 특유한 정신적 특성과 구조적 특성, 체액적 특성들은 아직 명확히 밝혀지지 않은 방식으로 서로 조화를 이룬다. 이들은 심리적 활동과 대뇌의 작용, 유기적 기능과도 일정한 관계를 유지한다. 이러한 결합을 통해 각 개인은 오직 자신만이 지닐 수 있는 독특한 성질을 획득하며, 모든 인간은 이로 인해 자기 자신과 타인을 서

　　　　　　　인간이란 무엇인가

로 구별하게 된다.

하나의 난자와 하나의 정자가 결합해 형성된 하나의 수정란이 두 개로 나뉘어 각각 독립적으로 세포 분열과 발육을 거친 일란성 쌍생아는 동일한 유전적 구조를 지니고 태어난다. 그럼에도 불구하고 이들 사이에는 분명히 서로 다른 측면들이 존재한다. 정신적 특성은 유기적 특성이나 체액적 특성보다 훨씬 더 섬세한 반응을 보이는 고유한 성질이다. 모든 사람은 심리적 활동의 수와 질, 그리고 그 강도에 의해 동시에 규정된다. 동일한 사고방식을 지닌 개인은 존재하지 않는다.

의식이 가장 기본적인 수준에서만 발달한 개인들은 서로 상당히 유사해 보일 수 있다. 그러나 개인의 고유한 특성이 강화될수록, 그는 다른 개인들과 점점 더 뚜렷한 차이를 드러낸다. 모든 의식적 활동이 한 개인 안에서 동시에 균등하게 발달하는 경우는 거의 없다. 대부분의 인간은 의식적 활동의 발달 정도가 일부 영역에서는 약하거나 불충분하다. 의식적 활동의 기능적 강도뿐 아니라 질적인 측면에서도 서로 현저한 차이를 지닌다. 더구나 조합될 수 있는 의식적 활동의 수는 사실상 무한하다.

특정 개인의 구조를 분석하는 것보다 더 어렵고 복잡한 연구는 거의 없다. 개인이 지닌 정신적 특성은 극도로 복잡하며, 현재의 심리 검사는 이를 충분히 포착하지 못한다. 따라서 개인을 정확하게 분류하는 일은 사실상 불가능하다. 그럼에도 개인들은 지적 특성과 정서적 특성, 도덕적 특성, 심미적 특성, 종교적 특성, 그리고 이러한 특성들이 결합되는 정도, 나아가 이 특성들이 다양한 유형의 생리적 활동과 맺는 관계에 따라 여러 유형으로 나뉠 수 있다. 또한 심리학적 유형과 형태학적 유형 사이에는 일정한 관계가 존재한다. 개인의 신체적 측면은 조직과 체액, 정신의 구조를 반영한다.

보다 분명한 유형들 사이에는 수많은 중간 유형이 존재하며, 이들은 거의 셀 수 없을 만큼 다양하게 분류될 수 있다. 그러나 이러한 세분화는 결국 거의 아무런 실질적 가치도 지니지 않는다.

개인들은 전통적으로 지적 유형, 신경과민적 유형, 자발적 유형 등으로 분류되어 왔다. 각 유형 안에는 결단을 내리지 못하고 주저하는 사람, 타인을 짜증 나게 괴롭히는 사람, 충동적인 사람, 감정이 북받쳐 앞뒤가 맞지 않게 말하는 사람, 의지력이 나약한 사람, 주의가 산만해 집중하지 못하는 사람, 지루함을 견디지 못해 침착하게 있지 못하는 사람도 포함된다. 동시에 사려 깊은 사람, 자제력이 강한 사람, 정직한 성품을 지닌 사람, 분별력 있게 행동하며 정신이 또렷한 사람 또한 존재한다.

지적 유형 안에서는 다른 유형과 분명히 구별되는 몇 가지 특수한 집단이 관찰된다. 편견이 없고 마음이 너그러운 사람, 사유가 깊고 직관력이 뛰어난 사람, 다양한 지식을 이해하고 조정하며 통합할 수 있는 사람들이 있는가 하면, 마음이 좁고 편견을 지닌 사람, 방대한 지식을 전체적으로 파악하지는 못하지만 특정 주제의 세부 사항을 완벽하게 습득하는 사람들도 존재한다. 뛰어난 지능을 지닌 사람

　　　　　　　　인간이란 무엇인가

들은 종종 방대한 지식을 종합적으로 이해하기보다, 더욱 정확하고 분석적인 이해를 보여준다. 또한 탁월한 논리력을 지닌 집단과 뛰어난 직관력을 지닌 집단이 존재하며, 대부분의 위대한 인물들은 직관력이 뛰어난 집단에 속한다.

지적 유형은 종종 정서적 유형과 결합된다. 지적 유형에는 감정적인 사람, 열정적인 사람, 진취적인 사람뿐만 아니라 소심한 사람, 결단력이 없고 우유부단한 사람, 의지력이 약한 사람도 포함될 수 있다. 이들 가운데 극히 드물게 신비적 유형에 해당하는 사람들도 존재한다. 마찬가지로 도덕적 유형, 심미적 유형, 종교적 유형으로 특징지어시는 집단 안에도 이들 특성이 다양한 방식으로 결합된 인간 유형이 존재한다. 이러한 사실은 인간 유형이 얼마나 다양하고 복합적인지를 분명히 보여준다.[‡] 인간 유형을 분류하는 요소의 수가 무한히 증가한다면, 특유한 심리적 특성을 분석하려는 시도는 화학 분석만큼이나 기만적이 되어 신뢰를 잃고 오해를 불러일으킬 것이다.

각 개인은 자신이 고유한 특성을 지니고 있다는 사실을 스스로 인식한다. 이러한 고유한 특성은 개인의 진정한 특징을 이룬다. 그러나 그 세분화 정도에는 큰 차이가 있다. 어떤 특성들은 매우 풍부하고 강력한 반면, 다른 특성들은 약하며 환경과 상황에 따라 쉽게 변화한다. 약화된 고유한 특성과 정신 질환 사이에는 여러 단계의 중

‡ 알렉상드르 뒤마(Alexandre Dumas)의 『조르주(Georges)』에서 인용함

간 상태가 존재한다. 특정 신경증을 앓는 사람들은 자신이 지닌 고유한 특성이 점차 희미해지고 사라지는 듯한 느낌을 받는다.

어떤 질병들은 실제로 인간의 고유한 특성을 파괴한다. 기면성 뇌염은 개인의 고유한 특성을 극적으로 변화시킬 수 있는 뇌 병변을 초래한다. 조현병과 전신 마비 역시 그러한 경우에 속할 수 있다. 반면 어떤 질병들은 심리적 변화를 일시적으로만 유발한다. 특히 강한 충격을 계기로 극도로 난폭해지거나 감정을 통제하지 못하는 히스테리증은 한 개인 안에서 둘 이상의 인격이 교대로 나타나는 이중인격 현상을 일으키기도 한다. 이러한 환자들은 인격이 완전히 달라진 것처럼 보이며, 서로 다른 두 자아를 드러낸다. 인위적으로 변형된 인격을 지닌 히스테리증 환자들은 각기 다른 자아 상태에서 타인의 사고와 행동을 무시한다.

마찬가지로 최면 상태에서도 개인은 자신의 인격을 변화시켜 서로 다른 두 자아를 드러낼 수 있다. 첫 번째 자아의 태도와 감정을 지닌 상태에서, 제안에 의해 다른 인격을 강요받으면 환자는 두 번째 자아의 태도와 감정을 취한다. 이처럼 인격이 완전히 분리되는 경우도 있지만, 불완전하게 분리되는 경우도 존재한다. 이러한 불완전한 분리는 다양한 신경증 환자들, 여러 영매들, 그리고 현대 사회에 만연한 부정적이고 의지력이 약하며 불안정한 사람들에서도 관찰된다.

개인들의 특유한 심리적 특성을 완전히 조사하고, 그 구성 요소를

     인간이란 무엇인가

부분적으로라도 정확히 측정하는 일은 아직 불가능하다. 우리는 심리적 특성의 본질을 명확히 규정할 수도 없고, 한 개인의 심리적 특성이 다른 개인의 심리적 특성과 어떻게 다른지도 정확히 파악하지 못한다. 특정 인간의 본질적 특성이나 잠재력을 발견하는 일은 더더욱 어렵다. 그럼에도 불구하고 각 젊은이는 자신이 지닌 특수한 재능과 정신적·생리적 활동의 특성에 따라 적합한 사회적 집단에 속해야 한다. 그러나 대부분의 경우, 개인은 자기 자신을 정확히 인식하지 못한다.

부모와 교육자들은 자기 자신을 이해하지 못하는 어린아이들을 나누어 지도하지만, 아이들이 본래 지닌 고유한 특성을 탐지하는 방법을 제대로 알지 못한다. 대신 아이들을 일반적인 기준에 맞추어 표준화하려 한다. 현대의 산업과 사업 방식 역시 노동자들의 고유한 특성을 고려하지 않으며, 모든 인간이 서로 다르다는 사실을 무시한다. 대부분의 사람들은 자신이 지닌 특수한 재능을 인식하지 못한다. 그러나 모든 사람이 모든 일을 잘할 수 있는 것은 아니다. 각 개인은 자신의 고유한 특성에 따라 특정한 작업이나 생활 방식에 더 쉽게 적응한다.

개인의 성공과 행복은 자신과 환경 사이의 적합성에 달려 있다. 개인은 자물쇠에 정확히 맞는 열쇠처럼, 자신에게 맞는 사회적 집단 속에 놓여야 한다. 부모와 교사들은 무엇보다도 먼저 아이들 각자가 타고난 재능과 잠재력을 이해하는 지식을 갖추어야 한다. 그러나 안타깝게도 심리학은 이 문제에서 거의 도움을 주지 못한다. 경험이 부족한 심리학자들이 학교에서 활용하는 심리 검사는 중요하지 않을 뿐 아니라, 심리학에 익숙하지 않은 사람들에게 근거 없는 자신감을 심어준다. 사실 심리 검사는 훨씬 덜 중요하게 다루어져야 한다. 심리학은 아직 과학의 단계에 이르지 못했다. 오늘날 개인의 고유한 특성과 잠재력은 측정할 수 없다. 그럼에도 인간 연구에 익숙한 현명한 관찰자는 때때로 현재의 고유한 특성 속에서 한 개인의 미래를 엿볼 수 있다.

의학이 놓쳐온 질병 너머의 실제 개인

질병은 본질적으로 실체가 아니다. 우리가 관찰하는 것은 폐렴이나 매독, 당뇨병, 장티푸스라는 추상적 대상이 아니라, 그러한 상태에 시달리는 개인들이다. 우리는 특정한 추상적 개념을 적용하여, 정신 속에서 일반적 개념을 구성하고, 그 개념에 '질병'이라는 이름을 붙인다. 다시 말해 질병이란, 유기적 생물체가 병원체에 적응하거나, 혹은 병원체를 수동적으로 파괴하는 능력이 드러나는 방식이다. 이러한 적응 능력과 파괴 능력은 질병에 걸린 개인의 유형과 그 내부 시간의 리듬을 반영한다.

　　　　　　　　　인간이란 무엇인가

육체는 퇴행성 질병의 영향을 받아 파괴될 때, 노년기보다 오히려 청년기에 더 빠르게 무너질 수 있다. 또한 육체는 모든 적에 대해 특정한 방식으로 반응한다. 그 반응의 유형은 조직이 선천적으로 지닌 특성에 따라 달라진다. 예컨대 협심증은 극심한 고통을 통해 자신의 존재를 알린다. 심장은 마치 날카로운 강철 발톱에 꽉 붙잡힌 것처럼 느껴진다. 그러나 고통의 강도는 개인의 민감도에 따라 다르다. 환자가 둔감한 경우, 질병은 전혀 다른 얼굴을 드러낸다. 경고도, 고통도 없이 조용히 생명을 앗아간다.

장티푸스는 일반적으로 고열과 두통, 설사, 우울 증상을 동반하며, 장기간 입원이 필요한 중증 질환으로 알려져 있다. 그러나 어떤 개인들은 이와 같은 심각한 질병을 앓으면서도 평소와 다름없이 직장에서 근무한다. 또 어떤 이들은 독감이나 디프테리아, 황열병과 같은 전염병이 급속히 확산되는 상황에서도 미열과 가벼운 불편함만을 느낀다. 이들은 증상이 거의 없지만, 분명히 질병의 영향을 받고 있다. 이러한 대응 방식은 신체 조직이 선천적으로 지닌 저항력에서 비롯된다. 우리도 알고 있듯이, 미생물과 바이러스로부터 육체를 보호하는 적응 메커니즘은 개인마다 서로 다르다.

유기적 생물체가 암에 대해 충분한 저항력을 발휘하지 못할 경우, 그 파괴 과정은 개인이 지닌 고유한 특성에 따라 결정된 방식과 속도로 진행된다. 젊은 여성에게 발생한 유방암은 사망에 이르는 속도가 빠른 반면, 매우 고령의 여성에게 발생한 유방암은 육체의 노화 속도만큼이나 느리게 진행된다.

질병은 개인적인 사건이다. 그것은 개인을 구속하는 조건들의 집합이며, 환자의 수만큼이나 다양한 형태로 존재한다.

그럼에도 불구하고, 개인에 대한 수많은 관찰 결과를 단순히 축적하는 것만으로는 의학이라는 학문을 구축하는 것이 불가능했을 것이다. 우리는 관찰 결과를 분류하기 위해 추상적 개념을 도입해야 했고, 그러한 일반 개념을 통해 질병이라는 범주를 만들어냈다. 이 과정을 통해 의학 논문이 탄생했다. 이러한 논문들은 불완전하고 기술적인 수준에 머물렀지만, 가르치기 쉽고 편리한 형태로 과학적 의학을 구축하는 데 기여했다.

문제는 우리가 이러한 체계를 지나치게 만족스럽게 받아들였다는 데 있다. 우리는 의학 논문이 연구하는 것이 질병에 시달리는 환자를 치료하는 데 필요한 지식의 일부에 불과한 병리학적 실체라는 사실을 명확히 인식하지 못했다. 의학적 지식은 질병을 대상으로 한 과학적 의학을 넘어설 필요가 있다. 의사는 교과서 속의 '병든 인간'과 지금 눈앞에 있는 구체적인 환자, 즉 치료받아야 하고 안심해야 하며 격려받아야 할 개인을 분명히 구별해야 한다.

의사의 역할은 환자가 지닌 고유한 특성, 병원체에 대한 저항력, 고통에 대한 민감도, 유기적 활동의 가치, 과거와 미래를 발견하는 데 있다. 질병에 대한 예측은 확률 계산이 아니라, 질병에 시달리는 개인의 유기적·체액적·심리적 특성을 정밀하게 분석하는 방식으로 이루어져야 한다. 의학이 질병만을 관찰 대상으로 삼을 때, 그것은

     인간이란 무엇인가

스스로 신체의 일부를 절단하는 것과 마찬가지이다.

여전히 많은 의사들은 추상적 개념에만 매달린다. 그러나 일부 의사들은 질병을 이해하는 지식만큼이나 환자를 이해하는 지식이 중요하다고 믿는다. 질병을 이해하는 지식은 추상 개념을 상징의 영역에 머물게 하려 하고, 환자를 이해하는 지식은 그 추상을 구체적 현실 속에서 명확히 파악하려 한다. 오늘날 실재론자와 명목론자 사이의 오래된 논쟁은 의과대학을 중심으로 다시 반복되고 있다.

중세 시대 교회가 교황을 중심으로 조직되었듯이, 과학적 의학은 형이상학적 실체에 해당하는 '일반적 질병'을 중심으로 체계화되었다. 그리고 안셀무스 칸투아리엔시스와 피에르 아벨라르가 벌였던 논쟁을 재현하듯, 질병을 정신이 만들어낸 개념으로 보고 환자만을 유일한 실체로 간주하는 명목론자들을 비난한다. 그러나 사실 의사는 실재론자이면서 동시에 명목론자여야 한다. 질병과 더불어 환자 개인 역시 연구 대상이기 때문이다.

대중이 의학에 대해 느끼는 불신과 비효율성, 때로는 치료법에 대한 조롱은 환자를 구체적으로 치료하고 고통을 완화하기 위해 필요한 상징적 요소들을 혼동한 결과이다. 의사가 치료에 실패하는 이유는 실제 환자가 아니라 상상 속의 질병이 존재하는 세계에서 살아가기 때문이다. 그는 환자를 보지 않고 논문 속의 질병을 본다. 그렇게 해서 의사는 형이상학적 실체로서의 질병을 믿는 희생자가 된다.

더 나아가 그는 원리와 방법, 과학과 기술의 개념을 뒤섞는다. 환자 개인이 하나의 완전체이며, 적응 기능이 모든 유기적 시스템에 걸쳐 확장된다는 사실, 해부학적 분할은 인위적인 편의에 불과하다는 사실을 망각한다. 육체를 분리해 분석하는 방식은 지금까지 이해를 돕는 데 유용했지만, 동시에 위험하며 환자에게 큰 손실을 안기고, 결국 의사 자신에게도 희생을 요구한다.

의학은 인간의 통합성과 특수성을 함께 고려해야 한다. 의학의 유일한 목적은 환자 개인의 고통을 완화하고, 그 개인을 치료하는 데 있다. 물론 의사는 과학의 정신과 방법을 활용해야 하며, 질병을 인지하고 치료하고 예방할 수 있어야 한다. 그러나 의학은 정신적인 학문이 아니다. 의학을 익히는 것 그 자체가 동기가 되지 않는다. 의학이 지향해야 할 목표는 오직 하나, 질병에 시달리는 환자를 치료하는 것이다.

그럼에도 의학은 인간이 추구하는 모든 목표 중 가장 달성하기 어려운 것에 속한다. 그것은 어떤 다른 과학에도 쉽게 비유될 수 없다. 의학 교수는 단순한 교사가 아니다. 해부학, 생리학, 화학, 병리학, 약리학을 연구하는 전문 학자들이 존재하지만, 의학교수는 일반적인 지식을 모두 요구받는다. 그는 신뢰할 수 있는 판단력과 지구력, 끊임없는 활동성을 지녀야 하며, 실험실 과학자보다 더 넓은 범위의 능력을 필요로 한다.

과학자는 상징의 세계에 머물 수 있다. 그러나 의사는 구체적인 실체와 추상적 개념을 동시에 다뤄야 한다. 그의 정신은 현상과 상징을 함께 포착하고, 신체와 의식을 탐구하며, 각 개인과 함께 각기 다른 세계로 들어간다. 의사는 완전한 과학적 의학을 구축하는 것이 불가능하다는 사실을 인식해야 한다.

물론 그는 기성복을 무차별적으로 생산해 체형이 다른 사람들에게 입히는 판매원처럼, 과학적 지식을 임시방편으로 적용할 수 있다. 그러나 각 환자가 지닌 고유한 특성을 발견하지 못한다면, 자신의 의무를 다했다고 말할 수 없다. 의사가 환자를 치료할 수 있는지는 그가 가진 지식의 양뿐만 아니라, 각 개인의 특유한 성질을 파악할 수 있는 능력에 달려 있다.

타고나는 것 대 환경적인 것

각 인간이 지니는 고유한 특성은 두 가지 근원에서 비롯된다. 하나는 인간을 형성하는 난자의 구조이며, 다른 하나는 인간이 성장하고 살아가며 축적해 온 발달과 역사이다. 우리는 이미 앞에서, 난자와 정자가 수정되기 이전에 난소와 정소에서 핵이 둘로 갈라지는 핵분열이 일어나고, 이어서 세포질이 나뉘어 두 개의 딸세포가 형성되는 생식 세포 분열의 과정을 설명한 바 있다. 이 과정을 통해 생성된 난자와 정자는 각각 핵과 염색체 수가 절반으로 줄어든다. 다시 말해, 유기적 생물체의 유전 형질을 발현시키는 원인이 되는 유전 인자, 즉 염색체 위에 일정한 순서로 배열되어 부모로부터 자손에게 정보를 전달하는 유전자 역시 절반만을 지니게 된다.

우리는 또한, 염색체 수가 절반으로 감소한 정자의 머리가 난자의 벽을 뚫고 침투하는 과정과, 수정란의 핵 속에서 남성과 여성의 성 염색체가 결합함으로써 모든 특수한 기질과 특성을 갖춘 육체가 형성되는 과정을 알고 있다. 이 순간, 개인은 오직 잠재적인 상태로만 존재한다. 그는 부모의 뚜렷한 특성을 우세하게 드러내는 우성 인자를 포함하고 있으며, 동시에 평생 드러나지 않고 잠재된 채로 남아 있을 열성 인자 또한 함께 지닌다. 열성 인자는 새로 태어난 개인의 염색체 속에서 배열된 유전자의 상대적 위치에 따라 활동성을 띠기도 하고, 우성 인자에 의해 중화되어 특성이나 작용을 잃기도 한다. 이러한 우성과 열성의 관계는 현대 유전학에 결정적인 영향을 미친 멘델의 유전 법칙으로 설명된다. 그러나 이 법칙은 오직 각 인간이 선천적으로 지닌 고유한 특성의 기원을 설명할 뿐이다.

사실, 선천적으로 주어진 고유한 특성은 그 자체로 완성된 성질이 아니라, 하나의 기질이자 잠재력에 불과하다. 이 기질은 배아기와 태아기, 유아기와 청소년기를 거쳐 성장하는 과정에서 마주하는 수많은 조건과 상황에 따라 현실로 실현되기도 하고, 끝내 실현되지 않은 채 가능성으로 남기도 한다. 각 인간의 역사는 난자를 구성했던 유전자의 본질과 배열만큼이나 독특하다. 그러므로 인간의 고유한 특성은 유전과 발달의 상호작용에 따라 형성된다.

우리는 인간의 특성이 이 두 가지 근원에서 비롯된다는 사실을 알고 있지만, 각각이 어느 정도로 작용하는지는 알지 못한다. 유전이 더 중요한가, 아니면 발달이 더 중요한가?

행동주의 심리학의 창시자인 미국의 심리학자 존 브로더스 왓슨 *John Broadus Watson*과 그의 추종자들은 교육과 환경이 인간을 원하는 형태로 만들어낼 수 있나고 주장한다. 그들에 따르면 교육은 모든 것을 발달시키며, 유전은 아무것도 만들어내지 못한다. 반대로 유전학자들은 유전이 고대의 운명처럼 인간의 삶을 지배하는 초인간적인 힘이라고 믿고, 인간을 구제할 수 있는 유일한 수단은 교육이 아니라 우생학이라고 주장한다. 그러나 이 양 진영은 이 문제가 논쟁이 아니라 오직 관찰과 실험을 통해서만 접근될 수 있다는 사실을 충분히 인식하지 못한다.

관찰과 실험은 유전과 발달이 각 개인마다 다르게 작용하며, 그 가치를 일반적으로 측정하는 것이 불가능하다는 사실을 보여준다. 같은 부모에게서 태어나 동일한 환경에서 자란 아이들조차 외모와 신장, 신경 구조, 지적 능력, 도덕적 자질에서 분명한 차이를 드러낸다. 이러한 차이의 근원이 조상 대대로 내려온 특성에 있다는 점은 의심의 여지가 없다.

동물의 경우도 마찬가지다. 아직 어미의 젖을 빼는 여러 마리의 세퍼드 강아지를 떠올려 보자. 동일한 환경에서 자라고 있음에도, 어떤 강아지는 권총 소리에 놀라 몸을 웅크리고, 어떤 강아지는 꼿꼿이 서며, 또 다른 강아지는 소리가 난 방향으로 달려간다. 어떤 강아지는 젖이 가장 잘 나오는 자리를 차지하고, 어떤 강아지는 밀려난다. 어떤 강아지는 사육장을 탐험하고, 어떤 강아지는 어미 곁을 떠나지 않는다. 어떤 강아지는 손길에 으르렁거리며 반응하고, 어떤 강아지는 아무 반응도 보이지 않는다. 같은 환경에서 이 강아지들이 성견으로 자라면, 그들의 주요 특성 대부분은 변하지 않는다. 겁 많고 소심한 개는 평생 그러한 성향을 유지하며, 겁 없고 민첩한 개는 대체로 더욱 활동적으로 성장한다.

조상으로부터 물려받은 특성들 가운데 일부는 발현되지 않지만, 다른 일부는 발달한다. 같은 난자에서 태어난 쌍생아는 선천적으로 동일한 특성을 지니지만, 태어난 직후 분리되어 서로 다른 환경에서 성장할 경우 상당한 차이를 보이게 된다. 18년 혹은 20년이 지나면 차이점들이 두드러지지만, 지적 측면에서는 여전히 놀라울 만큼 유사한 모습을 드러낸다. 이는 동일한 구조가 동일한 결과를 강제하지는 않지만, 환경 또한 구조를 완전히 제거할 수 없다는 사실을 보여 준다. 잠재력은 환경에 따라 실현되기도, 억제되기도 하며, 쌍생아 역시 동일한 잠재력을 지녔더라도 각자의 환경에 따라 전혀 다른 방식으로 발달한다.

그렇다면 유전자는 개인의 형성과 육체, 그리고 의식의 구축에 어떤 영향을 미치는가? 개인의 구조는 수정란의 구조에 얼마나 의존하는가? 수많은 관찰과 실험은, 개인의 일부 특성은 이미 난자 안에 존재하며, 다른 일부는 잠재적 상태로만 존재한다는 사실을 보여준다. 유전자는 때로는 치명적인 특성을 그대로 발현시키고, 때로는 환경에 따라 발달 여부가 결정되는 기질을 부여한다. 성별은 수정 순간에 이미 결정된다. 그 결과 남성과 여성의 모든 신체 세포는 다르다.

성신 질환이나 정신 이상, 혈우병, 청각 장애는 유전적 결함에서 비롯되며, 암이나 고혈압, 폐결핵과 같은 질병은 기질에 따라 발생하거나 유전되기도 한다. 그러나 환경은 이러한 질병이 발현되는 것을 방해하거나 촉진할 수 있다. 내구력과 인내력, 활동력, 의지력, 지능과 판단력 역시 마찬가지다. 개인의 가치는 상당 부분 유전적 기질에 의해 결정된다. 하지만 자녀의 특성을 정확히 예측할 수는 없다. 다만 일반적으로 우수한 가정에서 태어난 아이가 열악한 가정에서 태어난 아이보다 더 우월한 유형으로 성장할 가능성이 높다.

그러나 위대한 인물의 자손이 평범한 인물로 태어나기도 하고, 이름 없는 가정에서 위대한 인물이 탄생하기도 한다. 난자핵과 정자핵의 결합에는 언제나 불확실성이 따른다.

유전과 환경 사이에서 형성되는 개인의 운명

멘델의 법칙과 기타 법칙들에 따라 조상 대대로 물려받은 선천적 성향은 세대를 넘어 전달되며, 각 인간이 발달하는 데 특정한 방향을 부여한다. 이러한 성향이 드러나기 위해서는 반드시 환경과의 상호작용이 필요하다. 신체 조직과 의식에 잠재된 가능성은 환경이 제공하는 화학적·물리적·생리적·정신적 조건을 통해서만 비로소 실현된다. 일반적으로 선천적인 특성과 후천적인 특성은 명확히 구분할 수 없다. 물론 눈동자 색이나 머리카락 색, 근시, 심신 미약 상태와 같은 몇몇 특성은 분명 유전 물질에 의해 결정된다. 그러나 그 밖의 수많은 특성은 환경이 육체와 정신에 미치는 영향에 따라 달라진다.

유기적 생물체는 주변 환경에 따라 서로 다른 방향으로 발달한다. 선천적으로 갖추어진 특성들 역시 실제로 실현되거나, 혹은 잠재된 상태로 남는다. 분명히 말해, 유전적 기질은 인간이 처한 환경에 따라 크게 변화한다.

동시에 우리는 각 개인이 자신만의 규칙과 신체 조직의 고유한 특성에 따라 발달한다는 사실도 인식해야 한다. 더 나아가 기질의 강도와 실현 가능성은 본질적으로 개인마다 서로 다르다. 어떤 개인의 운명은 냉혹할 정도로 결정되어 있는 반면, 또 다른 개인의 운명은 발달 조건에 따라 어느 정도 유연하게 변화한다.

어린아이의 유전적 기질이 교육과 생활 방식, 사회적 환경에 의해 어느 정도까지 영향을 받을 수 있는지는 예측하기 어렵다. 인간을 구성하는 신체 조직의 유전적 구조는 여전히 신비에 싸여 있다. 우리는 부모와 조부모, 증조부모의 유전자가 수정란 속에서 어떻게 분리되고 결합되는지 정확히 알지 못한다. 오래전에 잊힌 조상의 특정한 핵분열성 유전 물질이 자신에게 남아 있는지조차 명확히 인식하지 못한다. 더 나아가 유전자 자체에서 자발적으로 발생하는 변화가 예기치 못한 특성을 낳는 원인이 되는지도 분명히 알지 못한다.

때때로 몇 세대에 걸쳐 물려받은 기질을 지닌 어린아이가 완전히 새롭고 예측할 수 없는 성향을 드러내는 경우가 나타난다. 그럼에도 불구하고, 특정한 환경이 특정한 개인에게 미치는 영향은 어느 정도까지는 일정한 방식으로 예측할 수 있다. 경험 많은 관찰자는 성장 초기 단계에서 강아지뿐만 아니라 어린아이에게서도 중요한 특성을 감지할 수 있다. 발달 조건이 오직 의지력이 약하고 감정을 드러내지 않으며 집중력이 부족하고 소심하며 활동성이 없는 어린아이를, 활기차고 대담하며 강력한 영향력을 지닌 지도자로 바꾸어 놓을 수는 없다. 활력, 상상력, 대담성은 전적으로 환경이 만들어내는 것도 아니고, 환경에 의해 완전히 억압되는 것도 아니다.

환경이 발달에 미치는 영향은 신체 조직과 의식이 본래 지닌 특성과 유전적 기질의 범위 안에서만 작용한다. 문제는 우리가 그 기질의 본질을 정확히 알지 못한다는 데 있다. 그럼에도 우리는 그러한 기질을 인간에게 유익한 방향으로 가정하고, 그에 맞추어 행동해야 한다. 각 개인은 그 기질의 진정한 성격이 충분히 입증되고 더 이상 의문이 남지 않을 때까지, 잠재된 가능성을 최대한 발달시키도록 이끄는 교육을 받아야 한다.

환경의 화학적·생리적·심리적 요인은 선천적인 기질의 발달을 촉진하거나 방해한다. 기질은 오직 특정한 유기적 형태를 통해서만 자신을 표현할 수 있다. 예컨대 골격 형성에 필수적인 칼슘과 인이 부족하거나, 연골이 비타민과 분비샘 분비물을 충분히 활용하지 못하면 팔다리는 변형되고 골반은 좁아진다. 이러한 흔한 조건 하나만으로도 다산의 가능성을 지닌 여성이 그 잠재력을 실현하지 못하게 될 수 있으며, 반대로 새로운 에이브러햄 링컨이나 루이 파스퇴르가 탄생하는 계기가 되기도 한다. 같은 방식으로 비타민 결핍이나 전염병은 고환이나 다른 분비샘을 위축시키고, 조상 대대로 물려받은 자질 덕분에 국가 지도자가 될 수 있었던 개인의 발달을 좌절시킬 수도 있다.

환경의 모든 물리적·화학적 조건은 인간이 자신의 잠재력을 실현하는 과정에 영향을 미친다. 이러한 영향이 강력하게 작용하는 이유는 인간이 유기적 존재이자 정신적 존재이기 때문이다.

   인간이란 무엇인가

심리적 요인은 개인에게 더욱 직접적이고 강력하게 작용한다. 그것은 각 개인의 삶에 지적 형식과 도덕적 형식을 부여한다. 심리적 요인은 규율에 복종하도록 만들기도 하고, 산만함으로 이끌기도 하며, 자기 자신을 무시하게 하거나 스스로를 단련시키도록 만든다. 순환계와 분비샘의 기능이 변화하는 동안, 심리적 요인 역시 육체의 활동과 구조를 변화시킨다. 정신적 욕구와 생리적 욕구에 대한 규율은 개인의 심리뿐 아니라 유기적 구조와 체액적 구조에도 분명한 영향을 미친다.

화경에서 비롯된 정신적 영향이 조상 대대로 물려받은 기질을 어느 정도까지 발달시키거나 억제할 수 있는지는 명확히 알 수 없다. 그러나 그러한 영향이 개인의 운명을 결정하는 데 주도적인 역할을 한다는 점만은 의심의 여지가 없다. 때로는 최고로 발달한 정신적 특성을 완전히 파괴하기도 하고, 모든 예상을 넘어 특정한 개인을 비약적으로 성장시키기도 한다. 그것은 나약한 이를 일으켜 세우고, 강한 이를 더욱 강하게 만든다.

어린 시절의 나폴레옹 보나파르트는 플루타르코스*Plutarch*의『영웅전』을 읽으며 고대 영웅들처럼 생각하고 살아가고자 했다. 어린아이가 메이저 리그의 전설적인 홈런왕 베이브 루스*Babe Ruth*나 미국 초대 대통령 조지 워싱턴*George Washington*, 영국 희극 배우이자 영화감독 찰리 채플린*Charlie Chaplin*, 미국 작가이자 사회 활동가 찰스 린드버그*Charles Lindbergh*를 우상으로 삼는 일은 중요하다. 장난삼아 폭력배 역할을 하는 것은 장난삼아 군인 역할을 하는 것과 다르다. 조상 대대로 물려받은 기질이 어떠하든, 개인은 발달 조건에 따라 고독하게 솟은 산으로도, 완만하고 아름다운 언덕으로도, 혹은 문명인에게 많은 안락함을 제공하는 진흙의 습지로도 나아갈 수 있는 길 위에서 성장해 나간다.

환경이 개인에게 미치는 영향은 신체 조직과 의식의 상태에 따라 달라진다. 동일한 요인이 여러 개인에게 미치는 영향은 같지 않으며, 동일한 개인에게서도 시기에 따라 다르게 작용한다. 잘 알려진 바와 같이 유기적 생물체가 환경에 반응하는 정도는 유전적 기질에 따라 달라진다. 어떤 장애물은 인간이 좌절하도록 만드는 대신, 더 큰 노력을 기울여 새로운 목표를 추구하도록 자극하며, 그동안 숨겨져 있던 잠재력을 실현하도록 결심하게 만든다.

질병 역시 마찬가지다. 특정 질병을 겪기 전과 후, 연속된 삶의 시기 동안 유기적 생물체는 병원체에 서로 다른 방식으로 반응한다. 과식이나 과수면은 젊은이와 노인에게 동일한 영향을 미치지 않는다. 홍역은 어린이에게는 가벼운 질병으로 끝날 가능성이 높지만, 성인에게는 치명적일 수 있다. 인간이 병원체에 반응하는 정도는 생리적 나이뿐 아니라 개인이 살아온 삶의 역사, 그리고 개인 고유의 본질적 특성에 따라서도 달라진다.

요컨대 환경이 개인의 유전적 기질을 실현하는 데 어느 정도로 영향을 미치는지는 정확히 규명할 수 없다. 신체 조직의 특성과 그 특성이 발달하는 조건은 각 개인의 육체와 영혼이 형성되는 과정 속에서 불가분하게 얽혀 있기 때문이다.

개인은 어디까지 확장되는가

개인은 분명히 특별한 활동의 중심이다. 그 존재는 무생물의 세계뿐 아니라 다른 생명체의 세계에서도 분명하게 드러난다. 동시에 개인은 자신을 둘러싼 환경과 동료 인간들과 긴밀히 연결되어 있다. 개인은 주변 환경과 타자 없이 독립적으로 존재할 수 없다. 개인은 우주에 의존하는 존재이자, 동시에 우주와 분리된 독립적 존재로 규정되기도 한다. 그러나 우리는 개인이 다른 존재들과 어떠한 방식으로 연결되어 있는지, 그의 시간적·공간적 경계가 어디인지 정확히 이해하지 못한다.

개성은 물리적 연속체의 경계를 넘어 확장된다. 그 한계는 피부 표면 너머에 있는 듯 보인다. 해부학적으로 또렷한 윤곽을 지닌 겉모습은 부분적인 환상일 뿐이다. 우리 각자는 자신의 몸보다 훨씬 더 크고 광범위한 존재다.

우리는 눈에 보이는 신체의 경계가 한쪽으로는 피부이며, 다른 한쪽으로는 호흡기 점막과 소화기 점막이라는 사실을 알고 있다. 우리의 해부학적·기능적 완전성은 생존과 마찬가지로 이러한 경계의 불가침성에 달려 있다. 신체 조직에 침입하고 이를 파괴하는 박테리아는 개인의 통합성을 무너뜨리고 결국 사망에 이르게 한다. 동시에 우리는 우주에서 지구로 쏟아지는 방사선, 대기 중의 산소, 빛과 열, 음파, 그리고 음식물의 소화 과정에서 생성되는 화학 물질들이 신체 조직을 자유롭게 통과한다는 사실도 인식한다. 이러한 표면적 경계를 통해 육체의 내부 세계는 우주와 끊임없이 연결된다.

그러나 이러한 해부학적 경계는 개인의 한 측면만을 나타낼 뿐, 개인이 지닌 정신적 특성까지 둘러싸지는 못한다. 사랑과 증오의 감정은 현실적으로 존재하며, 이러한 감정을 통해 인간은 물리적 거리와 무관하게 서로 결속된다. 자식을 잃은 어머니가 팔다리를 잃은 사람보다 더 깊은 고통을 겪는 경우도 드물지 않다. 정서적 유대가 단절될 경우, 그 결과는 심지어 죽음에 이를 수도 있다.

만약 우리가 이러한 정서적 연결을 하나의 보이지 않는 구조로 상상할 수 있다면, 인간은 전혀 새로운 모습으로 드러날 것이다. 어떤 사람들은 자신이 설정한 해부학적 경계를 거의 벗어나지 못한다. 반면 다른 사람들은 은행의 금고, 특정한 음식과 음료, 반려견이나 보석, 혹은 예술 작품에까지 자신의 영역을 확장한다. 또 다른 이들은 자신의 경계를 극도로 넓혀 가족과 친구 집단, 오래된 집, 모국의 하늘과 산에 이르기까지 기다란 촉수를 뻗어나간다. 여러 국가의 지도

    인간이란 무엇인가

자나 위대한 자선가, 인덕이 높고 탁월한 인물들은 한 국가와 대륙, 나아가 전 세계로 수많은 팔을 펼친 동화 속 거인처럼 보인다.

인간과 사회적 환경 사이에는 밀접한 관계가 존재한다. 각 인간은 자신이 속한 집단 안에서 일정한 자리를 차지하며, 정신적 사슬로 그 집단에 묶여 있다. 때로는 그 자리가 삶 자체보다 더 중요해 보이기도 한다. 재정적 파탄이나 질병, 박해, 도덕적 추락이나 범죄로 인해 그 자리를 잃게 되면, 변화에 적응하기보다 스스로 생을 마감하는 경우도 발생한다. 이처럼 개인은 자신이 설정한 해부학적 경계를 훨씬 넘어선 모든 치원에서 드러난다.

개인의 공간적 확장은 극히 예외적인 현상일지 모른다. 그러나 평범한 사람들 역시 때로는 다른 이의 생각을 읽는 듯한 경험을 한다. 이와 유사하게, 어떤 사람들은 평범한 말로 수많은 사람을 설득하고, 행복한 이와 투쟁하는 이, 자신을 희생하는 이와 죽음에 직면한 이들까지 이끄는 능력을 지닌다. 로마 공화국 정치가 카이사르나 이탈리아 군주 나폴레옹과 같은 위대한 지도자들은 인간의 평균적 능력을 넘어선다. 그들은 자신의 의지와 개념으로 거대한 그물을 엮어 수많은 사람을 포획한다.

이러한 개인과 우주 사이에는 미묘하고 모호한 관계가 존재한다. 그들은 시간과 공간을 가로질러 확장되며, 물리적 연속체를 넘어서는 실체에 접근하는 듯 보인다. 때로는 별 의미 없는 정보를 가져오기도 하지만, 과학·예술·종교의 위대한 인물들처럼 수학적 추상 개

넘이나 플라톤적 이데아, 신, 절대적 아름다움과 같은 숭고한 대상
들을 혼란 속에서도 포착해 내는 데 성공한다.

경계를 넘는 인간

시간 영역에서도 개인은 육체의 경계 영역을 넘어 확장된다. 그러
나 개인의 시간적 경계 영역은 공간적 경계 영역보다 훨씬 이해하
기 어렵고, 그 윤곽 또한 명확하지 않다. 개인은 현재라는 한 점에
고정되어 존재하는 것이 아니라, 과거와 미래에 연결된 존재다. 잘
알려져 있듯이, 개인은 정자의 머리가 난자의 벽을 통과하는 순간부
터 존재하기 시작한다. 그러나 그 이전부터 개인을 구성하는 요소들
은 이미 부모와 조부모, 더 멀리 떨어진 조상들의 조직 속에 흩어져
존재해 왔다. 우리는 아버지와 어머니의 세포 물질로 이루어져 있으
며, 확고한 유기적 방식으로 과거에 의존한다. 우리 안에는 조상들
의 수많은 조각들이 있다. 개인의 자질과 결함은 대대로 물려받은
특성이다. 경주마의 사례에서 보듯, 인간에게도 지구력과 용기는 유
전적 성질에 해당한다. 그러므로 역사는 결코 배제될 수 없다. 반대
로 우리는 과거를 활용해 미래를 예측하고, 다가올 운명에 대비해야

　　　　　　　　인간이란 무엇인가

한다.

인생의 과정에서 개인이 획득한 특성은 자손에게 직접 전달되지 않는다는 점은 잘 알려져 있다. 그러나 생식 세포질은 변화될 수 있으며, 유기적 매개체의 영향에 따라 달라질 수 있다. 질병과 독성 물질, 음식, 내분비샘의 분비물 역시 그 변화에 영향을 미친다. 예컨대 부모가 매독에 감염되면 이는 자녀에게 심각한 장애를 초래할 수 있다. 이러한 이유로, 특별한 재능을 지닌 천재의 자손이 때로는 의지력이 약하거나 정신적으로 결함을 지닌 존재로 태어나기도 한다. 매독균은 선 세계의 모든 전쟁을 합친 것보다도 더 많은 가족을 파괴해 왔다.

이와 마찬가지로 알코올 중독자나 모르핀, 코카인 중독자의 경우에도, 평생 아버지의 악덕에 대한 대가를 짊어진 결함 있는 자녀를 낳을 수 있다. 인간이 저지른 부정행위의 결과는 자손에게 비교적 쉽게 전이된다. 반면 선행의 결과가 자손에게 유익하게 전달되기는 훨씬 어렵다.

개인은 자신이 속한 환경과 주거지, 가족과 친구에게 흔적을 남기며 살아간다. 자신이 만들어낸 세계 속에 둘러싸여 있는 것처럼 존재하는 것이다. 개인은 선한 행위와 악한 행위를 통해 자신의 특성과 자질을 자손에게 전달한다.

어린아이는 오랜 기간 부모에게 의존하며, 부모가 가르쳐 줄 수 있는 모든 것을 배우는 시간을 갖는다. 아이는 자신의 타고난 능력을 활용해 부모를 모방하고, 부모처럼 되려는 경향을 보인다. 동시에 아이는 부모가 사회에서 쓰는 가면이 아니라 실제의 얼굴을 드러낸다. 아이가 부모에게 품는 감정은 종종 무관심이나 경멸과 같은 부정적 감정에 가깝다. 그럼에도 아이는 부모의 무지와 상스러움, 이기심과 비겁함을 기꺼이 모방한다. 물론 부모의 유형은 다양하다. 일부 부모는 지능과 선량함, 미적 감각, 용기와 같은 유전적 요소를 자녀에게 남긴다. 부모가 세상을 떠난 뒤에도 그 기질과 특성은 과학적 발견과 예술 작품, 정치·경제·사회 제도, 혹은 직접 손으로 지은 집과 경작한 들판 속에서 살아남는다. 문명을 창조한 사람들을 통해서도 그러한 특성은 지속된다.

개인이 미래에 미치는 영향은 시간 영역에서의 확장 그 자체와는 구별된다. 그 영향은 예술·종교·과학·철학에서 창조된 산물이나 자녀에게 전달된 세포 물질의 조각을 통해 나타난다.

결론적으로 개인의 특성은 단순히 유기적 생물체의 한 측면이 아니다. 그것은 생물체를 구성하는 모든 요소의 본질적 특성이다. 이러한 특성은 수정란 속에서 잠재적 상태로 남아 있으며, 그로부터 탄생한 새로운 존재는 시간 속으로 확장되며 그 특성을 펼쳐나간다. 조상에게서 물려받은 기질은 환경과 충돌하는 과정에서 현실화되며, 적응 활동의 방향을 결정한다.

개인이 환경을 활용하는 방식은 선천적 특성에 따라 달라진다. 각

　　　　　　　　인간이란 무엇인가

개인은 자신만의 방식으로 환경에 반응하고, 자신의 재능을 강화할 요소를 선택한다. 개인의 활동은 서로 다르지만 분리될 수 없다. 영혼은 육체와 분리될 수 없고, 구조는 기능과 분리될 수 없으며, 세포는 유기적 매개체와 분리될 수 없다. 우리는 육체의 표면이 실제 경계가 아니라, 우리와 우주 사이에 설정된 기능적 장벽에 불과하다는 사실을 깨닫기 시작한다. 육체는 중세의 성채처럼 견고하지만, 우리는 그 너머로 확장된다. 공간과 시간의 경계를 넘어선다. 개인의 외부 경계는 가상적이며, 어쩌면 존재하지 않을지도 모른다. 인간은 앞서거나 뒤따르는 타인과 수많은 실로 연결된 네트워크다. 인간을 완전히 독립된 존재로 보는 관점은 오해를 낳는다.

우리의 육체는 환경 속 화학 물질로 이루어져 있으며, 이는 체내로 들어와 개인의 특성에 따라 변형되고, 조직과 체액, 기관으로 구성되어 끊임없이 붕괴와 재구성을 반복하다 사후에는 다시 무기물의 세계로 돌아간다. 일부 화합물은 인종적·개인적 특성을 드러내며 자아를 이룬다. 반면 어떤 화합물은 육체를 통과할 뿐이다.

그러한 화합물들은 다른 형태의 조각상으로 만들어지더라도 화학적 구성 요소가 변하지 않는 왁스와 같다. 이들은 자신의 특성을 직접 드러내지 않은 채 신체 조직이 존재하는 과정에 참여한다. 거대한 강물이 유기적 생물체를 관통해 흐르듯, 이 화합물들은 유기체 내부를 지나며 스스로 성장하고 유지되며 에너지를 소비하는 데 필요한 물질을 세포로부터 흡수한다. 기독교 신비주의자들의 주장에 따르면, 인간은 외부 세계로부터 특정한 영적 요소를 받아들인다. 대기 중의 산소나 음식물에서 방출되는 질소가 신체 조직 전반에 퍼지듯, 신의 은총은 영혼과 육체 전반에 스며든다.

신체 조직과 체액은 끊임없이 변화하지만, 개인이 지니는 고유한 특성은 평생 지속된다. 신체 기관과 유기적 매개체는 생리적 시간의 리듬, 즉 되돌릴 수 없는 과정의 리듬에 따라 완벽히 변화하며 최종적으로 죽음을 향해 나아간다. 그럼에도 불구하고, 이들은 항상 선천적으로 부여된 특성을 유지한다. 신체 기관과 유기적 매개체는 자신을 둘러싼 물질의 흐름에 따라 변화되지 않는다. 이는 산 정상에 우뚝 선 가문비나무가 나뭇가지 사이를 스쳐 지나가는 구름에 따라 달라지지 않는 것과 같다.

다만 개인이 지닌 특성은 환경 조건에 따라 강화되거나 약화될 수 있다. 특히 환경이 개인에게 적합하지 않을 경우, 그 특성은 점차 소멸된다. 때로는 개인이 지닌 정신적 특성이 유기적 특성보다 훨씬 희미한 흔적만을 남기기도 한다. 이에 대해 현대인에게 여전히 그러한 정신적 특성이 존재하는지 의문을 제기하는 이들도 있다. 일부 관찰자들은 정신적 특성의 실체 자체를 의심한다. 미국 소설가 시어도어 드라이저*Theodore Dreiser*는 이를 신화로 간주했다.

도시에 거주하는 주민들이 정신적 결함과 도덕적 결함의 측면에서 매우 유사한 양상을 보인다는 점은 분명하다. 대부분의 개인은 동일한 유형에 속한다. 이들은 초조함과 냉담함, 자만심과 자신감

   인간이란 무엇인가

부족, 근력의 강화와 약화, 활력과 피로가 기질적으로 혼합된 상태로 존재한다. 이러한 현상은 인종의 퇴화, 결함을 지닌 개인의 불완전한 발달, 혹은 이 두 가지가 동시에 나타나는 상황을 드러낸다.

이처럼 일정한 방식으로 약화되는 개인적 특성은 근본적으로 유전적 특성에 해당한다. 앞서 언급했듯, 자신에게 유익한 환경을 자연스럽게 선택하지 못하도록 억압하는 현상은 결함을 지닌 신체 조직과 의식을 가진 어린아이들이 지속적으로 존재하게 된 원인이다. 인종은 이러한 결함을 지닌 아이들이 계속 존재하고 그 수가 증가함에 따라 점차 약화되어 왔다. 인종 퇴화에 비교적 중대한 영향을 미치는 요인이 무엇인지는 아직 명확히 밝혀지지 않았다.

이미 언급했듯이, 유전이 인간 발달에 미치는 영향은 환경이 미치는 영향과 분명하게 구분될 수 없다. 심신 미약과 정신 질환에는 분명 조상으로부터 이어져 온 유전적 요인이 작용한다. 반면 학교와 대학교, 그리고 인구 집단에서 관찰되는 지적 결함의 상당수는 유전적 결함이 아니라 발달 장애에서 비롯된다. 의지력과 정신력이 약하고 무기력하며 판단력이 부족한 젊은이들 중에는 지속적으로 스트레스를 받는 환경을 떠나 자연적인 환경에서 생활할 경우 활력을 회복하고 삶의 질이 향상되는 사례도 있다. 따라서 현대 문명사회가 만들어내는 위축된 기질은 불변의 특성이 아니다. 이는 인종의 퇴화를 나타내는 특성과도 본질적으로 거리가 멀다.

그러나 의지력이 약하고 결함을 지닌 수많은 사람들 가운데서도 완전히 발달한 개인은 분명 존재한다. 면밀히 관찰해 보면, 이러한 개인들은 고전적 도식보다 뛰어난 모습을 보인다. 실제로 모든 잠재력이 실현된 개인은 전문가들이 묘사하는 인간상과 닮아 있지 않다. 또한 심리학자들이 측정하려 시도하는, 세분화된 의식의 조각들로 환원될 수 있는 존재도 아니다. 그는 의사들이 분류한 기능적 과정, 화학 반응, 그리고 장기들 속에서 찾아볼 수 없다. 교육자들이 명확한 개념으로 가르치려는 추상적 개념도 아니다. 사회복지사, 교도관, 경제학자, 사회학자, 정치인들이 만들어내는 기본적인 개념들 속에도 그는 거의 완전히 결여되어 있다. 사실, 전문가가 그를 전체적으로 바라보려 하지 않는 않는 한, 그는 결코 모습을 드러내지 않는다.

그 개인은 개별 과학 분야에 축적된 모든 사실을 합한 총합보다 훨씬 더 위대한 존재다. 우리는 결코 그를 완전하게 이해할 수 없다. 그 존재는 광대하며, 알려지지 않은 영역을 품고 있다. 그가 지닌 잠재력은 상상조차 하기 어려울 만큼 무궁무진하다. 그는 위대한 자연현상처럼 여전히 이해 불가능한 존재다. 이러한 개인이 수행하는 모든 유기적 활동과 영적 활동들이 조화를 이루는 모습을 바라볼 때, 인간은 깊고 심오한 미적 감정을 경험하게 된다. 그는 진정으로 우주의 중심이다.

　　　　　　　인간이란 무엇인가

표준화된 인간, 소멸되는 개인

현대 사회는 개인을 무시하고, 오직 인간만을 고려한다. 이 사회는 보편자, 즉 개별 사물들이 공통적으로 지닌 본질적 특성이 실체라고 믿으며, 인간을 추상적 개념으로 다룬다. 인간의 개념과 개인의 개념을 혼동한 결과, 현대 사회는 근본적인 오류 위에 세워진 산업 문명사회, 다시 말해 표준화된 인간 사회를 만들어냈다. 만약 우리 모두가 동일한 특성을 지니고 있다면, 우리는 무리를 지어 다니는 소떼처럼 수많은 군중 속에서 성장하고 생활하며 노동할 수 있을 것이다. 그러나 각 개인은 자신만의 고유한 특성을 지닌다. 따라서 개인은 결코 '인간'이라는 상징으로 환원될 수 없다.

나이가 아주 어린 아이들은 대규모로 학생을 교육하는 학교에 입학해서는 안 된다. 잘 알려져 있듯이, 위대한 인물들 가운데 다수는 스스로 즐기는 고독 속에서 성장했거나, 체계적으로 구조화된 틀에 갇힌 학교 교육을 거부했다. 물론 학교는 기술적 연구를 수행하는 데 필수적인 요소이며, 특정한 방식으로 아이들이 서로 접촉하도록 조직된 교육과 규율을 제공한다. 그러나 교육자는 언제나 대상자를 실제로 이끌고 형성하는 지도자여야 한다. 이러한 지도자는 본질적으로 부모다. 아버지와 어머니, 특히 어머니는 원래부터 교육자가 지향하는 목적에 부합하는 생리적·정신적 특성을 세심하게 관찰해 왔다.

현대 사회는 가정 교육을 학교 교육으로 대체함으로써 심각한 실수를 범했다. 많은 어머니들은 자신의 사회적 경력이나 야망, 성적 쾌락, 문학적·예술적 욕망에 더 많은 주의를 기울이거나, 단순히 카드 놀이를 즐기고 영화를 보며 통화를 하면서 시간을 보내기 위해 가정 교육을 포기하고 어린 자녀를 유치원에 맡긴다. 그 결과, 아이가 어른들과 지속적으로 접촉하며 그들을 본보기로 삼아 배울 수 있었던 가족 집단은 해체되었다.

같은 또래의 강아지들만 모여 있는 사육장에서 자란 어린 강아지가 부모와 함께 자유롭게 뛰놀며 자란 강아지만큼 발달하지 못하는 것처럼, 또래 아이들 속에서만 무리를 이루며 생활하는 아이 역시 지적인 성인들과 함께 생활하는 아이만큼 발달하지 못한다. 어린 아이는 주변 사람들의 강한 영향 아래에서 생리적·정서적·정신적 활동을 형성하며, 또래 아이들을 본보기로 삼아 배우는 경우는 극히 드물다. 어린아이가 오직 학교라는 공간에서만 구성원으로 존재한다면, 그는 완전히 발달하지 못한 채 불완전한 상태에 머무르게 된다. 개인이 자신의 능력을 온전히 발휘하기 위해서는 가족으로 이루어진 제한된 사회적 집단 속에서 성장하며, 어느 정도의 고립을 경험해야 한다.

이와 마찬가지로, 사회 제도에 따라 개인을 등한시해 온 현대 사회는 성인의 위축에도 책임이 있다. 인간은 자신이 직접적인 피해를 입지 않는 한, 공장 노동자나 사무직 근로자, 대량 생산 체계 속 노동자들에게 강요되는 획일적이고 지루한 노동, 단조로운 생활 방식에 거의 저항하지 않는다. 그는 광대한 현대 도시 속에서 고립된 채 방황하며, 무리를 이룬 군중의 일원, 하나의 경제적 추상물로 살아간다. 그리고 그 과정에서 자신의 고유한 특성을 포기한다. 인간은 책임감과 자존감을 상실한다.

사회적 위계의 상층에는 부유한 사람들, 막강한 영향력을 지닌 정치인들, 법을 무시하며 난폭하게 행동하는 무법자들이 존재한다. 반면 다수의 사람들은 이름조차 남지 않는 먼지와 같은 존재로 사라진다. 그러나 개인은 소규모 집단에 속해 있을 때, 자신에게 실질적인 영향을 미치는 소도시나 작은 마을에서 살아갈 때, 스스로 영향력 있는 시민이 되기를 희망할 때 비로소 한 인간으로 남는다. 개인이 자신의 고유한 특성을 무시하는 순간, 실제로 그 특성은 사라지게 된다.

인간의 개념과 개인의 개념을 혼동함으로써 발생하는 또 하나의 중대한 오류는 민주적 평등에 대한 신념이다. 민주적 평등을 절대적 가치로 믿는 신념은 여러 국가가 겪은 충격적인 경험을 통해 이미 붕괴되고 있다. 따라서 이제 그것이 잘못된 신념임을 굳이 증명할 필요조차 없다. 그럼에도 불구하고, 이 신념은 놀라울 만큼 오랜 시간 유지되어 왔다. 인간은 어떻게 이 믿음을 오랫동안 받아들일 수 있었을까.

　민주적 평등의 신념은 인간의 육체와 의식의 구조를 고려하지 않으며, 구체적 사실로서의 개인을 대상으로 한 경험적 연구에도 부합하지 않는다. 사실 모든 인간은 인간이라는 점에서 평등하다. 그러나 각 개인은 결코 평등하지 않다. 모든 개인이 동일한 권리를 누려야 한다는 주장은 심각한 오해를 낳는다. 사물을 변별할 능력이나 의사를 결정할 능력이 극히 제한된 심신 미약자와, 탁월한 재능을 지닌 천재가 동일한 대우를 받아야 한다는 생각은 합리적이지 않다.

　민주주의의 원칙은 인간을 뛰어난 능력을 지닌 엘리트로 발달시키는 정책에 반대해 왔으며, 그 결과 현대 문명사회의 붕괴에 기여했다. 현대 사회에는 위대한 재능을 지닌 사람, 거의 재능이 없는 사람, 평균적인 재능을 지닌 평범한 사람, 재능이 미미한 다수의 사람들이 모두 필요하다. 그러나 재능이 뛰어난 사람을 재능이 부족한 사람과 동일한 절차로 발달시키려 해서는 안 된다.

　민주적 이상에 따라 표준화된 인간은 이미 의지력이 나약한 인간보다 우월한 존재로 간주된다. 의지력이 약한 사람은 어디에서든 의지력이 강한 사람을 선호하며, 보호와 도움, 존경을 기대한다. 평등이라는 신화, 상징적 인간에 대한 과도한 사랑, 그리고 구체적 사실로서의 개인에 대한 경멸은 대체로 개인의 고유한 특성이 붕괴되는 데 책임이 있다. 재능이 거의 없는 열등한 유형의 인간을 완전히 발달시키는 것이 불가능했기 때문에, 민주적 평등을 실현하는 유일한

　　　　　　　　인간이란 무엇인가

방법은 모든 인간을 최저 수준으로 끌어내리는 것이었다. 그 결과, 개인의 고유한 특성은 소멸했다.

개인과 인간의 개념은 혼동되었을 뿐 아니라, 인간의 개념 자체도 이질적인 요소들에 의해 변질되었고, 본래 지니고 있던 핵심 요소들을 상실했다. 인간은 기계 세계의 논리에 편입되었으며, 사고와 도덕적 고통, 희생, 아름다움, 평화와 같은 가치들은 경시되었다. 개인은 화학 물질이나 기계, 혹은 기계의 부품으로 취급되었고, 도덕적·심미적·종교적 기능은 잘려나갔다. 우리는 개인이 수행하는 생리적 활동의 중요한 측면마저 무시했다. 더 나아가, 강요된 생활 방식을 변화시키기 위해 신체 조직과 의식이 어떻게 환경에 적응하는지에 대해서도 질문하지 않았다. 우리는 적응 기능이 수행하는 결정적 역할과, 강제로 휴식을 박탈당했을 때 발생하는 중대한 결과를 완전히 잊어버렸다.

오늘날 인간이 쇠퇴하고 있는 이유는 분명하다. 우리가 개인이 지닌 고유한 특성을 정확히 이해하지 못했고, 인간 구조의 실체를 명확히 인식하지 못했기 때문이다.

퇴화의 책임은 기술이 아니라 인간에게 있다

인간은 유전과 환경, 그리고 현대 사회가 인간에게 강요하는 사고방식과 생활 습관이 빚어낸 결과물이다. 우리는 앞서 이러한 생활 습관이 인간의 육체와 의식에 어떤 영향을 미치는지를 살펴보았다. 또한 인간이 과학 기술로 구축한 환경에 스스로 적응하지 못하며, 오히려 그러한 환경이 인간을 퇴화시킨다는 사실도 확인했다.

그러나 과학과 기계 그 자체가 인간의 퇴화를 초래한 주범은 아니다. 문제는 우리가 합법과 불법을 명확히 구분하지 못했고, 자연의 법칙을 무시했다는 데 있다. 우리는 가장 중대한 범죄를 저질렀고, 그 대가로 필연적인 처벌을 받고 있다. 과학적 종교와 산업적 도덕을 절대적 진리로 믿는 신념은 생물학적 실체를 맹목적으로 공격하는 방향으로 작동해 왔다. 인생은 언제나 동일한 방식으로 응답한다. 출입이 금지된 장소에 무단으로 들어가도 되는지를 묻는 순간, 대답은 항상 같다. 그 결과, 과학적 종교와 산업적 도덕에 대한 신념은 약화되고, 문명사회는 서서히 붕괴한다.

불활성 물질을 중심으로 한 과학은 우리를 우리 자신이 아니라, 낯선 곳으로 이끌었다. 우리는 그 과학이 내놓은 모든 선물을 아무

 인간이란 무엇인가

런 의심 없이 받아들였다. 그 결과 개인은 편파적인 존재가 되었으며, 특정 분야에만 지나치게 전문화된 지식과 경험을 갖춘 채 도덕적으로 빈곤해지고, 우둔해졌으며, 심지어 자기 자신과 자신이 설립한 제도조차 제대로 관리하지 못할 정도로 무능해졌다.

그러나 동시에 생명과학은 우리에게 모든 비밀 가운데 가장 귀중한 비밀을 드러냈다. 그것은 바로 육체와 의식이 발달하는 법칙이다. 이 지식은 인간에게 스스로 원기를 회복하고 활력을 되찾을 수 있는 방법을 제시했다.

만약 인종이 지닌 유전적 자질이 지금까지 완전히 소멸되지 않고 유지되고 있다면, 조상들이 지녔던 내구력과 대담성은 의지력을 스스로 발휘하는 현대인에게 다시 부활할 수 있다. 문제는 여기 있다. 현대인은 과연, 스스로 의지력을 발휘하려는 노력을 하고 있는가?

8장

인간의 재창조

인간은 고통 없이는 스스로를 재창조할 수 없다.
인간은 대리석인 동시에 조각가이기 때문이다.

인간은 대리석이자 조각가다

물질세계를 변화시켜 온 과학은, 마침내 인간에게 자기 자신을 변화시킬 수 있는 능력까지 부여했다. 과학은 인간이 삶을 살아가는 동안 작동하는 비밀스러운 메커니즘들 가운데 일부를 밝혀냈고, 그 메커니즘의 작동 방식을 변화시키는 방법, 다시 말해 인간의 육체와 영혼을 인간 스스로가 원하는 방향으로 형성하는 길을 제시했다. 과학의 도움을 받은 인간은 역사상 처음으로 자신의 운명을 거의 완전히 통달하게 된 듯 보인다.

그러나 문제는 남아 있다. 우리는 우리 자신을 이해하게 된 이 지식을 과연 우리에게 진정으로 유익한 방식으로 활용할 수 있을까? 다시 발전하기 위해서 인간은 반드시 스스로를 재창조해야 한다. 그러나 고통 없이는 스스로를 재창조할 수 없다. 인간은 대리석인 동시에 조각가이기 때문이다. 진정한 자신의 모습을 드러내기 위해서는, 망치로 자신을 세차게 내리쳐 부숴야만 한다.

필연적인 막다른 길에 내몰리지 않는 한, 인간은 그러한 과정을 받아들이지 않을 것이다. 오늘날 인간은 편안함과 아름다움, 과학기술이 만들어낸 기계적 경이로움 속에 둘러싸여 있다. 그러나 이러한 편안함과 아름다움, 기계적 경이로움이 인간의 삶에서 어떻게 작동하고 있으며, 그것이 긴급한 상황에서 어떤 방식으로 인간을 지배하는지 정확히 이해하지 못한다. 더 나아가, 인간은 자신이 점차 퇴화하고 있다는 사실조차 자각하지 못한다. 그러니 자신의 존재 방식과 생활 방식, 사고방식을 스스로 변화시키려 노력해야 할 이유를 어찌 알겠는가.

다행히도, 기술자와 경제학자, 정치인들이 예측하지 못했던 사건들이 연이어 발생했다. 한때 세계에서 가장 견고하다고 여겨졌던 미국의 금융 체계와 경제 질서는 갑작스럽게 붕괴의 위기를 맞았다. 처음에 사람들은 이 참사를 현실로 받아들이지 못했다. 미국 금융과 경제에 대한 신뢰는 쉽게 흔들리지 않았고, 경제학자들의 설명은 그럴듯하게 들렸다. 위기는 일시적인 것이며, 곧 다시 번영의 시기가 도래할 것이라는 주장도 설득력을 얻었다.

그러나 사태는 그들의 설명대로 흘러가지 않았다. 시간이 흐르면서, 오늘날 가장 총명하고 지적인 경제학자들조차도 미국 금융과 경제가 이전과 같은 방식으로 다시 번창할 수 있을지에 대해 의문을

 인간이란 무엇인가

품기 시작했다. 그렇다면 이처럼 견고해 보였던 체계가 갑작스레 붕괴의 위기를 맞게 된 이유는 무엇인가. 우리는 도덕적으로 부패하고 우둔한 정치인과 금융업자들, 무지하거나 오해를 확산시킨 경제학자들에게 책임을 돌려야 하는가. 현대의 생활 방식 그 자체가 국민 전체의 지능과 도덕성을 잠식한 것은 아닐까.

우리는 매년 막대한 비용을 들여 범죄자와 폭력배들과 싸운다. 그럼에도 불구하고 그들은 여전히 은행을 습격하고, 경찰을 살해하며, 어린아이들을 납치해 몸값을 요구하고 암살을 자행한다. 왜 문명사회에는 이처럼 많은 심신 미약자와 정신 질환자가 존재하는가. 세계적 위기의 원인은 과연 경제적 요인에만 있는 것일까. 그보다 더 근본적인 개인적·사회적 요인에 좌우되는 것은 아닐까.

아마도 문명 발달의 초기 단계부터 반복되어 온 문명인의 쇠퇴라는 끔찍한 현상은, 대참사의 원인이 우리가 세운 제도나 기관에만 있는 것이 아니라 우리 자신에게도 있다는 사실을 직면하도록 강요할 것이다. 그리고 그때 우리는, 결국 우리 스스로를 쇄신하지 않으면 안 된다는 점을 명확히 깨닫게 될 것이다.

그 순간, 우리 앞에 놓인 단 하나의 장애물은 무기력함이다. 이 무기력함은 우리 인종이 본질적으로 무능하기 때문에 생겨난 것이 아니다. 실제로 경제적 위기는 나태함이나 도덕적 부패, 관대함 같은 조상 대대로 물려받은 특성들이 완전히 파괴되기 이전부터 이미 발생해 왔다. 우리는 지적 무관심이나 부도덕한 행위, 범죄가 일반적으로 유전의 결과가 아니라는 사실을 알고 있다. 대부분의 아이들은 태어날 때부터 부모와 동일한 수준의 잠재력을 지니고 태어난다. 우리가 진정으로 원한다면, 아이들이 타고난 그 잠재력을 충분히 발달시킬 수 있다.

더욱이 우리는 과학이 제공하는 모든 강력한 수단을 활용할 수 있는 위치에 있다. 그리고 이러한 힘을 이기적으로만 사용하지 않는 사람들 또한 여전히 존재한다. 현대 사회는 지적 문화와 도덕적 용기, 선한 행위와 대담성에 전적으로 집중할 수 없을 만큼 인간을 억압했을 뿐, 그것들을 완전히 소멸시키지는 못했다. 불꽃은 아직 꺼지지 않았다. 사악한 행위는 돌이킬 수 없는 운명이 아니다. 그러나 사악한 행위를 저지른 개인은 자신의 생활 방식을 근본적으로 바꾸고, 자기 자신을 다시 창조해야 한다.

개인의 재창조는 물질적 혁명과 정신적 혁명이 동시에 일어나지 않으면 불가능하다. 변화의 필요성을 이해하고, 그 변화를 실현할 수 있는 과학적 수단을 갖추는 것만으로는 충분하지 않다. 과학 기술 문명이 자발적으로 만들어내는 충돌과 위기는, 우리가 지금까지 당연하게 유지해 온 생활 습관과 식습관, 수면 습관을 파괴하고 새로운 생활 방식을 구축하도록 강제하는 추진력이 될 수 있다.

그렇다면 우리는 과연 이러한 거대한 노력을 감당할 수 있을 만큼의 에너지와 통찰력을 아직도 지니고 있는가. 겉으로 보기에 인간은 돈을 제외한 거의 모든 것에 무관심해 보인다. 그럼에도 희망을 가

　　　　인간이란 무엇인가

질 이유는 남아 있다. 이 세계를 구축해 온 인류는 아직 멸종되지 않았다. 조상 대대로 축적된 잠재력은, 비록 나약해 보이는 자손들의 생식 세포 속에 여전히 살아 있다. 그리고 그 잠재력은 머지않아 다시 현실로 드러날 수 있다.

사실, 활력이 넘치는 인류의 자손들은 산업 문명이 기계적으로 만들어낸 프롤레타리아 계층 속에 둘러싸여 있으며, 소수로 존재한다. 그러나 그들은 쉽게 굴복하지 않는다. 그들의 내구력은 놀라울 정도로 강인하기 때문이다. 우리는 로마 제국의 멸망 이후에도 인류가 이룩해 온 성취를 잊지 말아야 한다. 서유럽의 작은 지역들에서 끊임없는 전쟁과 굶주림, 전염병이 이어지는 동안에도 우리는 중세 전반에 걸쳐 고풍스러운 문화의 유산을 지켜냈다.

긴 암흑기 동안 우리는 동부·남부·북부 유럽의 적들과 맞서 싸우며 기독교 세계를 방어하기 위해 피를 흘렸다. 그 대가로 이슬람 세력을 잠재우는 데 성공했고, 그 이후 기적과도 같은 일이 일어났다. 학문적 규율로 단련된 정신 속에서 과학이 폭발적으로 솟아오른 것이다. 이 과학은 개인적 이기심에 머무르지 않고, 불과 수백 년 만에 세계 전체를 변화시켰다. 우리의 선조들은 엄청난 노력을 기울였다. 그러나 그들의 후손 가운데 다수는 이미 그 역사를 잊었다.

오늘날 역사는 물질문명의 수혜자들에게 무시당한다. 그럼에도 불구하고 우리는 한때 이룩했던 성취를 다시 이루어낼 수 있다. 문명이 붕괴된다면, 우리는 또 다른 문명을 세울 것이다.

그러나 질서와 평화가 지배하는 문명에 도달하기 전에, 혼란과 극심한 고통으로 가득한 문명을 반드시 거쳐야만 하는 것일까. 피비린 내 나는 훈련을 통해 현재의 생활 습관과 식습관, 수면 습관을 완전히 파괴하지 않으면 다시 일어설 수 없는 것일까. 과연 우리는 우리 자신을 새롭게 창조함으로써, 눈앞에 닥친 대참사를 피하고, 더 높은 수준의 발달을 지속할 수 있을 것인가.

양의 폭정, 질의 추방

우리의 사고 습관을 변화시키지 않는 한, 우리 자신과 우리를 둘러싼 환경을 본래의 상태로 회복하는 일은 불가능하다. 현대 사회는 구축된 이래로 줄곧 하나의 지적 결함, 곧 르네상스 이후 반복되어 온 오류에 고통스럽게 시달려 왔다. 과학 기술은 과학 정신에 충실하지 않은 채, 잘못된 형이상학적 개념에 근거하여 인간을 구성해 왔다. 이제 이러한 원칙은 폐기되어야 한다. 우리는 구체적이고 명확한 사물들이 지닌 다양한 속성들 사이에, 그리고 우리 자신이 지닌 여러 측면 사이에 세워진 인위적인 장벽을 허물어야 한다.

이처럼 심각한 문제를 낳은 오류는 이탈리아의 천문학자 갈릴레오 갈릴레이가 정립한 천재적인 개념이 잘못 해석된 데서 비롯되었

　　　　　　　　　　인간이란 무엇인가

다. 잘 알려진 바와 같이 갈릴레이는 크기와 무게처럼 쉽게 측정 가능한 물체의 일차적 성질과, 형태·색채·냄새처럼 측정이 불가능한 물체의 이차적 성질을 구별했다. 이로써 양적인 성질과 질적인 성질은 분리되었다. 수학적 언어로 표현될 수 있는 양적인 성질은 과학의 영역으로 편입되었고, 질적인 성질은 과학적 탐구의 대상에서 배제되었다. 물체의 일차적 성질을 나타내는 개념은 합리적인 것으로 간주된 반면, 이차적 성질을 나타내는 개념은 비합리적인 것으로 취급되었다.

이러한 오류는 중대한 결과를 초래했다. 실제로 인간에게는 측정 가능한 물체의 일차적 성질보다, 측정할 수 없는 이차적 성질이 더 중요하다. 사고에는 혈청의 물리화학적 평형 상태만큼이나 엄격한 기본 법칙이 존재한다. 데카르트가 육체와 영혼을 분리하여 이원론을 정립했을 때, 양적인 성질과 질적인 성질의 분리는 더욱 광범위해졌다. 그 결과 정신적·영적 현상은 명확히 설명할 수 없는 영역으로 밀려났다. 물질, 곧 육체는 정신으로부터 확고히 분리되었고, 유기적 구조와 생리적 메커니즘은 사고와 기쁨, 슬픔, 아름다움보다 훨씬 더 분명한 실체로 인식되었다. 이러한 오류는 과학의 성공을 가능하게 했지만, 동시에 인간을 퇴화시키는 방향으로 문명사회를 이끌었다.

우리가 다시 올바른 길을 찾으려면, 르네상스 시대 사람들의 정신을 반복해서 숙고하고, 그들이 지녔던 경험적 관찰에 대한 열정과 철학 체계에 대한 불신을 우리 안에 되살려야 한다. 르네상스 시대 사람들이 그랬듯, 우리 역시 물체의 일차적 성질과 이차적 성질을 구별해야 한다. 그러나 그들과 근본적으로 다른 점은, 이차적 성질에도 일차적 성질과 동일한 중요성을 부여해야 한다는 데 있다. 데카르트의 이원론을 거부해야 한다. 영혼은 더 이상 육체와 명확히 분리된 실체가 아니다. 생리적 과정뿐 아니라 정신적 현상 역시 우리의 내면세계에 속한다.

물론 질적인 성질은 양적인 성질보다 연구하기 훨씬 어렵다. 구체적이고 명확한 사실은 추상 개념의 단순함을 선호하는 우리의 정신을 만족시키지 못한다. 그러나 과학은 그 자체의 정확성과 간결함, 혹은 빛과 아름다움만을 위해 존재해서는 안 된다. 과학이 지향해야 할 목표는 인간이 물질적 혜택과 정신적 혜택을 동시에 누리게 하는 데 있다. 열역학만큼이나 감정 역시 중요하게 다루어져야 한다. 이러한 관점은 실체의 모든 측면을 사유하고 받아들이는 데 필수적이다. 우리는 특정한 과학적 추상 개념을 적용한 뒤 남은 나머지를 폐기하는 대신, 모든 과학적 개념을 동등하게 활용해야 한다. 양적인 성질의 폭력성과 역학·물리학·화학의 절대적 우월성을 더 이상 받아들여서는 안 된다.

우리는 르네상스 시대 사람들이 만들어낸 지적 태도를 맹목적으로 숭배하거나, 실체에 대해 독단적으로 규정한 정의를 답습하지 않을 것이다. 그러나 갈릴레이 이후 인류가 이룩한 모든 위대한 과학적 성취는 그대로 유지되어야 한다. 정신과 과학 기술은 우리가 반

   인간이란 무엇인가

드시 간직해야 할 가장 귀중한 자산이다.

300년 넘게 문명인을 지배해 온 신념을 제거하는 일은 결코 쉽지 않을 것이다. 대부분의 과학자들은 과학적 의학이 형이상학적 실체에 해당하는 일반적 질병을 방어한다고 믿고, 양적인 성질만이 독점적 권리를 지닌다고 생각하며, 물질이 정신보다 우월하고, 정신과 육체는 분리되며, 정신은 육체의 하위에 놓인다고 여긴다. 이러한 신념은 쉽게 포기되지 않을 것이다. 그것이 변화한다면, 과학자들이 축적해 온 지식을 토대로 형성된 교육학·의학·위생학·심리학·사회학 전반이 근본적으로 흔들리기 때문이다. 각 과학자가 가꾸어 온 작은 정원은 가시 돋친 숲으로 변해, 다시 정리하고 재구성해야 할 것이다.

과학 문명이 르네상스 이후 걸어온 길을 벗어나, 구체적이고 명확한 사실을 관찰하는 길로 돌아간다면 즉각적인 변화가 일어날 것이다. 물질은 더 이상 우월적 지위를 차지하지 못할 것이며, 정신적 활동은 생리적 활동과 동등한 중요성을 지니게 될 것이다. 도덕적·미적·종교적 기능에 대한 연구는 수학과 물리학, 화학 연구만큼이나 필수적인 영역이 될 것이다. 현재의 교육 제도는 비합리적인 것으로 간주될 것이며, 학교와 대학은 교육 과정을 의무적으로 개편해야 할 것이다.

위생학자들은 왜 정신적·신경적 장애를 예방하지 않는지, 왜 유기적 질병에만 관심을 기울이는지에 대해 질문받게 될 것이다. 전염병 환자는 구분하면서, 지적·도덕적 질병을 확산시키는 사람들은 왜 구분하지 않는가. 유기적 질병을 초래하는 습관은 위험한 것으로 간주하면서, 부정행위와 범죄, 정신 이상을 낳는 습관은 왜 그렇지 않은가. 사람들은 더 이상 육체의 일부만을 보는 의사에게 진료받기를 거부할 것이다. 전문의들은 일반 의학을 학습하거나, 일반의의 지침 아래 협력해야 할 것이다. 병리학자들은 기관의 병변뿐 아니라 체액의 변화까지 연구해야 하며, 정신이 신체에 미치는 영향과 신체가 정신에 미치는 영향을 함께 고려해야 할 것이다.

경제학자들 역시 인간이 단순히 노동하고 소비하는 존재가 아니라, 생각하고 느끼며 고통받는 존재임을 깨닫게 될 것이다. 인간은 업무와 음식, 여가 외에도 다른 차원을 지니며, 생리적 욕구뿐 아니라 정신적 욕구를 갖고 있다. 또한 경제 위기와 금융 위기의 원인이 도덕과 지능의 문제일 수 있음을 자각하게 될 것이다. 우리는 대도시의 야만적 생활 조건과 폭력적인 공장과 사무실, 경제적 이익을 위해 희생되는 도덕적 자존감과 정신을 더 이상 문명의 혜택으로 받아들여서는 안 된다. 인간의 발달을 방해하는 기계적 발명은 거부되어야 한다. 경제학은 더 이상 인간과 관련된 모든 현상을 합리적으로 설명하는 학문으로 남지 못할 것이다.

인간이 물질주의적 신념에서 벗어난다면, 인간을 구성하는 거의 모든 측면이 근본적으로 변화될 것은 분명하다. 그렇기에 현대 문명 사회는 인간이 물질주의에서 해방되는 것을 온 힘을 다해 방해할 것이다.

    인간이란 무엇인가

그러나 우리가 기억해야 할 점이 있다. 물질주의를 벗어나지 않는 한, 진정한 정신적 반응은 일어나지 않는다. 물질 숭배가 실패했기 때문에 정신 숭배로 도피하려는 유혹에 빠질 수도 있다. 하지만 탁월한 심리학 역시 뛰어난 생리학과 물리학, 화학 못지않게 위험할 수 있다. 오스트리아의 심리학자 지그문트 프로이트_Sigmund Freud_는 가장 극단적인 유물론자들보다 더 해로운 영향을 끼쳤다. 인간을 정신적인 측면으로만 축소하는 것은 생리적·물리화학적 메커니즘으로만 축소하는 것만큼이나 비참한 결과를 초래할 것이다.

혈청의 특성과 이온 평형, 원형질의 투과성, 항원의 화학적 구조에 대한 연구는 꿈과 리비도, 기도의 심리적 효과, 언어와 기억 등에 대한 연구만큼이나 필수적이다. 물질을 정신으로 대체하는 시도는 르네상스 시대의 오류를 수정하지 못한다. 인간을 구원하는 길은 인간이 모든 신념을 내려놓을 때 비로소 드러난다. 그리고 관찰된 사실을 온전히 받아들일 때, 나아가 인간 자신이 그 사실 이상도 이하도 아니라는 점을 깨닫게 될 때, 그 길은 분명해질 것이다.

관찰의 과학에서 인간의 과학으로

관찰 연구 자료는 인간의 구조를 탐구하는 모든 작업의 토대가 되어
야 한다. 우리가 가장 먼저 수행해야 할 과제는 이 관찰 연구 자료를
올바르게 활용하는 일이다. 해마다 우리는 유전학자, 통계학자, 행동
주의 심리학자, 생리학자, 해부학자, 생화학자, 물리화학자, 심리학
자, 의사, 위생학자, 내분비학자, 정신과 의사, 면역학자, 교육자, 사
회복지사, 성직자, 사회학자, 경제학자들이 이룩한 수많은 업적에 대
해 듣는다. 그러나 이러한 업적들이 실제로 만들어낸 성과는 놀랄
만큼 미미하다. 방대한 정보는 보고서와 논문, 그리고 과학자 개인
의 두뇌 속을 떠돌 뿐, 누구의 소유도 되지 못한다.

이제 우리는 서로 이질적인 지식의 파편들을 모아 하나의 구조로
조립해야 한다. 그리고 그렇게 구성된 지식이 최소한 소수의 개인의
정신 속에서 살아 움직이도록 만들어야 한다. 그때에야 비로소 이
지식은 생산적인 결과를 낳을 수 있을 것이다.

그러나 이러한 작업에는 수많은 난관이 따른다. 우리는 어떤 방식
으로 이질적인 지식을 수집하고 결합해야 하는가? 인간은 어떤 측

면에 따라 분류되어야 하는가? 인간에게 가장 중요한 활동은 무엇인가? 경제적·정치적·사회적 활동은 인간에게 어느 정도의 비중을 차지하는가? 정신적 활동과 유기적 활동은 어떠한가? 개인을 집단 속으로 통합하고 성장시키기 위해 어떤 과학 분야를 활용해야 하는가? 인간과 인간의 경제적 세계, 사회적 세계를 근본적으로 재창조하려면 결국 인간의 육체와 영혼, 즉 생리학과 심리학, 병리학에 대한 정확한 이해에서 출발해야 한다.

의학은 해부학에서 정지정제학에 이르기까지, 인간과 관련된 모든 과학 가운데 가장 넓고 포괄적인 범위를 지닌 학문이다. 그러나 동시에 연구 대상을 완전히 파악하는 데에는 아직 미치지 못한 학문이기도 하다. 의사들은 건강과 질병의 관점에서 개인의 구조와 활동을 연구하고, 병든 환자를 치료하는 일에서 일정한 만족을 얻었다. 하지만 잘 알려져 있듯이 그 성과는 제한적이었다. 현대 사회에 대한 의학의 영향은 때로는 유익했고, 때로는 해로웠으며, 항상 부차적인 것이었다. 다만 위생이 산업 발전을 도우며 문명 인구의 성장을 가능하게 했던 경우는 예외다.

의학이 무력해진 것은 범위의 협소함 때문이다. 그러나 의학은 자신을 억압해 온 신념에서 벗어날 수 있었고, 실제로 더 효과적인 방식으로 인간을 도울 잠재력을 지니고 있었다. 거의 300년 전, 인간의 발달을 위해 자신의 삶을 바치려 했던 한 철학자는 의학이 어떤 조건에서 최고 수준으로 기능할 수 있는지를 명확히 사유했다. 프랑스 철학자 르네 데카르트는 『방법서설』에서 다음과 같이 말한다.

"인간의 지능과 신체 기관의 발달은 기질과 성향에 크게 좌우되기 때문에, 만약 사람들을 지금보다 더 현명하고 영리하게 만들 수 있는 방법을 찾을 수 있다면, 나는 의학에서 그 해답을 찾아야 한다고 생각한다. 물론 현재의 의학은 그러한 가능성을 거의 실현하지 못하고 있다. 그러나 나는 의학을 폄하할 생각이 없다. 의학에 관해 이미 알려진 모든 것은 아직 배워야 할 것에 비하면 거의 아무것도 아니다. 만일 질병의 원인과 자연이 제공한 모든 치료법이 충분히 밝혀진다면, 인간은 육체적 질병과 정신적 질병, 심지어 노화와 퇴행으로 인한 질환에서도 자유로워질 수 있을 것이다."

의학은 해부학과 생리학, 심리학, 병리학을 통해 인간을 이해하는 데 필요한 요소들을 흡수했고, 그 결과 육체와 의식뿐 아니라 물질세계와 정신세계, 사회학과 경제학까지 포괄하는 인간 과학으로 확장될 수 있었다. 이때 의학의 목표는 단순히 질병을 치료하거나 예방하는 데 그치지 않는다. 인간이 수행하는 모든 유기적·정신적·사회적 활동을 발달시키는 것, 나아가 인간을 진정한 문명사회로 이끄는 데 필요한 영감을 제공하는 것이었다.

그러나 현실에서는 교육과 위생, 종교, 도시 계획, 사회 조직, 경제 조직이 인간의 단일한 측면만을 이해하는 사람들에게 맡겨져 있다. 철강 기술자나 화학 공장 기술자를 정치인이나 도덕가, 문학가, 철학자로 대체하자는 주장은 누구도 진지하게 고려하지 않는다. 그럼에도 불구하고, 인간의 생리적·정신적·사회적 삶 전체를 좌우하는

     인간이란 무엇인가

중대한 책임은 바로 그러한 사람들에게 부여된다. 데카르트가 제시한 개념을 바탕으로 확장된 의학은, 개인의 육체와 영혼을 작동시키는 메커니즘과 우주적·사회적 관계를 함께 이해하는 새로운 유형의 기술자를 사회에 공급할 수 있을 것이다.

이러한 초과학은 도서관 속에 잠들어 있을 때가 아니라, 우리의 지능에 생기를 불어넣을 때 비로소 살아 움직인다. 그러나 하나의 두뇌를 가진 개인이 이처럼 방대한 지식을 감당할 수 있을까? 해부학과 생리학, 생화학, 심리학, 형이상학, 병리학, 의학뿐 아니라 유전학과 영양학, 인간 발달, 교육학, 심미학, 도덕학, 종교학, 사회학, 경제학까지 습득하는 것이 가능한 일일까?

이 과업은 결코 불가능하지 않다. 약 25년 동안 꾸준히 연구한 사람들은 이러한 학문을 충분히 습득할 수 있었다. 심지어 50세에 이르러서도 이러한 학문을 탐구한 이들은 자신의 본질을 토대로 문명 사회와 인간 구조를 효과적으로 이끌 수 있었다. 물론 이러한 길을 택한 소수의 개인은 통상적인 생활 방식을 포기해야 한다. 그들은 골프나 브리지 게임을 즐길 수 없고, 영화관이나 연회장, 라디오 프로그램, 위원회와 학회, 국제회의를 오가며 살아갈 수도 없다. 그들은 대학교 교수처럼 살지도, 사업가처럼 살지도 못하며, 오히려 사색적 수도회에 속한 수도승과 같은 삶을 살아야 한다.

역사를 통틀어 위대한 국가들이 존재할 수 있었던 것은, 공동체를 위해 자신을 희생한 사람들이 있었기 때문이다. 희생은 인간의 발달에 필수적인 조건처럼 보인다. 오늘날에도 여전히, 자신을 최대한 포기할 준비가 된 사람들이 존재한다. 해안 도시가 포탄과 유독 가스에 무방비로 노출된다면, 어느 조종사도 자신의 생명을 걸고 침략자를 공격하는 일을 망설이지 않을 것이다. 그렇다면 일부 개인들이 인간과 환경을 재창조하는 데 필요한 과학 기술을 획득하기 위해 자신의 삶을 바치지 못할 이유가 있는가?

이러한 과학 기술을 획득하는 일은 분명 극도로 어려운 과제다. 그러나 우리는 그러한 일을 수행할 수 있는 정신을 발견할 수 있다. 오늘날 많은 과학자들이 의지력이 부족한 이유는, 그들이 설정한 목표가 평범하고 삶의 범위가 지나치게 제한되어 있기 때문이다. 인간은 목표를 높게 설정할 때, 그리고 지능과 삶의 광대한 범위를 고려할 때 비로소 성장한다. 자기 희생은 위대한 모험에 나설 준비가 된 이들에게 결코 지나치게 가혹한 요구가 아니다. 그리고 현대인을 재창조하는 일보다 더 아름답고, 더 위험한 모험은 존재하지 않는다.

전문가를 넘어선 통합 지성의 필요성

인간을 형성하기 위해서는, 편견에 사로잡혀 오히려 해로운 영향을 끼쳐온 다양한 학교 교육자들이 아니라, 자연법칙에 따라 육체와 정신을 구성할 수 있는 사회적 제도를 발달시켜야 한다. 개인은 반드시 유아기부터 현대 문명사회가 당연한 것으로 강요해 온 근본 원칙들과 산업 문명에 대한 맹목적인 신념에서 벗어나야 한다. 인간 과학은 건설적인 연구를 수행하기 위해 반드시 막대한 비용을 들여 새로운 행정 기관을 무수히 만들어야 하는 것은 아니다. 이미 존재하는 관리 기관들이 제대로 기능하고 있다면 그것들을 충분히 활용할 수 있다.

인간 과학이 수행하는 건설적 연구가 성공할 수 있을지는, 특정 국가의 정부가 보이는 태도와 다른 국가 국민들의 인식에 따라 크게 달라진다. 이탈리아나 독일, 러시아와 같은 나라들에서는 독재자가 아이들을 특정한 유형에 따라 훈련시키고 성인과 그들의 생활 방식을 일정한 방향으로 변화시키는 것이 유용하다고 판단할 경우, 그에 상응하는 제도와 기관이 즉각적으로 만들어질 수 있다. 반면 민주주의 국가가 제대로 발달하려면 국가가 모든 것을 주도하는 방식이 아니라 민간이 주체가 되어 사회적 변화를 이끌어가는 구조가 강화되어야 한다.

교육적·의학적·경제적·사회적 신념을 가진 이들 중 다수가 반복적으로 실패하고 있다는 사실이 더욱 분명해질수록, 일반 대중은 이러한 상황을 바로잡기 위한 근본적인 대책이 필요하다고 느끼게 될 것이다.

과거를 돌아보면, 종교와 과학, 교육의 발달은 언제나 고립된 개인들의 노력에서 출발했다. 미국에서 위생학이 발전한 이유 역시, 기발한 사고를 지닌 소수의 인간들이 존재했기 때문이다. 미국의 의사이자 공중보건의 선구자였던 허먼 빅스*Hermann Biggs*는 뉴욕을 세계에서 가장 건강한 도시 중 하나로 만드는 데 결정적인 역할을 했다. 또 잘 알려지지 않았던 젊은이들은 미국 병리학자이자 세균학자인 윌리엄 헨리 웰치*William Henry Welch*의 지도 아래 지적 훈련을 받으며 존스 홉킨스 의과대학을 설립했고, 이를 통해 미국의 병리학과 수술학, 위생학은 놀라울 정도로 발전하기 시작했다.

세균학이라는 학문이 루이 파스퇴르의 머릿속에서 태어났을 때, 파스퇴르 연구소는 세계 각지에서 모금된 기부금으로 파리에 설립되었다. 록펠러 의학 연구소는 윌리엄 헨리 웰치와 미국 전염병학자 시어벌드 스미스*Theobald Smith*, 병리학자 시오필 미첼 프러든*Theophil Mitchell Prudden*, 의사 사이먼 플렉스너*Simon Flexner*, 국무 장관 크리스천 허터*Christian Herter* 등 여러 과학자들이 의학 분야에서 새로운 사실을 발견해야 할 필요성을 입증했기 때문에, 사업가 존 데이비슨 록펠러*John Davison Rockefeller*에 의해 뉴욕에 설립되었다.

미국의 많은 대학교들 역시 생리학, 면역학, 화학을 발전시키기 위한 연구소를 계몽된 후원자들의 기부금으로 세울 수 있었다. 앤드루 카네기*Andrew Carnegie*가 설립한 카네기 재단과 록펠러 재단은 보다 일반적인 이상에서 출발했다. 교육을 발전시키고 대학의 과학적 수준을 높이면 과학적 방법을 통해 모든 사람이 건강을 증진하고 행복한 삶을 누리며, 전염병을 예방하고 국가 간 평화를 촉진할 수 있다는 믿음이었다. 이러한 움직임은 언제나 인간을 발달시켜야 한다는 인식과 그 필요를 실현하기 위한 연구소 설립에서 시작되었다. 국가는 이를 주도하지 못했지만, 민간 연구 기관은 공공 연구 기관에 인간 발달 연구를 요구하도록 만들었다.

프랑스의 경우, 처음에는 파스퇴르 연구소에서만 세균학을 가르쳤으나 이후 모든 국립대학교에 세균학 실험실과 강좌가 설치되었다. 인간을 재창조하는 데 필요한 연구소들 역시 유사한 과정을 밟게 될 것이다. 언젠가 학교와 전문학교, 대학은 인간 발달 연구가 왜 중요한지를 이해하게 될지도 모른다. 이러한 방향의 시도는 이미 부분적으로 시작되었다. 예컨대 예일대학교는 인간관계를 연구하는 연구소를 설립했고, 메이시 재단은 인간과 건강, 교육에 관한 개념을 통합적으로 발전시키기 위해 세워졌다.

이탈리아의 의사인 니콜라 펜데*Nicola Pende*는 자신의 연구소에서 인간 개인을 연구하며, 인간 발달 연구가 더욱 심화되어야 한다는 사실을 깨달았다. 미국의 많은 의사들 역시 인간을 더 폭넓게 이해해야 할 필요성을 느끼기 시작했지만, 그 인식은 이탈리아 의사들만큼 명확하게 표현되지는 않았다. 이미 인간 연구를 수행해 온 기존 연구 기관들은 인간 재창조 연구에 적합하도록 중대한 변화를 겪어야 한다. 지난 세기를 지배해 온 제한적인 기계론적 사고를 제거하고, 생물학적 개념을 명확히 이해하며, 부분적 개념들을 다시 전체로 통합해야 한다. 또한 단순한 과학자가 아니라 진정한 학자를 길러내야 한다.

생물화학에서 정치경제학에 이르기까지 다양한 과학 분야의 연구 결과를 인간에게 적용하는 방침은 특정 분야의 전문가들에게 맡겨져서는 안 된다. 그러한 방침은 모든 학문 영역을 포괄할 수 있는 통합적 능력을 지닌 개인에게 주어져야 한다. 전문가들은 자신이 다루는 좁은 영역에만 과도한 관심을 두기 때문이다. 따라서 전문가들은 통합적 정신을 가진 이들이 활용하는 수단으로만 기능해야 한다. 이는 위대한 의과대학 교수가 병리학자, 세균학자, 생리학자, 화학자, 물리학자들의 연구 결과를 자신의 임상 실험실에서 활용하는 방식과 유사하다. 이들 과학자 가운데 누구도 환자를 치료할 권한을 부여받지 않는다. 경제학자, 내분비학자, 사회학자, 정신분석학자, 생물화학자 역시 인간을 전체로 이해하지는 못한다. 그들이 자신의 전문 영역을 넘어설 때, 그 신뢰는 급격히 약화된다.

우리는 인간을 이해하는 지식이 여전히 매우 초보적인 단계에 머물러 있으며, 이 책의 서두에서 제기된 중대한 문제들 대부분이 여전히 해결되지 않았다는 사실을 잊어서는 안 된다. 그러나 수억 명에 이르는 개인들의 운명과 문명사회의 미래가 걸린 문제들은 반드시 해답을 찾아야 한다. 그 해답은 오직 인간 과학의 발전에 전념하는 연구 기관에서만 나올 수 있다.

지금까지 생물학과 의학 실험실은 생리 현상의 화학적·물리화학적 메커니즘을 밝히고, 건강 증진을 위해 헌신해 왔다. 파스퇴르 연

     인간이란 무엇인가

구소는 파스퇴르가 개척한 성공적인 길을 따라왔다. 그리고 프랑스 미생물학자 에밀 뒤클로*Emile Duclaux*와 프랑스 세균학자이자 면역학자 피에르 폴 에밀 루*Pierre Paul Émile Roux*의 지시에 따라 박테리아와 바이러스를 연구하고, 백신과 혈청 요법을 발전시켰다. 록펠러 의학 연구소는 병원체 연구와 함께 인간의 물리적·화학적·생리적 활동을 동시에 탐구해 왔다. 이제 이러한 연구는 더욱 정교해져야 한다. 인간 전체가 생물학적 연구의 범위 안으로 들어와야 한다.

각 전문가는 자신의 분야를 자유롭게 탐구하되, 인간의 핵심적 측면이 연구되지 않은 재 방치되어서는 안 된다. 록펠러 의학 연구소에서 사이먼 플렉스너가 채택한 방식은 연구 프로그램을 강요하지 않고, 다양한 재능을 지닌 과학자를 선택하는 것이다. 이는 미래의 연구 기관에도 유효할 것이다. 이러한 정책은 심리적·사회적 활동까지 연구 대상으로 확장될 수 있다.

미래의 생물학 연구소는 과거 무익한 의학 연구를 낳았던 혼란스러운 개념들을 철저히 검토해야 한다. 심리학은 생리학, 해부학, 화학, 물리학, 수학 등 모든 하위 과학을 필요로 하지만, 심리적 현상이 덜 실재적인 것은 아니다. 수학과 물리학, 화학은 인간 연구에 필수적이지만, 인간을 규정하는 기초 과학은 아니다. 인간을 연구하는 기관은 폭넓은 지식을 지닌 과학자들이 이끌어야 하며, 살아 있는 유기체 전체를 연구 대상으로 삼아야 한다.

미래의 생물학자들은 자신들의 목표가 인위적으로 분리된 시스템이나 단순한 모형을 연구하는 데 있지 않으며, 살아 있는 유기적 생물체 그 자체를 탐구하는 데 있다는 사실을 분명히 인식해야 한다. 생리학자 윌리엄 베일리스가 지적했듯, 일반 생리학은 생리학 전체 가운데 극히 일부에 불과하다. 유기체적 현상과 정신적 현상은 결코 연구 범위에서 배제될 수 없다. 실험실에서 실험 연구를 수행하는 의학 연구소는 인간의 물리적 활동과 화학적 활동, 구조적 활동과 기능적 활동, 심리적 활동뿐만 아니라 이러한 활동들과 우주 환경 및 사회 환경 사이의 관계까지 포괄적으로 연구 대상에 포함해야 한다.

우리는 인간의 발달 속도가 극히 느리며, 이러한 문제에 대한 연구가 과학자들의 여러 세대에 걸친 평생의 노력을 요구한다는 사실을 잘 알고 있다. 그러므로 인간에 대한 조사 연구를 최소한 100년 동안 중단 없이 지속할 수 있는 연구 기관이 필요하다. 현대 사회는 개별 연구자가 죽음을 맞이하거나 연구 기관이 파산에 이르더라도 지능과 집중력, 사라지지 않는 불멸의 뇌, 미래를 구상하고 계획할 수 있는 능력, 그리고 과학적 지식을 향상시키기 위한 기초 연구를 지속적으로 수행하고 확장해 나갈 수 있는 역량을 유지해야 한다. 이러한 연구 기관은 흔들리는 인간이 문명사회를 향해 다시 전진할 수 있도록 돕는 하나의 구제 수단이 될 것이다.

또한 전문적 가치와 인격이 탁월한 1명의 대법원장과 8명의 대법관으로 구성된 미국 연방 대법원과 마찬가지로, 인간에 관한 연구를 수년간 수행하며 인간을 이해하는 지식을 체계적으로 훈련받은 소수의 개인들로 구성될 것이다. 이러한 구성 방식은 진보적인 개념을 지속적으로, 그리고 장기적으로 산출할 수 있도록 오랫동안 유지되어야 한다. 독재자뿐 아니라 민주적 통치자들 또한 이러한 견실한 과학적 원천으로부터 인간에게 가장 적합한 문명사회를 구축하는 데 필요한 정보를 얻을 수 있을 것이다.

이처럼 소수의 구성원으로 이루어진 고등 의회는 연구와 교육이라는 제도적 의무로부터 자유로울 것이며, 연설이나 강연도 수행하지 않을 것이다. 고등 의회의 구성원들은 문명국가와 그 구성원들에게서 나타나는 경제학적 현상, 사회학적 현상, 심리학적 현상, 생리학적 현상, 병리학적 현상을 관찰·연구하는 데 자신의 삶을 바칠 것이다. 또한 과학의 발전과 과학이 우리의 생활 습관과 사고 습관에 미치는 영향 역시 동일한 헌신으로 관찰하고 연구할 것이다.

이들은 현대 문명사회 자체가 인간 발달에 필수적인 재능들 가운데 어느 하나도 억압하지 않으면서, 동시에 인간에게 강력한 영향을 미칠 수 있는 조건이 무엇인지를 밝혀내고자 노력할 것이다. 고등 의회 구성원들은 도시 주민들의 육체와 정신에 해로운 영향을 미치는 기계적 발명과 음식물뿐만 아니라 사고 속에 축적된 불순물, 그리고 교육학·영양학·도덕학·사회학 등에 관해 일시적으로만 사고하고 연구하는 전문가들의 피상적 판단으로부터, 나아가 일반 대중의 실제 욕구가 아니라 발명가들의 탐욕이나 환상에서 비롯된 모든 발전으로부터 도시 주민들을 보호할 것이다.

이러한 유형의 연구 기관은 문명국가가 겪을 수 있는 유기적 퇴화와 정신적 퇴화를 예방하는 데 충분한 지식을 축적하게 될 것이다. 따라서 이 연구 기관의 구성원들은 미국 연방 대법원의 대법원장과 대법관 여덟 명이 누리는 지위와 마찬가지로, 정치적 음모와 값싼 선전에서 완전히 자유로울 수 있을 만큼 높은 사회적 지위를 부여받아야 한다. 이들의 중요성은 실질적으로 헌법을 수호하는 법학자들의 중요성보다 훨씬 클 것이다. 왜냐하면 이들은 맹목적인 물질과학에 맞서 싸우는 비극적인 투쟁 속에서, 위대한 인류의 육체와 영혼을 보호하는 역할을 수행하기 때문이다.

현대 문명에 저항하는 소수의 힘

우리는 현대의 생활 조건이 만들어낸 지적 위축과 도덕적 위축, 생리적 위축의 상태에서 개인을 구출해야 한다. 동시에 개인 안에 잠재되어 있는 모든 활동 가능성을 발달시켜야 한다. 우리는 그가 지닌 고유한 특성과 성질들이 서로 충돌하지 않고 조화를 이루도록 개

　　　　　　　　　　인간이란 무엇인가

인을 통합적으로 재창조해야 한다. 개인이 신체 조직과 의식 속에 잠재된 모든 유전적 특성을 충분히 활용하도록 이끌어야 하며, 교육과 사회가 덧씌운 껍질을 벗겨내야 한다. 나아가 우리는 모든 고정된 시스템을 거부해야 한다. 개입의 대상은 기본적인 유기적 과정과 정신적 과정, 다시 말해 인간 그 자체여야 한다.

그러나 인간은 독립적인 존재가 아니다. 인간은 자신을 둘러싼 환경에 끊임없이 구속된다. 따라서 인간을 재창조하려면 인간이 살아가는 세계 자체를 변화시키지 않으면 안 된다.

이를 위해 우리는 사회적 구조와 물질적 배경, 정신적 배경을 다시 구축해야 한다. 물론 사회는 마음대로 형태를 바꿀 수 있는 플라스틱과 같은 물질이 아니다. 사회의 형상은 즉각적으로 바뀌지 않는다. 그럼에도 우리는 현재의 생활 조건 속에서 가능한 범위 내에서 즉시 계획을 세우고, 개인을 회복시키는 작업부터 시작해야 한다. 각 개인은 자신의 생활 방식을 변화시키고, 분별력 없는 다수에 의해 형성된 환경과는 다소 다른 환경을 스스로의 주변에 조성할 능력을 지닌다. 그는 특정한 생리적 규율과 정신적 규율을 따르고, 일정한 작업과 습관을 반복하며, 자신의 육체와 정신을 철저히 통제하도록 노력할 수 있다. 이러한 과정에서 그는 일정 정도 스스로를 고립시킬 수도 있다.

그러나 개인은 홀로 고립된 상태로 물질적·정신적·경제적 환경에 무기한 저항할 수는 없다. 전통과 관습으로 굳어진 환경에 맞서 싸우기 위해서는 동일한 목적을 지닌 타인들과 연합해야 한다. 혁명은 대개 특정한 목적을 공유한 소수의 사람들이 새로운 상황 속에서 격렬한 사유와 감정을 축적하며 형성한 소규모 집단에서 시작된다. 18세기 프랑스에서 이러한 소규모 집단은 절대 왕정을 무너뜨릴 준비를 갖추었다. 프랑스 혁명은 자코뱅파보다도 오히려 백과전서파, 즉 계몽주의 지식인 집단의 영향 아래에서 더 깊이 형성되었다.

오늘날 산업 문명사회의 기본 원칙들 역시, 과거 백과전서파가 절대 왕권과 맞서 싸웠듯이, 매정하고 무자비한 힘과 대결해야 한다. 그러나 과학 기술이 제공하는 현대의 생활 방식은 알코올이나 아편, 코카인처럼 쾌락을 수반하기 때문에, 이 투쟁은 훨씬 더 어렵고 고통스러울 것이다. 투쟁 정신에 생명을 불어넣는 소수의 개인들은 비밀 집단을 체계적으로, 그리고 은밀하게 조직할 수도 있다.

현재의 상황에서 아이들을 제대로 보호하는 일은 거의 불가능하다. 공립학교가 아이들에게 끼치는 악영향뿐 아니라 사립학교의 악영향 역시 제어하기 어렵다. 대체로 지적인 부모의 영향 아래에서 의학적·교육학적·사회학적 미신으로부터 자유로웠던 젊은이들조차 동료 집단의 경험과 분위기를 통해 다시 그러한 미신에 빠져들게 된다. 모든 개인은 자신이 속한 집단의 습관을 따를 수밖에 없다. 따라서 집단에 속한 개인이 자신을 재창조하려면, 수많은 사람들과 분리되어 자신만의 학교를 구축해야 한다.

일부 대학들은 기존의 고전적 교육 방식을 버리고, 젊은이들에게 새로운 사유를 집중적으로 자극하며, 인간의 본질에 기초한 규율을 통해 미래의 삶을 준비하도록 이끌 수 있을지도 모른다.

　비록 규모는 작지만, 소규모 집단은 군대나 수도원의 규율에 가까운 행동 규칙을 구성원들에게 철저히 요구함으로써 현대 문명사회가 끼치는 악영향을 피할 수 있다. 이러한 방식은 전혀 새로운 것이 아니다. 인간은 이미 이상을 실현하기 위해 공동체로부터 분리되어 엄격한 규율을 따르던 시대를 살아왔다. 중세 시대의 수도회와 기사단, 장인 조합이 바로 그러한 예다.

　일부 종교 공동체는 수노원으로 물러났고, 다른 공동체는 세속 세계에 남아 있었다. 그러나 모든 종교 공동체는 엄격한 생리적·정신적 규율을 따랐다. 기사단은 목적에 따라 달라지는 명령 체계 속에서 규칙을 준수했으며, 특정한 상황에서는 생명을 희생해야 했다. 장인 조합은 장인과 일반 시민의 관계를 엄격한 법률로 규정했고, 고유한 관습과 예식, 종교적 의식을 유지했다. 요컨대 이러한 공동체의 구성원들은 평범한 생활 방식을 포기했다.

　그렇다면 우리는 중세의 수도승과 기사, 장인들이 이룩한 성취를 다른 방식으로 재현할 수 없을까? 개인이 발전하기 위한 필수 조건은 상대적인 고립과 규율이다. 개인은 도시와 같은 현대적 환경 속에서도 이러한 조건을 스스로에게 부과할 수 있다. 그는 특정한 연극이나 영화를 거부하고, 자녀를 특정한 학교에 보내지 않으며, 라디오 프로그램이나 특정 신문, 도서를 멀리할 수도 있다. 그러나 진정한 자기 재창조는 지적·도덕적 규율을 철저히 따르고, 자신이 속한 집단의 습관을 거부할 때에만 가능하다.

대규모 집단은 소규모 집단보다 개인의 생활을 훨씬 강하게 지배한다. 그럼에도 러시아 정교회 분리파인 두호보르파는 현대 문명사회 속에서도 강한 의지를 지닌 사람들이 완전한 독립성을 유지할 수 있음을 보여주었다.

현대 문명사회에 심오한 변화를 일으키기 위해, 어떤 행동이나 신념, 제약에 반대하는 집단이 반드시 대규모일 필요는 없다. 규율이 인간에게 강력한 힘을 부여한다는 사실은 명백하다. 금욕적이고 정신적으로 단단한 소규모 집단은, 타락하고 퇴화한 대규모 집단을 지배할 수 있는 힘을 더 빠르게 획득할 것이다. 그러한 집단은 대중에게 새로운 생활 방식을 설득하거나, 경우에 따라서는 강제할 수 있는 지위에 오를지도 모른다.

현대 문명사회의 신념들은 결코 불변의 진리가 아니다. 거대한 공장과 하늘을 찌르는 사무용 고층 건물, 인간미를 상실한 잔혹한 도시, 산업적 도덕성, 대량 생산품을 맹신하는 태도는 문명 발전의 필수 조건이 아니다. 오히려 전혀 다른 생활 방식과 사고방식이 문명에 더 본질적인 기여를 할 수 있다. 편안함이 결여된 문화, 사치 없는 아름다움, 노동자를 노예로 만들지 않는 기계, 물질을 숭배하지 않는 과학은 인간의 지성과 도덕성, 생명력을 회복시키고, 인간을 최고 수준의 발달로 이끌 수 있을 것이다.

  인간이란 무엇인가

위대한 인간은 어떻게 만들어지는가

선택은 언제나 수많은 문명인들 사이에서 이루어진다. 앞서 이미 자연 선택이 오랫동안 제 역할을 수행하지 못했다는 사실을 언급한 바 있다. 위생학과 의학의 노력 덕분에, 수많은 열등한 개인들이 생존할 수 있었다. 그렇다고 해서, 병약하거나 결함을 지닌 아이들을 가축 무리 중 약한 새끼를 솎아내듯 없앨 수도 없는 노릇이다.

의지력이 나약한 사람이 비참한 피해자가 되지 않도록 하는 유일한 방법은, 그들을 의지력이 강한 인간으로 발달시키는 것이다. 우리는 건강하지 못하고 열등한 인간을 정상적이고 건강하며 우수한 인간으로 끌어올리기 위해 노력해야 한다. 동시에 이미 건강한 인간은 최고 수준까지 발달하도록 세심하게 이끌어야 한다. 의지력이 강한 인간을 더욱 강인한 인간으로 만들수록, 의지력이 나약한 인간을 더 효과적으로 도울 수 있다. 집단 속의 다수는 언제나 소수의 탁월한 개인이 창조한 발명과 개념의 혜택을 누리기 때문이다. 우리는 유기적·정신적 불평등을 억지로 평준화하려 해서는 안 된다. 오히려 평균을 넘어서는 인간을 형성하고, 그 수를 늘려야 한다.

따라서 우리는 탁월한 잠재력을 지닌 아이들을 선별하여 가능한 한 완전한 발달을 이루도록 해야 한다. 이 원칙이 실현된다면 상류 계층이나 특권 계층이 세습되지 않는 국가를 구성할 수도 있을 것이다. 뛰어난 인간은 통계적으로 성공한 가정에서 더 자주 나타나지만, 그러한 잠재력을 지닌 아이들은 모든 사회 계층에서 발견될 수 있다. 미국의 문명을 구축한 사람들의 후손들 역시 조상으로부터 물려받은 기질을 여전히 간직하고 있을 가능성이 있다. 다만 그 기질은 흔히 '퇴화'라는 망토에 덮여 감추어져 있을 뿐이다. 그러나 그 망토는 생각보다 얇은 경우가 많다.

이 퇴화의 망토는 주로 잘못된 교육, 나태함, 책임감의 결여, 도덕적 규율의 붕괴에서 비롯된다. 극도로 부유한 가정의 아이들 역시 범죄자의 자녀와 마찬가지로 유아기에는 자연스러운 환경으로부터 분리될 필요가 있다. 가족과 일정 부분 분리된 아이들만이 조상으로부터 물려받은 기질을 스스로 강하게 드러낼 수 있기 때문이다. 유럽의 귀족 가문들 가운데서도 여전히 활력이 넘치는 인물들이 존재한다. 개혁 운동가들의 후손은 결코 사라지지 않는다. 유전의 법칙은 봉건 영주의 혈통에서 전설적인 대담성과 열정적인 모험심이 다시 출현할 가능성을 보여준다.

또한 상상력과 용기, 판단력을 지닌 대담한 범죄자들의 자손, 프랑스 혁명이나 러시아 혁명을 일으킨 영웅들의 자손, 혹은 우리 사회에서 자기 뜻대로 살아가는 사업가들의 자손 역시 진취적인 소수 집단을 형성할 수 있는 훌륭한 재료가 된다. 범죄성은 정신 장애나 심각한 지적 결함과 결합되지 않는 한 유전되지 않는다. 반대로, 뛰어난 잠재력은 열등한 사회적 위치에서 평생 좌절을 겪으며 시간과 재산을 소모한 사람들의 자녀나, 성실하고 총명하지만 사회적 상승의 기회를 얻지 못한 이들의 자녀에게서는 거의 발견되지 않는다.

수 세기 동안 같은 땅에서 농사를 지어 온 농부들의 자녀 역시 마찬가지다. 물론 그들 가운데에서도 예술가나 시인, 모험가, 성인군자와 같은 인간이 나타나기는 한다. 실제로 뉴욕에서 잘 알려진 명문가문들 가운데 일부는, 신성 로마 제국의 카롤루스 대제*Charlemagne*에서 나폴레옹 시대에 이르기까지 프랑스 남부에서 농사를 짓던 농부들의 후손에서 비롯되었다.

대담성과 내구력은 이전까지 전혀 주목받지 못했던 가문에서 갑작스럽게 출현하기도 한다. 돌연변이는 인간에게서도 다른 동식물과 마찬가지로 발생한다. 그렇다고 해서 우리는 농부나 프롤레타리아 계층의 방대한 인구 속에서, 완전한 발달이 기대되는 우수한 잠재력을 대량으로 발견할 수 있으리라 기대해서는 안 된다. 자유 국가에서 계층 분화가 발생하는 이유는 우연이나 관습 때문이 아니다. 그것은 개인의 생리적·정신적 특성이라는 확고한 생물학적 기반 위에서 형성된다.

지난 세기 동안 미국이나 프랑스와 같은 민주주의 국가에서는 누구나 자신의 능력에 따라 사회적 지위를 상승시킬 수 있었다. 그럼에도 오늘날 프롤레타리아 계층의 다수는 신체와 정신이 유전적으로 약화된 조건 속에 놓여 있다. 반면, 농부들은 동일한 토지에 뿌리 내린 생활 방식에 적응하면서 강한 신체적 저항력과 판단력, 용기를 길러 왔고, 제한적이지만 필요한 수준의 상상력과 대담성 또한 유지해 왔다. 그럼에도 그들은 중세 시대 이후 줄곧 토지에 묶여 있었다.

세상에 널리 알려지지 않은 농부나 유럽 국가에서 핵심적 역할을 수행하는 군인들은 분명 훌륭한 자질을 갖추고 있다. 그러나 모든 침략군을 전승으로 물리치며 영토를 확장했던 중세의 남작들에 비하면 그들의 유기적·생리적 구조는 더 약하다. 근본적으로 농노는 농노에게서 태어나고, 족장은 족장에게서 태어난다.

사회적 계급은 생물학적 계급과 일치해야 한다. 각 개인은 자신의 신체 조직과 정신의 성질에 부합하는 위치를 차지해야 한다. 가장 우수한 신체와 정신을 지닌 인간이 사회적 상층으로 올라가도록 돕는 것이 정의다. 인간은 각자 자신에게 적합한 지위를 점유해야 한다. 현대 국가는 강한 인간을 길러냄으로써 스스로를 구원할 수 있다. 나약한 인간을 보호하는 것만으로는 부족하다.

기후·음식·환경,
인간을 형성하는 보이지 않는 설계도

인간을 이해하려는 우리의 지식은 여전히 매우 불완전하다. 그럼에도 불구하고 이 지식은 인간을 형성하는 과정에 우리가 개입하고 인간이 자신에게 내재된 모든 잠재력을 최대한 발휘하도록 도울 수 있는 능력을 부여한다. 만약 우리가 품는 이러한 희망이 자연법칙에 부합한다면, 우리는 그 희망에 따라 인간을 형성해야 한다. 이를 위해 우리는 세 가지 상이한 절차를 규정할 수 있다.

첫 번째 절차는 조직과 체액, 그리고 정신의 구조 자체를 확실하게 변화시키는 물리적·화학적 요인을 구성하는 것이다. 두 번째 절차는 환경을 적절히 변화시켜 모든 인간 활동을 조정하는 적응 메커니즘이 작동하도록 하는 것이다. 세 번째 절차는 유기적 발달에 영향을 미치거나, 개인이 스스로 노력하여 자신을 구축하도록 유도하는 심리적 요인을 활용하는 것이다.

이 세 가지 절차는 다루기 어렵고, 경험적 관찰에 의존하며, 본질적으로 불확실하다. 우리는 아직 이 절차들을 효과적으로 운용하는 명확한 방법을 알지 못한다. 더구나 이 절차들은 영향을 미치는 범위를 인간의 한 측면에만 국한하지 않는다. 아동기와 청소년기에 있는 개인에게도 서서히 작동하며 결국에는 육체와 정신을 동시에, 그리고 근본적으로 변화시킨다.

기후와 토양, 음식물의 물리적·화학적 특성은 개인을 일정한 유형으로 형성하는 수단이 될 수 있다. 지구력과 내구력은 대체로 계절 변화가 극심하거나, 옅은 안개가 자주 끼고 햇빛이 부족하거나, 허리케인이 맹렬히 몰아치거나, 토양이 비옥하지 않고 암석이 많은 국가와 산악 지대에서 발달한다. 강건하고 활력이 넘치는 젊은이를 양성하는 데 목적을 둔 학교는 햇빛이 항상 밝고 기온이 일정하며 따뜻한 남부 국가가 아니라, 혹독한 기후와 가혹한 환경 조건을 지닌 국가에 설립되어야 한다.

미국 남부의 플로리다나 프랑스 남부의 리비에라는 의지력이 나약한 사람, 혼자 생활하기 어려운 병약한 사람, 노인, 혹은 잠시 휴식이 필요한 일반 개인에게는 적합하다. 그러나 도덕적 에너지와 신경계의 균형, 유기적 저항성은 더위와 추위, 건조함과 습함, 타오르는 태양과 오싹하게 차가운 비, 눈보라나 안개와 같은 북부 국가의 혹독한 기후를 견디도록 훈련받은 아이들에게서 증가한다. 북부 사람들이 대담하고 기략이 풍부한 이유 역시 겨울에도 강렬한 햇빛을 견뎌야 하는 스페인의 기후나 혹독한 추위와 폭설이 반복되는 스칸디나비아 반도의 겨울 기후와 유사한 환경을 어느 정도 감내해 왔기 때문일 것이다. 그러나 이러한 기후적 요인들은 문명인이 대부분 실

   인간이란 무엇인가

내에 머물며 앉아서 생활하고 혹독한 기후로부터 보호받는 환경에
놓이게 되면서 점차 효력을 상실했다.

음식물에 포함된 화합물이 생리적 활동과 정신적 활동에 미치는
영향 역시 아직 명확히 규명되지 않았다. 특정한 식습관이 인간에게
미치는 영향을 충분한 기간 동안 체계적으로 실험한 연구가 거의 없
기 때문에, 이 문제에 대한 의학적 견해는 거의 가치를 지니지 못한
다. 그럼에도 불구하고, 인간의 의식이 섭취하는 음식의 질과 양에
영향을 받는다는 점은 의심의 여지가 없다.

두려움 없이 과감하게 행동하고 지배력을 발휘하는 인간, 강렬한
감정이나 이상을 불러일으키는 인간은, 육체노동자나 사색적인 수
도원에서 고독하게 생활하며 세속적 욕망을 억제하려 애쓰는 수도
승과 동일한 음식을 섭취해서는 안 된다. 우리는 사무실과 공장에서
지루하고 단조로운 삶을 지속하는 인간에게 어떤 음식이 적합한지
밝혀내야 한다. 더 나아가, 도시에 거주하는 주민들에게 지능과 용
기, 신중함과 민첩성을 부여할 수 있는 화학 물질이 무엇인지도 탐
구해야 한다.

인간은 단지 어린이와 청소년에게 우유와 크림, 그리고 알려진 모
든 비타민을 풍부하게 공급하는 것만으로는 확실하게 발달하지 않
는다. 골격과 근육의 크기와 무게를 무의미하게 증가시키지 않으면
서 신경계를 강화하고 정신 활동을 활발하게 촉진할 수 있는 새로운
화합물을 발견하는 일이 훨씬 더 중요할 것이다. 꿀벌이 특정한 먹

이를 애벌레에게 제공해 여왕벌로 변화시키는 방식과 유사하게, 언젠가 과학자가 평범한 아이를 위대한 인물로 형성하는 방법을 발견할지도 모른다.

그러나 일반 개인을 위대한 인물로 발달시킬 수 있는 화학 물질이 실제로 존재하지 않을 가능성도 매우 크다. 우리는 유기적 우월성과 정신적 우월성이 기능적으로 결합된 유전적 조건과 발달 조건에 따라 다르게 나타난다고 가정해야 한다. 또한 인간이 발달하는 과정에서 화학적 요인은 생리적 요인과 기능적 요인으로부터 분리되어 작동하지 않는다는 점 역시 고려해야 한다.

인간은 불편함 속에서 진화한다

적응 과정이 신체 기관과 기능을 활성화시킨다는 사실을 우리는 알고 있다. 조직과 정신을 보다 효과적으로 향상시키는 핵심적인 방법은 그것들을 끊임없는 활동 상태로 유지하는 것이다. 특정한 목적을 달성하기 위해 어떤 기관이 정상적인 반응을 보이도록 하는 메커니즘은 비교적 쉽게 작동된다. 잘 알려져 있듯, 여러 근육이 모여 이루어진 근육군은 반복적이고 적절한 훈련을 통해 발달한다. 이는 근육에만 국한된 현상이 아니다. 섭취한 음식물을 분해하여 영양분을 흡수하는 소화 기관이나 육체가 오랜 시간 지속적으로 활동할 수 있도록 돕는 여러 신체 기관 역시 마찬가지다. 이러한 기관들을 강화하려면 단순한 전형적 운동을 넘어, 보다 다양하고 복합적인 신체 활동이 필요하다.

이러한 신체 활동은 문명화된 생활에서 분리된, 보다 원시적인 환경 속에서 매일 반복되던 움직임과 유사하다. 학교나 대학교에서 가르치는 전문적인 운동 경기만으로는 실제적인 지구력을 충분히 강화하기 어렵다. 근육과 혈관, 심장과 폐, 뇌와 척수, 그리고 정신에 이르기까지, 다시 말해 유기적 생물체 전체에 이로움을 주는 신체 활동은 개인을 형성하는 데 필수적인 조건이다. 울퉁불퉁한 땅을 달리고, 산을 오르며, 레슬링을 하고, 수영을 하며, 산과 들에서 노동하고, 혹독한 기후에 노출되고, 비교적 이른 시기에 도덕적 책임을 자각하며, 전반적으로 가혹한 생활을 경험한 사람은 근육과 뼈, 신체 기관과 의식이 자연스럽게 조화를 이루게 된다.

이러한 과정을 통해 육체가 외부 세계에 스스로 적응하도록 돕는 유기적 시스템은 단련되고, 그 결과 완전히 발달한다. 나무나 암벽을 오르는 활동은 혈장의 구성과 혈액 순환, 호흡을 조절하는 기관의 기능을 활성화한다. 고지대로 이동하는 신체 활동은 적혈구와 헤모글로빈을 생성하는 기관을 자극한다. 오래 달리는 운동은 근육에서 생성된 젖산을 제거하는 과정을 촉진하며, 이 작용은 유기적 생물체 전체로 자연스럽게 확장된다. 갈증은 신체 조직으로부터 수분을 끌어내고, 단식은 저장된 단백질과 지방을 에너지원으로 활용하도록 만든다. 따뜻한 환경에서 차가운 환경으로, 혹은 그 반대로 변화하는 기온 역시 체온을 조절하는 수많은 메커니즘을 작동시킨다. 적응 시스템은 이처럼 다양한 방식으로 활성화될 수 있다. 요컨대, 육체는 활동할 때 발달한다. 지속적인 작업은 여러 기관을 통합적으로 강화하고, 각 기능이 자신의 역할을 보다 완벽하게 수행하도록 만든다.

이처럼 수많은 유기적 기능과 심리적 기능이 조화를 이루는 상태는 인간이 가질 수 있는 가장 중요한 특성 중 하나다. 이 특성은 개인이 지닌 고유한 성향에 따라 다양한 방식으로 획득될 수 있지만, 한 가지 공통점이 있다면 언제나 자발적인 노력이 필요하다는 점이다. 안정되고 평온한 정신 상태는 주로 지능과 자제력을 통해 형성된다. 인간은 본래 생리적 욕구와 인위적인 욕구, 이를테면 알코올, 수면, 끊임없는 자극과 변화를 갈망하는 경향을 지닌다. 그러나 이러한 욕구를 무제한으로 충족시킬 경우, 인간은 오히려 퇴화한다. 따라서 배고픔과 수면 욕구, 성적 충동, 게으름, 특정 근육 운동에 대한 집착, 알코올에 대한 갈망 등을 스스로 억제하는 습관을 길러야 한다. 과도한 수면이나 과식은 수면 부족이나 지나친 절식만큼이나 위험하다.

처음에는 훈련을 통해 올바른 습관을 형성하고, 이후에는 그 습

　　　　　　　　　인간이란 무엇인가

관에 행동을 정당화하는 지적 동기를 점진적으로 더해나가는 사람만이 강건하고 균형 잡힌 신체 활동을 지속할 수 있다. 인간의 가치는 애써 준비하지 않아도 불리한 상황에 즉각적으로 대응할 수 있는 능력에 의해 결정된다. 이러한 민첩성은 수많은 조건반사적, 본능적 반응을 축적함으로써 형성된다.

조건반사는 나이가 어릴수록 더욱 쉽게 형성된다. 어린아이는 방대한 양의 지식을 무의식적으로 축적할 수 있으며, 가장 영리한 독일 셰퍼드와도 비교할 수 없을 정도로 훈련에 잘 반응한다. 아이는 지치지 않고 달리는 법, 높은 곳에서 고양이처럼 안전하게 뛰어내리는 법, 등산과 수영, 균형 잡힌 보행, 사물을 정확히 관찰하는 법, 빠르고 완전하게 잠에서 깨어나는 법, 여러 언어를 구사하는 법, 복종과 공격, 자기 방어, 다양한 작업에서 손을 능숙하게 사용하는 법을 배운다.

이와 동일한 방식으로 도덕적 습관 역시 형성된다. 정직과 성실, 용기는 논쟁하거나 토론하거나 설명하는 방식이 아니라, 조건반사를 형성할 때 사용되는 절차와 동일한 방식, 즉 반복과 훈련을 통해 길러진다. 결국 아이들은 반복적인 훈련을 통해 조건 반응을 형성해야 한다.

파블로프가 제시한 개념에 따르면, 조건반사는 그가 개를 대상으로 수행한 뇌의 반사 작용 실험에 불과하다. 이는 동물 조련사들이 오랜 세월 사용해 온 절차를 과학적이고 현대적인 언어로 재정비한 것이다. 조건반사를 형성할 때 핵심은 실험 대상이 강하게 원하는 것과 강하게 회피하려는 것 사이의 관계 설정이다. 먹이를 줄 때마다 울리는 종소리나 총성, 심지어 채찍 소리조차도 개에게는 곧 먹이를 의미하게 된다.

이러한 현상은 인간에게도 그대로 적용된다. 인간은 미지의 땅을 탐험하는 과정에서 음식과 수면을 박탈당하더라도 극심한 고통을 느끼지 않는다. 신체적 고통과 고난은, 마음속 깊이 품고 있던 모험이나 대규모 사업이 성공으로 이어질 경우, 오히려 그 성공을 지탱하는 동력으로 전환된다. 죽음마저도 위대한 모험, 아름다운 희생, 혹은 신에 대한 깊은 몰입과 결합될 때에는 조용한 미소로 받아들여질 수 있다.

인간 형성과 정신적 요인의 관계

잘 알려져 있듯이, 심리적 요인은 인간의 발달에 매우 강력한 영향을 미친다. 더 나아가 이러한 요인은 육체와 정신이 궁극적인 형태를 이루도록 돕기 위해 의도적으로 활용될 수도 있다. 앞서 이미 조건반사적 반응을 적절히 형성함으로써 특정한 상황에 직면할 때마

　　　　인간이란 무엇인가

다 자신에게 유리한 방식으로 대응할 준비 태세를 갖출 수 있다는 점을 언급한 바 있다. 후천적이든 조건적이든 다양한 반사 반응을 형성한 개인은 예측 가능한 자극에 대해서는 비교적 성공적으로 대응한다. 예컨대 훈련된 반사 반응을 지닌 사람은 공격을 받을 경우 즉각적으로 권총을 사용해 대응할 수 있다. 그러나 예측되지 않은 자극이나 불확실한 상황에 대해서는 항상 적절한 준비 태세를 갖추고 있다고 말할 수 없다.

모든 상황에 즉각적으로 적응하는 특수한 능력은 신경계와 신체 기관, 그리고 정신이 시닌 고유한 특성에 달려 있다. 이러한 특성은 명확한 결과를 낳는 심리적 작용을 통해 발달될 수 있다. 우리는 정신적 규율과 도덕적 규율이 교감 신경계의 평형을 강화하고, 모든 유기적 활동과 정신적 활동을 더욱 완전하게 통합시킨다는 사실을 인지하고 있다. 이러한 심리적 작용은 크게 두 가지로 나눌 수 있다. 하나는 개인을 외부 세계와의 관계 속에서 변화시키는 작용이며, 다른 하나는 개인의 내면세계를 변화시키는 작용이다.

첫 번째는 개인이 타인이나 사회적 환경으로부터 영향을 받아 형성되는 모든 반사적 반응과 의식 상태로 구성된다. 불안정함과 안전, 빈곤과 부유, 노력과 투쟁, 나태함과 책임감 같은 조건들은 비교적 구체적인 방식으로 인간을 형성하는 특정한 정신 상태를 만들어낸다. 두 번째는 명상, 집중, 의지력, 금욕적 행동처럼 개인을 내면세계에서 변화시키는 요인들로 이루어진다.

인간을 형성하는 데 활용되는 정신적 요인은 본질적으로 섬세하고 정교하다. 그럼에도 우리는 어린아이의 지능을 형성하는 방법에 대해서는 비교적 쉽게 지도할 수 있다. 어린아이에게 적합한 교사와 적절한 도서는 아이의 신체 조직과 정신 발달에 영향을 미칠 개념들을 자연스럽게 내면세계로 끌어들인다. 우리는 이미 도덕관념이나 미적 감각, 종교심과 같은 정신적 활동의 발달이 지능이나 형식적인 교육 수준과 직접적으로 비례하지 않는다는 점을 지적한 바 있다. 이러한 정신적 활동을 훈련하는 데 중요한 심리적 요인은 사회적 환경의 일부를 이룬다. 따라서 아이들은 반드시 적절한 환경 속에 놓여야 한다.

여기서 적절한 환경이란 특정한 정신적 분위기와 정서를 아이들 주위에 형성하는 데 필요한 필수 조건을 포함한다. 오늘날 궁핍과 투쟁, 그리고 진정한 지적 문화가 지닌 이점을 아이들에게 제공하는 일은 극히 어렵다. 내면세계의 삶에 강력한 영향을 미치는 심리적 작용이 발달함으로써 얻어지는 이점 또한 마찬가지다. 비공개적이고 공유되지 않는 비민주적 특성은 보수적인 성향을 띠며, 심지어 끔찍한 죄악을 저지른 일부 교육자들에게서도 발견된다. 그럼에도 이러한 비민주적 특성은 여전히 독창성의 근원으로 남아 있으며, 모든 위대한 활동의 원천으로도 기능해 왔다. 이러한 특성은 혼란스러운 도시 안에서도 개인이 자신의 고유한 성향과 침착함, 평온한 정신 상태, 신경계의 안정성을 유지하도록 돕는다.

정신적 요인은 각 개인에게 다양한 방식으로 작용한다. 따라서 이러한 요인은 인간을 구별 짓는 심리적 특성과 유기적 특성을 완전히 이해한 사람에게만 적용되어야 한다. 의지력이 약한 사람과 강한 사람, 민감한 사람과 둔감한 사람, 이기적인 사람과 이타적인 사람, 지적인 사람과 무지한 사람, 주의 깊은 사람과 무관심한 사람은 동일한 심리적 자극에도 각기 다른 반응을 보인다. 이러한 섬세하고 정교한 절차를 모든 개인에게 동일하게 적용하는 것은 불가능하다. 그러나 특정한 공동체 안에서는, 구성원들에게 이로울 수도 해로울 수도 있는 일정한 사회적·정신적 조건이 일반적으로 존재한다.

사회학자와 경제학자들은 이러한 변화 과정에서 정신적 요인이 미치는 영향을 고려하지 않은 채 생활 조건을 변화시키려는 계획을 세워서는 안 된다. 인간이 극단적인 빈곤이나 과도한 부유, 지나치게 평화로운 환경, 지나치게 거대한 공동체, 혹은 고립된 환경 속에서 완전히 발달하지 못한다는 사실은 관찰 연구를 통해 반복적으로 확인된다. 인간은 아마도 일정 수준의 경제적 안정과 여가, 동시에 일정한 빈곤과 투쟁이 공존하는 심리적 분위기 속에서 가장 잘 발달할 것이다. 이러한 조건의 효과는 인종과 개인에 따라 서로 다르게 나타난다. 어떤 이들에게는 억압으로 작용하는 사건이, 다른 이들에게는 반란과 승리의 계기가 되기도 한다. 우리는 인간이 자신만의 사회적 세계와 경제적 세계를 형성하도록 도와야 하며, 동시에 완전히 활발하게 작동하는 유기적 시스템을 유지할 수 있는 심리적 환경을 제공해야 한다.

물론 이러한 정신적 요인은 성인보다 어린이와 청소년에게 훨씬 더 강력하게 작용한다. 형태를 형성하기 쉬운 유아기와 청소년기 동안 이러한 요인은 지속적으로 적용되어야 한다. 그러나 정신적 요인의 영향은 비록 흔적은 덜 남길지라도, 성인기 이후에도 인간 발달에 필수적인 조건으로 남아 있다.

오히려 시간의 가치가 감소하는 성인기에 들어서면 정신적 요인은 더욱 중요해진다. 정신적 요인은 나이 든 사람들에게 특히 유익하게 작용한다. 육체와 정신이 지속적으로 활동할 경우 노화의 속도는 느려지는 것으로 보인다. 중년기와 노년기에 접어든 인간은 유아기보다 오히려 더 엄격한 규율을 필요로 한다. 많은 사람들이 정상보다 이른 시기에 퇴화하는 이유는 이러한 규율을 따르지 않고 제멋대로 생활하기 때문이다. 젊은 시절 인간의 형태를 결정했던 정신적 요인은, 노년기에 그 형태가 무너지는 것을 막아줄 수 있다. 우리가 정신적 요인의 심리적 효과를 현명하게 활용한다면 수많은 인간이 쇠퇴하는 속도를 늦출 수 있으며, 조기 퇴화로 인해 노인이 심연에 빠져 가장 중요한 지적·도덕적 요소를 상실하는 비극을 상당 부분 줄일 수 있을 것이다.

자연적인 건강과 인위적인 건강

우리가 잘 알고 있듯이, 건강에는 두 가지 유형이 존재한다. 하나는 자연적인 건강이며, 다른 하나는 인위적인 건강이다. 과학적 의학은 인위적인 건강을 유지할 수 있는 능력과 대부분의 전염병을 예방할 수 있는 힘을 인간에게 부여했다. 이는 실로 경탄할 만한 성취다. 그러나 인간은 단순히 질병이 없는 상태에 만족하지 않는다. 사람들은 특정한 식단과 화학 물질, 내분비샘에서 분비되는 물질, 비타민, 정기적인 건강 검진, 고비용의 병원과 의사, 간호사의 진료에 의존하면서도, 동시에 전염성 질병과 퇴행성 질병을 견뎌낼 수 있는 저항력과 신경계의 평형에서 비롯되는 자연적인 건강을 갈망한다.

인간은 건강을 끊임없이 의식하며 살아가도록 만들어진 존재가 아니다. 오히려 인간은 건강을 고민하지 않고도 살아갈 수 있어야 한다. 의학은 육체와 정신이 질병과 피로, 두려움을 자연스럽게 극복할 수 있는 면역력을 갖추도록 돕는 방법을 발견할 때 비로소 가장 위대한 성공을 거둘 것이다. 현대 문명사회에서 인간을 재창조하려면, 유기적 활동과 정신적 활동이 온전히 수행될 때 생겨나는 자유와 행복을 인간에게 제공해야 한다.

자연적인 건강에 대한 이러한 개념은 우리의 기존 사고 습관을 방해하기 때문에 강한 반발을 불러일으킬 수 있다. 현재 의학이 추구하는 방향은 생리학적 기준에 따라 정의된 인위적인 건강을 유지하는 데 있다. 의학이 설정한 이상적인 목표는 신체 조직과 기관의 작동에 순수 화학 물질의 도움으로 개입하여, 결합된 기능을 회복하거나 활성화하고, 유기체가 전염병을 견뎌내는 저항력을 강화하며, 병원체에 대응하는 신체 기관과 체액의 반응 속도를 가속화하는 것이다. 우리는 여전히 인간을 끊임없이 부품을 보강하거나 수리해야 하는 불완전한 기계로 간주하고 있다.

최근의 한 연설에서 영국의 약리학자 헨리 핼릿 데일*Henry Hallett Dale*은 지난 40년 동안 화학적 치료법을 발전시키고, 고통스러운 통증을 완화하거나 자연적인 기능 저하를 보완하기 위해 실험실에서 합성한 수많은 화합물과 유기 비소 화합물, 비타민, 성 기능을 조절하는 화학 물질, 항독소 혈청, 박테리아 유전 물질, 호르몬, 인슐린, 아드레날린, 티록신 등을 발견한 업적을 밝혔다. 그는 또한 이러한 물질을 생산하는 거대한 산업 실험실의 존재를 소개했다. 의심할 여지없이, 화학과 생리학 분야에서 이룬 이러한 성과는 육체에 숨겨진 수많은 메커니즘을 드러내는 데 결정적인 역할을 했다.

그러나 이러한 성취를 두고, 인간이 건강을 지속적으로 유지하는 문제에서 의학이 이미 위대한 성공을 거두었다고 환호할 수 있을까? 그렇게 말하기에는 아직 갈 길이 멀다. 생리학은 경제학과 단순히 비교될 수 없다. 유기적·체액적·정신적 과정은 경제적·사회적 현상보다 훨씬 더 복잡하다. 우리는 경제학의 논리로는 결국 성공에 도달할 수 있을지 모르지만, 생리학의 영역에서는 실패할 가능성이 크며, 어쩌면 반복해서 실패할지도 모른다.

인위적인 건강만으로는 인간이 행복을 느끼기에 충분하지 않다. 건강 검진과 지속적인 관리 체계는 대체로 번거롭고, 만족스러운 결과를 주지 못한다. 의약품과 병원 치료는 비용이 많이 들며, 남성과 여성 모두 겉으로는 건강해 보이더라도 끊임없이 치료를 받아야 한다. 그럼에도 인간은 자신에게 주어진 역할을 온전히 수행할 만큼 충분히 건강하거나 강인하지 못하다. 일반 대중이 의료계에 점점 더 불만을 표출하는 이유 역시 이러한 조건에서 비롯된다.

의학은 인간의 본질적인 특성을 무시한 채 유지될 수 있는 건강을 제공할 수 없다. 우리는 신체 기관과 체액, 정신이 하나의 통합된 체계로 작동하며, 유전적 경향과 발달 조건, 환경의 화학적·물리적 요인, 생리적·정신적 요인이 함께 작용한 결과물이라는 사실을 이미 배웠다. 인위적인 건강은 각 신체 기관이 지닌 고유한 특성과 화학적·구조적 성질에 따라 부분적으로만 달라질 수 있다. 우리는 개별 기관의 작동에 직접 개입하기보다, 모든 기관이 스스로 효율적으로 기능하도록 돕는 방향을 택해야 한다.

일부 사람들은 전염성 질병과 퇴행성 질병, 그리고 노화로 인한 쇠퇴에 저항하는 강한 면역력을 지니고 있다. 우리는 이러한 면역력이 어떻게 형성되는지를 배워야 한다. 그러기 위해서는 그 면역력을 작동시키는 내부 메커니즘을 이해하는 지식이 필요하다. 인간이 자연적인 건강 상태를 유지할 수 있다면 그로 인해 느끼는 행복감은 비약적으로 증가할 것이다.

위생학이 전염병과 대유행병에 맞서 훌륭한 성과를 거두면서, 생물학적 연구의 관심은 박테리아와 바이러스에서 점차 생리적 과정과 정신적 과정으로 이동하고 있다. 의학은 단순히 유기적 병변을 가리는 데 만족해서는 안 되며, 병변이 발생하지 않도록 예방하거나 근본적으로 치료하려는 방향으로 나아가야 한다. 예를 들어, 인슐린은 당뇨병의 증상을 완화시킬 수는 있지만, 당뇨병 자체를 치료하지는 못한다. 당뇨병을 온전히 이해하려면 퇴화된 췌장 세포를 회복하거나 교체하는 방법, 그리고 췌장 세포가 퇴화하는 원인을 밝혀내야만 한다. 필요할 때마다 인슐린을 투여하는 것만으로는 결코 충분하지 않다. 신체 기관 내에서 이러한 화학 물질을 스스로 정상적으로 생성하고 분비할 수 있어야 한다.

분비샘의 기능을 강화하는 메커니즘을 이해하는 지식은 분비샘이 만들어내는 물질을 이해하는 지식보다 훨씬 더 깊고 복잡하다. 우리는 지금까지 가장 쉬운 길을 선택해 왔다. 이제는 울퉁불퉁하고 거친 길로 방향을 바꿔, 아직 잘 알지 못하는 미지의 영역으로 들어가야 한다. 인간이 바라는 진정한 희망은 퇴행성 질병과 정신 질환의 증상을 치료하는 데 있지 않다. 그 희망은 그러한 질병 자체를 예방하는 데 있다. 의학의 진정한 발전은 거대한 병원이나 대규모 의약

  인간이란 무엇인가

품 공장에서만 이루어지지 않는다. 그것은 조용한 실험실에서의 깊은 사유, 환자를 세심히 관찰하며 진리를 추적하는 관찰 연구, 그리고 상상력에 의해 전혀 다른 방식으로 펼쳐질 것이다. 나아가 화학 구조의 무대를 넘어, 유기체와 정신이 지닌 신비를 얼마나 깊이 밝혀내느냐에 따라 의학의 미래는 결정될 것이다.

문명은 왜 인간을 다시 설계해야 하는가

우리는 이제 현대 문명사회 속에서 살아가며, 표준화되고 약화된 인간과 인간 고유의 특성을 다시금 완전하게 재창조해야 할 시점에 이르렀다. 성별은 다시 명확하게 규정되어야 한다. 각 개인은 여성이든 남성이든 자신의 윤곽을 분명히 드러내야 하며, 이성을 향한 야심과 성적 기질, 정신적 특성을 억누른 채 숨겨서는 안 된다. 인간은 연속적으로 생산되는 기계와 달리 자신의 독특한 성질을 더욱 선명하게 강조해야 한다. 인간 고유의 특성을 재창조하기 위해서는 특정한 방식으로 조직된 학교와 공장, 사무실이라는 체계적 틀을 깨뜨리고, 기술 중심의 현대 문명사회가 집요하게 강조해 온 원칙들을 과감히 거부해야 한다.

그러나 이러한 변화는 결코 쉽게 실현되지 않는다. 교육은 무엇보다 어린아이를 형성하는 데 핵심적인 역할을 맡고 있는 부모와 학교 교사들의 가치관 자체를 근본적으로, 그리고 혁신적으로 변화시킬 것을 요구한다. 우리는 수많은 개인을 동일한 방식으로 형성하는 것이 불가능하다는 사실을 인정해야 하며, 학교가 개인 교육을 대신할 수 있는 대체 수단이 될 수 없다는 점 또한 분명히 인식해야 한다. 학교 교사들은 흔히 지적 활동을 기능적으로는 매우 능숙하게 수행한다. 그러나 지적 활동만큼이나 정서적 활동, 심미적 활동, 종교적 활동 역시 함께 발달되어야 한다. 부모는 자신이 맡은 역할이 어린아이를 형성하는 데 필수적인 조건임을 명확히 자각해야 하며, 그러한 조건에 부합하도록 스스로를 단련해야 한다.

학교와 마찬가지로 공장과 사무실 또한 형체 없는 추상적 기관이 아니다. 과거에는 노동자들이 주택과 토지를 직접 소유하고, 원할 때 집에서 작업하며, 자신의 지능을 충분히 활용하고, 물건을 부분이 아닌 완전체로 제작하며, 창작의 기쁨과 즐거움을 누릴 수 있도록 돕는 산업 조직이 존재했다. 오늘날에도 이러한 유형의 산업 조직은 다시 구성될 수 있을 것이다. 전력과 현대 기계는 경공업이 공장의 저주에서 벗어날 수 있도록 돕는다. 그렇다면 중공업 역시 분권화된 방식으로 운영될 수 있지 않겠는가? 혹은 군대에서 국가가 일정 기간 젊은이들에게 임무를 부여하듯, 중공업 공장에서도 단기간 동안 국가 소속의 젊은이들을 활용하는 방식은 불가능한가? 이

 인간이란 무엇인가

러한 여러 방식을 통해 프롤레타리아 계층의 공장 노동자는 점진적으로 해체될 수 있을 것이다.

인간은 대규모 공동체가 아니라 소규모 공동체 속에서 살아가게 될 것이다. 각 개인은 자신이 속한 집단 안에서 인간으로서의 가치를 보존하며, 더 이상 기계의 부속품이 아닌 한 사람의 인간으로 자리매김하게 된다. 오늘날 프롤레타리아 계층의 지위는 중세 봉건 사회에서 노동력을 착취당하던 농노의 처지와 크게 다르지 않다. 농노와 마찬가지로, 이들 역시 속박된 상태에서 벗어나 독립적으로 존재하거나 타인에게 지휘권을 행사할 희망을 거의 품지 못한다. 반면 장인은 언젠가 자신의 상점을 운영하는 주인이 될 수 있다는 합리적인 희망을 가질 수 있다. 토지를 소유한 농민이나 배를 소유한 어부 또한 성실히 일해야 할 의무를 지니지만, 자신의 시간과 삶을 스스로 통제하는 주인으로서의 지위를 갖는다. 대부분의 산업 노동자들 역시 이와 유사한 독립성과 존엄성을 누릴 수 있어야 한다.

사무직 노동자들 또한 공장 노동자와 마찬가지로 자신의 고유한 특성을 상실한다. 사실상 이들 역시 프롤레타리아 계층에 편입된다. 현대의 기업 조직과 대량 생산 체계는 인간과 함께 온전히 발달할 수 없는 구조인 듯하다. 그 결과, 고도로 발달한 산업 문명 속에서 오히려 발달하지 못한 인간이 살아가게 된다.

현대 문명사회는 개인의 고유한 특성을 인정하고, 각 개인이 지닌 특성이 본질적으로 서로 다르다는 사실을 받아들여야 한다. 개인은 각자가 가진 특유의 성질에 따라 활용되어야 한다. 우리는 인간 사이의 평등을 확립하려는 시도 속에서 오히려 가장 유용한 개인적 특성들을 억압해 왔다. 인간의 행복은 자신이 본질적으로 적합한 직업에 얼마나 정확히 들어맞는가에 따라 좌우된다. 현대 국가에는 수많은 직업이 존재하며, 인간 유형은 단일한 기준에 따라 표준화되어서는 안 된다. 사회 구조에 따라 다양하게 분화된 인간 유형은 교육 방식과 생활 습관을 통해 유지되고 확장된다. 각 인간 유형은 결국 자신이 마땅히 차지해야 할 자리를 발견하게 될 것이다.

그러나 현대 문명사회는 이러한 차이를 인정하기를 거부하고 인간을 부유층, 프롤레타리아 계층, 농민층, 중산층이라는 네 개의 계층으로 단순화했다. 중산층을 구성하는 사무직 노동자와 경찰, 성직자, 과학자, 교사, 대학교 교수, 상점 주인들은 실질적으로 거의 유사한 생활 수준을 공유한다. 서로 조화를 이루기 어려운 이 인간 유형들은 개인적 특성이 아니라 재정 상태에 따라 묶인다. 명확히 말해, 이들 사이에는 본질적인 공통점이 거의 없다.

최고 수준으로 발달할 잠재력을 지닌 사람들, 자신의 정신적 가능성을 실현하려는 사람들은 삶의 범위가 제한되고 위축된다. 학교와 대학교, 실험실, 도서관, 미술관, 교회 등을 세우는 것만으로 인간을 발달시키는 데는 충분하지 않다. 정신적 활동에 자신을 헌신하는 사람들에게는 선천적 성질과 정신적 목적에 부합하는 고유한 발달 경로를 제공하는 것이 훨씬 더 중요하다. 중세 시대의 교회는 금욕주의와 신비주의, 철학적 사유에 적합한 생활 양식을 만들어냈다.

　　　　인간이란 무엇인가

현대 문명사회가 낳은 잔혹한 물질주의는 지적으로 발달한 인간뿐 아니라 정서적인 인간, 온화한 인간, 의지가 약한 인간, 외로운 인간, 아름다움을 사랑하는 인간, 돈보다 다른 가치를 추구하는 인간, 현대적 경쟁에 저항하지 않는 감성적인 인간까지 억압한다. 지난 수 세기 동안, 타인과 투쟁하기에 지나치게 고결하거나 불완전했던 수많은 사람들은 자신만의 특성을 자유롭게 발달시킬 수 있었다. 어떤 이들은 내면의 세계 속에서 살아갔고, 또 다른 이들은 사색적인 수도회나 수도원, 자선 단체에 투신했다. 이들은 빈곤과 고된 노동 속에서도 존엄과 아름다움, 평화를 발견했다. 이러한 유형의 개인들에게는 현대 문명사회의 해로운 환경이 아니라 각자의 성질을 발전시키고 활용할 수 있는 보다 적절한 환경이 주어져야 한다.

한편, 범죄자와 결함을 지닌 사람들의 문제는 여전히 해결되지 않은 채 남아 있다. 이들은 일반인들에게 상당한 부담이 된다. 폭력배와 정신 질환자, 심신 미약자로부터 사회를 보호하고 교도소와 정신병원을 유지하는 데는 막대한 비용이 소요된다. 왜 우리는 이처럼 무익하고 해로운 제도를 그대로 유지하는가? 비정상적인 폭력과 정신적 결함은 정상적인 인간의 발달을 저해한다. 이 문제는 정면으로 다루어져야 한다. 현대 문명사회는 보다 경제적이고 효율적인 방식으로 이들을 처리해야 하지 않겠는가?

우리는 범죄에 대해 도덕적 책임이 없다고 판단되는 사람을 제외하고, 범죄자를 처벌하며 책임의 유무를 구분하려 애써왔다. 그러나 우리는 판사만큼의 판단 능력을 가질 수 없다. 그럼에도 공동체는 위험한 요소로부터 보호되어야 한다. 대규모 첨단 병원이 건강을 실질적으로 증진시키지 못하듯, 더 크고 편안한 교도소 역시 범죄를 근본적으로 예방하지 못한다. 범죄와 심신 미약을 예방하는 길은 인간에 대한 명확한 이해, 변화된 교육과 사회 조건에 있다. 범죄자는 효과적으로 처리되어야 하며, 어쩌면 교도소는 폐지되고 더 작고 비용이 적게 드는 기관으로 대체될 수 있을 것이다. 경미한 범죄자는 엄격한 훈육이나 단기 입원으로 사회 질서를 유지할 수 있을지 모른다. 그러나 중대한 범죄를 저지른 자들은 보다 단호한 방식으로 처리되어야 한다.

현대 문명사회는 정상적인 개인을 체계적으로 형성하는 일을 더 이상 미뤄서는 안 된다. 철학적 체계와 정서적 편견은 범죄자와 정신 질환자를 처리하기에 앞서, 인간을 어떻게 발달시킬 것인지에 대한 해답을 제시해야 한다. 인간의 고유한 특성을 온전히 발달시키는 것, 이것이야말로 현대 문명사회가 추구해야 할 궁극적인 목표다.

우주는 인간 안에서 다시 태어난다

자신의 생리적 자아와 정신적 자아를 조화롭게 회복한 인간은 자신이 속한 우주 세계 자체를 근본적으로 변화시킬 것이다. 우리는 우주 세계가 육체를 구성하는 조건에 따라 여러 측면에서 달라진다는 사실을 잊지 말아야 한다. 그러한 변화란, 우리의 신경계와 감각 기관, 그리고 기술적 기능이 아직 충분히 알려지지 않았거나 어쩌면 끝내 완전히 알 수 없을지도 모를 어떤 실체에 대해 보이는 반응에 불과하다. 우리의 모든 꿈, 수학자들의 꿈뿐 아니라 연인들의 꿈 역시 동일하게 사실에 속한다. 물리학자에게 노을빛은 전자기파의 현상이지만, 화가에게 그것은 감각되는 선명한 색채이며, 이 두 가지 모두 동일하게 객관적 사실에 근거한다. 그러한 색채가 불러일으키는 미적 감각과, 가시광선·적외선·레이저 광선을 이용해 중거리와 단거리를 측정하는 광파 거리 측정기는 인간 존재의 두 측면에 해당하며, 일상 속에서 동일한 활동 범위를 차지한다. 기쁨과 슬픔은 행성과 태양만큼이나 중요하다.

우리는 르네상스 이후, 특별한 재능을 지닌 천재적 물리학자와 천문학자들이 구축해 온 우주, 다시 말해 인간을 오랫동안 구속해 온 우주로부터 인간이 자유로워지도록 도와야 한다. 물질세계는 실로 거대하지만 인간에 비하면 그 규모는 오히려 작다. 물질세계와 마찬가지로 경제적 환경과 사회적 환경 역시 인간에게 정확히 들어맞지 않는다. 우리는 독점적이고 배타적인 실체가 존재한다는 신념에 더 이상 집착할 수 없다. 또한 인간은 그러한 실체의 차원 안에서만 구성되어 있는 존재가 아니라, 물리적 연속체의 바깥, 다른 어딘가로 확장되어 있음을 인식해야 한다.

인간은 물질적인 존재인 동시에 정신적 활동을 집중적으로 수행하는 생명체다. 항성과 항성 사이의 광대한 공허 속에서 인간은 무시해도 될 만큼 미미한 존재처럼 보인다. 그러나 그렇다고 해서 인간이 무생물의 영역에서 이질적이고 낯선 존재는 아니다. 인간의 정신은 수학적 추상 개념을 통해 항성뿐 아니라 전자까지도 이해한다. 인간은 지구 위의 산과 바다, 강의 규모 속에서 형성되며, 나무와 식물, 동물과 마찬가지로 지구의 표면에서 적절하게 살아간다. 인간은 자연과 더불어 살아가는 환경 속에서 편안함을 느낀다.

또한 인간은 예술 작품과 기념비적 건축물, 기계적 경이로움을 자아내는 도시, 친구들과 함께하는 소규모 공동체, 사랑하는 사람들과의 친밀한 관계 속에서 살아간다. 그러나 동시에 인간은 또 다른 세계에 속한다. 그 세계는 인간 자신의 내면으로 둘러싸여 있으면서도, 시간과 공간의 영역을 넘어 확장된다. 의지가 충분히 강하다면 그 세계 속에서 인간은 무한히 이동할 수 있다.

과학자와 예술가, 시인들은 주기적으로 무한한 아름다움을 사유하고 관찰한다. 영웅적인 용기와 금욕적인 행위를 실천하는 이들은 주기적으로 무한한 사랑을 불러일으킨다. 만물의 원리를 열정적으로 탐구하는 사람들은 주기적으로 궁극적이고 최고의 명예를 드러낸다. 이러한 세계야말로 우리가 속해 있는 진정한 우주 세계다.

운명을 다시 쥔 인간에게 남은 선택

이제는 인간을 재창조하는 작업을 시작해야 할 때다. 우리는 어떤 프로그램도 설정하지 않을 것이다. 프로그램이란 살아 있는 실체에게 딱딱한 갑옷을 입혀 그 생명력을 억누르기 때문이다. 프로그램은 예측할 수 없는 현상이 갑자기 발생하는 것을 차단하고, 미래를 우리의 제한된 정신 범위 안에 가두어 버린다.

우리는 점진적으로, 그러나 끊임없이 발달해야 한다. 그리고 과학 기술을 맹목적으로 숭배하는 신념에서 벗어나, 우리 자신이 지닌 복잡하고도 수많은 본질적 특성을 온전히 파악해야 한다. 생명과학은 인간에게 자신이 추구해야 할 목표를 분명히 드러냈고, 그 목표를 달성하기 위한 방법을 자유롭게 활용할 수 있도록 길을 열어주었다. 그럼에도 우리는 여전히 인간이 발달하는 고유한 법칙을 외면한 채, 물질과학이 만들어낸 세계에 빠져 있다.

물질과학이 구축한 세계는 인간을 위해 설계된 것이 아니다. 그 세계는 인간을 진정으로 이해하는 지식을 결여한 채, 인간의 본질적 특성을 오인한 오류 위에서 탄생했다. 우리는 그러한 세계에 적응할 수 없다. 그러므로 우리는 그 세계에 반란을 일으킬 것이다. 우리는 그 세계의 가치 체계를 바꾸고, 인간에게 진정으로 필요한 필수 조건들을 새롭게 구성하여, 인간에게 적합한 세계를 체계적으로 구축할 것이다.

오늘날 인간 과학은 우리 육체에 잠재된 모든 가능성을 발달시킬 수 있는 능력을 우리 손에 쥐여주었다. 우리는 생리적 활동과 정신적 활동을 은밀하게 움직이게 하는 비밀스러운 메커니즘을 인식하고 있으며, 인간이 퇴화해 온 원인 또한 알고 있다. 우리는 자연법칙을 어떻게 위반해 왔는지를 이해하고, 왜 벌을 받았으며, 왜 깊은 암흑 속에서 길을 잃었는지도 깨닫는다. 그럼에도 불구하고, 우리는 새벽안개를 가르며 우리를 구원할 수 있는 길을 희미하게나마 감지하고 있다.

인류 역사상 처음으로 인간은 현대 문명사회가 흔들리고 쇠퇴해 온 원인을 파악할 수 있게 되었다. 또한 인류 역사상 처음으로 거대하고 강력한 과학을 자유롭게 활용할 수 있는 위치에 서 있다. 우리는 이 능력과 지식을 인간을 발달시키는 데 사용할 수 있다. 과거의 모든 위대한 문명들이 운명처럼 굳게 믿어왔던 신념에서 벗어나는 것, 그것이야말로 우리가 기대할 수 있는 유일한 희망이다.

우리의 운명은 이제 우리 자신의 손에 달려 있다. 우리는 우리를 구원할 수 있는 새로운 길 위에서, 멈추지 않고 계속 앞으로 나아가야 한다.

인간이란 무엇인가

Man, The Unknown

초판 1쇄 발행 2026년 3월 25일

지은이 알렉시스 카렐
펴낸이 김선준, 김동환

편집이사 서선행
책임편집 오시정 **편집2팀** 최한솔, 서윤아, 한용선
디자인 정란
마케팅 권두리, 이진규, 신동빈
콘텐츠본부장 조아란
콘텐츠팀 이은정, 장태수, 권희, 박미정, 조문정, 이건희, 박지훈, 송수연, 김수빈, 현유진, 정지호
경영관리 송현주, 윤이경, 임해랑, 정수연

펴낸곳 페이지2북스 **출판등록** 2019년 4월 25일 제 2019-000129호
주소 서울시 영등포구 여의대로 108 파크원타워1, 28층
전화 070) 4276-3280 **팩스** 070) 4170-4865
이메일 page2books@naver.com
종이 화인페이퍼 **인쇄** 더블비 **제본** 책공감

ISBN 979-11-6985-195-4 (03470)